凝聚隧道及地下工程领域的

先进理论方法、突破性科研成果、前沿关键技术，

记录中国隧道及地下工程修建技术的创新、进步和发展。

"十四五"时期国家重点出版物出版专项规划项目

中国隧道及地下工程修建关键技术研究书系

城市深部地下空间
硐室群施工关键技术与应用

黄昌富　编著

KEY TECHNOLOGIES AND APPLICATION
FOR CONSTRUCTION OF
URBAN DEEP
UNDERGROUND CAVERNS

人民交通出版社
北京

内 容 提 要

本书基于作者在城市深部地下空间建设的相关成果和工程经验，对城市深部地下空间硐室群的施工与安全控制、初期支护拱盖法大硐室构建、施工环境控制等理论、技术及应用进行了系统的研究与总结。本书既有丰硕的理论研究成果，又有基于工程实践的经验分享，对类似工程建设具有较强的参考借鉴意义，同时有助于推动我国城市深部地下空间工程设计评估、施工技术与管理等方面的进步。

本书可供从事城市深部地下空间工程以及相关领域工程建设、管理、施工、监测等工作的技术人员参考，也可作为高等院校相关专业师生的参考用书。

图书在版编目（CIP）数据

城市深部地下空间硐室群施工关键技术与应用 / 黄昌富编著. — 北京 : 人民交通出版社股份有限公司, 2025.1. — ISBN 978-7-114-19933-2

Ⅰ．TU94

中国国家版本馆 CIP 数据核字第 2024HL8487 号

Chengshi Shenbu Dixia Kongjian Dongshiqun Shigong Guanjian Jishu yu Yingyong

书　　名：城市深部地下空间硐室群施工关键技术与应用
著　作　者：黄昌富
责任编辑：李学会　高鸿剑
责任校对：赵媛媛
责任印制：张　凯
出版发行：人民交通出版社
地　　址：（100011）北京市朝阳区安定门外外馆斜街 3 号
网　　址：http://www.ccpcl.com.cn
销售电话：（010）85285857
总 经 销：人民交通出版社发行部
经　　销：各地新华书店
印　　刷：北京博海升彩色印刷有限公司
开　　本：787×1092　1/16
印　　张：16.5
字　　数：338 千
版　　次：2025 年 1 月　第 1 版
印　　次：2025 年 1 月　第 1 次印刷
书　　号：ISBN 978-7-114-19933-2
定　　价：128.00 元

（有印刷、装订质量问题的图书，由本社负责调换）

本书编委会

编　　　著： 黄昌富

其他编写人员： 雷升祥　刘中欣　焦　雷　申玉生　郭　春　田予东
　　　　　　　　丁正全　姚铁军　李建旺　祁文睿　张庆军　李　达
　　　　　　　　谭忠盛　孙丹丹　赵世永　严　飞　栾焕强　杨　航
　　　　　　　　刘生虎　吴　康　李少华　刘汝辉　潘恒宇　程　霖

编 写 单 位： 中国铁建股份有限公司
　　　　　　　　中铁十五局集团有限公司
　　　　　　　　中铁十五局集团地下工程有限公司
　　　　　　　　西南交通大学
　　　　　　　　河南科技大学
　　　　　　　　北京交通大学

前言

随着城市化进程的加快,城市地下空间建设规模逐渐朝大埋深、大跨度的方向发展。以北京、上海为代表的国内超大城市,经济高度发达,城市人口数量突破2000万,人口分布十分密集,其生活所需的建筑面积逐年快速增长,浅层地下空间经过高强度的开发后,已不再满足快速增长的需求,深部地下空间的开发需求则表现得愈发旺盛。与此同时,超大及特大城市地下空间的功能越来越丰富,以地下轨道交通为主,地下商业开发、地下停车场、综合管廊市政设施等大型地下综合体已呈现规模发展态势。

深部地下空间开发难度远大于浅层空间,我国对于城市深部地下空间的开发研究尚处于初级阶段,设计、施工理论不够成熟完善。与此同时,城市深部超深、超大跨度地下空间围岩变形控制严格,施工难度较大,施工安全性要求较高,需要采取更加合理的施工工法及支护结构,以保障围岩在施工过程中的稳定性。因此,迫切需要加强对城市深部地下空间施工力学特性及变形控制技术的研究,为城市深部地下空间建造理论与技术发展提供支撑。

现阶段,城市深部超大跨度地下空间大多采用矿山法①施工。在开挖时,不可避免地会产生有害气体、炮烟和粉尘等。随着掘进不断深入,断面情况变得越来越复杂,开挖及出渣等施工作业过程中产生大量有害气体和粉尘,且不易排出,严重威胁洞内施工安全。环境要素超过限值不仅影响整体施工作业环境,危害作业人员身体健康,而且会降低施工效率、影响施工质量。对于城市深部地下空间工程项目

---

① 矿山法,即采用钻爆技术或者挖掘机械(除去包括盾构机在内的全断面隧道掘进机),以锚杆、喷射混凝土为主要支护手段,理论、量测和经验相结合的一种施工方法。

而言，其作业环境对项目的完成情况至关重要。因此，解决好城市深部地下空间的施工环境问题是摆在我们面前的一个重要课题，需求迫切、意义重大。

综上，为满足我国城市深层地下空间建设发展的需要，并为我国城市地下深部大硐室及硐室群的建造提供理论技术体系支撑，本书基于作者在城市深部地下空间建设的相关成果和工程经验，深入分析了城市深部地下空间硐室施工安全影响因素，探讨地下硐室施工围岩的力学变化与变形规律；形成城市深部地下空间硐室群施工与安全控制技术，构建大断面硐室初期支护拱盖法施工技术；综合衔接环境控制系统与地下施工通风空调系统，提出深埋暗挖施工环境要素控制技术，为城市深部地下空间工程建设、管理、施工及监测提供参考。

本书通过研究城市深部地下空间硐室群施工与安全控制、城市深部地下空间施工环境控制等理论、技术及应用，总结具有实际指导意义的方法、经验和措施，希望能够促进国内外城市深部地下空间工程设计评估、施工技术与管理等方面的进步。

本书由黄昌富编著，在此感谢中国铁建股份有限公司、中铁十五局集团有限公司、中铁十五局集团地下工程有限公司、西南交通大学、河南科技大学、北京交通大学等单位技术和管理人员的大力支持。

由于笔者水平有限，书中难免存在错误和不足之处，欢迎读者批评指正。

作　者

2024 年 10 月

目录

第 1 章 绪论··1
1.1 国内外城市深部地下空间建设情况··················3
1.2 国内超大城市地下空间地层分布特征················5
1.3 深部地下空间大硐室群施工力学研究现状············8
1.4 深部地下空间施工技术研究现状····················9
1.5 城市深部地下空间施工环境研究现状···············15
1.6 本书主要研究内容与预期成果·····················26

第 2 章 城市深部地下空间硐室群施工与安全控制技术·······29
2.1 地下硐室群安全控制相关理论及标准···············31
2.2 城市深部硐室群施工安全控制技术研究·············34
2.3 城市深部硐室群施工安全风险评估·················71
2.4 本章小结·······································86

第 3 章 城市深部地下空间大硐室构建技术················89
3.1 城市深部地下大硐室施工支护理论及围岩力学特征···91
3.2 大硐室非爆破施工围岩力学演化规律分析···········114
3.3 大硐室微振爆破技术及振动响应规律研究···········133
3.4 城市深部大硐室施工围岩变形规律模型试验·········160
3.5 城市深部地下空间施工远程无线监控系统···········180
3.6 本章小结·······································185

第 4 章　城市深部地下空间施工环境控制技术……189
4.1　隧道硐室施工环境现场测试……191
4.2　隧道硐室施工环境数值模拟……204
4.3　隧道硐室施工环境优化可行性研究……211
4.4　隧道硐室施工环境评价……226
4.5　本章小结……232

第 5 章　城市深部大硐室施工应用案例……235
5.1　工程施工方案……237
5.2　施工效果分析……244
5.3　本章小结……247

参考文献……249

KEY TECHNOLOGIES AND APPLICATION FOR
CONSTRUCTION OF
URBAN DEEP UNDERGROUND CAVERNS
城 市 深 部 地 下 空 间 硐 室 群 施 工 关 键 技 术 与 应 用

第1章
绪　　论

1.1 国内外城市深部地下空间建设情况

关于竖向地下空间的划分,全球范围内,尤以中国和日本的平原地区形成的分层体系较为系统,但至今尚未形成统一的划分标准。国内外主要城市地下空间分层深度划分体系具体可参见表1-1。通过表1-1可知,将开发深度不小于50m的城市地下空间界定为城市深部地下空间,这一界定与世界范围内大多数国家和地区的划分标准相吻合。

国内外主要城市地下空间分层深度划分体系（单位：m）　　　　表1-1

城市	表层（浅层）埋深	次浅层（中层）埋深	中层（次深层）埋深	深层埋深
巴黎	0~15	15~30	—	>30
东京	0~15	15~30	30~100	>100
北京	0~10	10~30	30~50	50~100
上海	0~15	15~40	—	>40
广州	0~15	15~30	—	>30
深圳	0~10	10~30	30~50	50~100
天津	0~10	10~30	30~50	>50
南京	0~15	15~40	—	>40
杭州	0~10	10~30	—	>30
成都	0~15	15~30	30~50	50~100

此外,不同国家在地下空间断面尺寸的划分标准上也存在差异。多数国家主要以断面面积（表1-2）和断面跨度为依据进行规定。我国《铁路隧道设计规范》（TB 10003—2016）与《公路隧道设计细则》（JTG/T D70—2020）对于地下空间跨度的划分标准见表1-3。

国外地下空间断面面积划分标准（单位：m²）　　　　表1-2

分级机构	超小断面	小断面	标准断面	大断面	超大断面
日本隧道协会	—	—	70~80	100~120	>140
国际隧道协会	<3	3~10	10~50	50~100	>100

我国隧道跨度划分标准（单位：m）　　　　表1-3

规范	小跨度	中等跨度	大跨度	特大跨度
《铁路隧道设计规范》（TB 10003—2016）	<9	9~14	14~18	≥18
《公路隧道设计细则》（JTG/T D70—2010）	5~8.5	8.5~12	12~14	>14

由于不同行业地下空间用途存在差异，因此在地下空间跨度划分标准中，对于超大跨度地下空间定义尚未形成统一认识。然而，就城市地下空间而言，可以借鉴行业跨度划分标准，将开挖跨度大于 18m 的城市地下空间定义为城市超大跨度地下空间，这一界定与大多数城市超大跨度地下空间工程的实际情况相符。

地下空间的建造难度和关键技术深受地质、深度和环境条件等多重因素的影响，使得浅部和深部地下空间的建造存在显著差异。目前，国内外在城市 50m 以内及以下的地下空间以及超大跨度地下工程的建设方面，已有众多成功案例。关于国内外部分中层（次深层）及深层地下空间建设情况，可参见表 1-4。

国内外部分中层（次深层）及深层地下空间建设情况　　表 1-4

国家及城市	深层地下空间工程	埋深（m）	施工方法
中国上海	地铁 14 号线豫园站	36	暗挖冻结法
中国北京	地铁 3 号线工人体育场站	38	暗挖法
中国北京	京张高铁八达岭长城站	102	深埋暗挖法
中国重庆	轨道交通 10 号线红土地站	94.5	深埋暗挖法
中国深圳	恒大中心基坑工程	42.35	明挖法
中国香港	地铁港岛线香港大学站	70	暗挖法
日本东京	大江户线饭田桥站	30	3 圆 MF（多断面）盾构法
日本东京	副都心线杂司谷站	37	盾构法
新加坡	深层隧道污水处理工程二期	35～55	TBM（岩石隧道掘进机）法
朝鲜平壤	平壤地铁	100～150	深埋暗挖法
瑞典斯德哥尔摩	中央车站	26～32	明挖法
法国巴黎	地铁 12 号线阿贝斯站	36	暗挖法
英国伦敦	西汉普斯特德地铁站	58.2	暗挖法
加拿大蒙特利尔	蒙特利尔地铁	15～30	暗挖法
俄罗斯莫斯科	胜利公园地铁站	84	深埋暗挖法
俄罗斯圣彼得堡	海军部地铁站	86	深埋暗挖法
乌克兰基辅	兵工厂地铁站	105.5	深埋暗挖法

由表 1-4 的数据及城市地下空间建造发展进程可知，城市地下空间开发与利用，主要以地铁修建为引领，推动城市中心区的立体化再开发，进而形成地上、地面与地下协调统一的城市空间格局。目前，城市地下空间的建造方法主要包括明挖法、矿山法、盾构法、全断面隧道掘进机（Tunnel Boring Machine，TBM）法及暗挖冻结法等。随着施工机械设备和建造技术的不断进步，城市地下空间开发逐步向更深层次推进。在这个过程中，信息化、智慧化、绿色化等创新技术得以广泛应用，这些技术不仅提升了城市地下空间的开发效率和质量，更将推动城市地下工程建造和运营水平实现整体跃升。

初步以埋深 50m 为界限对地下空间进行划分，当前对于地下空间的主要建造思路和技术方案可归纳为：50m 以内地下空间，主要加强系统规范、秉承网络化拓建的理念，并应用装配式建造、支护结构一体化施工、交叉中隔壁工法、顶管施工、沉管施工等技术。在此基础上，针对埋深超出 50m 的深部地下空间开发所面临的难题，需综合考量科学规划、合理设计、资源节约、高效利用以及环境影响等要素，以保障项目的安全性、经济性和可持续性，其关键技术涵盖深竖井施工技术、长斜井施工技术、深埋大跨硐室建造技术、深部地下空间施工环境保障技术等。而埋深千米以上的深层地下空间，主要应用于深地实验室和能源开发建（构）筑物的千米级竖井建设，此类埋深千米以上的深层地下空间项目的建造极为复杂，需要全面整合地质勘探、设计、开挖与支护、防水与排水、通风与照明、监测与检测技术以及施工管理与组织等多方面的技术和组织手段，以确保项目的顺利推进与安全竣工。

地下空间建造技术如图 1-1 所示。

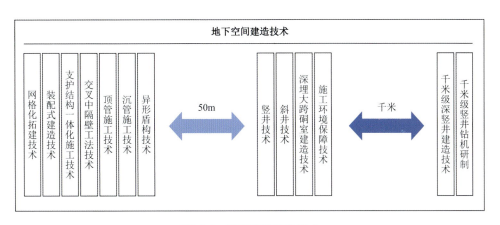

图 1-1　地下空间建造技术

1.2　国内超大城市地下空间地层分布特征

地下空间，是城市发展的重要增长极，是城市文明迈向下一纪元的关键所在。纵观世界城市的发展进程，向地下要空间、要资源已成为 21 世纪城市发展的必然趋势。加快城市深部地下空间的开发和利用，已成为国家新型城镇化和城市可持续发展的战略选择。相比地上空间，地下空间具有开发周期长、施工技术难度大、建设成本高、社会经济综合影响深远等特点。

相较于美国、欧洲等发达国家和地区，我国的城市地下空间开发利用起步较晚，目前仍处于发展的前期阶段。具体而言，我国城市深部地下空间的开发建造存在诸多挑战：首先，开发深度相对较浅，利用形式较为单一，且整体布局较为分散，这不仅限制了地下空间的有效利用，也增加了开发的复杂性和成本。其次，受地质因素和环境因素的影响显著，地质结构、地下水体、岩土特性等地质条件复杂多变，同时，建（构）筑物密集等环境因素也增加了开发的难度和风险，这导致城市地下空间的勘察、规划设计、施工及智能建造等理论体系和技术标准尚不够成熟。同时，传统施工装备的适用性、稳定性不佳，关键装备技术尚未全面突破，导致施工效率低下，无法满足多元化的开发需求。此外，事故灾害频发，给人身和财产带来重大损失，而防控不力可能引发生态环境污染等严重问题。综上，我国在城市深部地下空间开发方面仍面临诸多挑战。为推动城市深部地下空间开发的持续发展，需要突破规划、设计、建造等关键核心技术体系，加强城市深部地下空间的安全运维和系统保障。同时，还需要加大新材料、新工艺、新技术等基础研究的投入，提升施工装备的适用性和稳定性，以提高开发效率和质量，降低开发成本。

近年来，随着我国对地下空间开发需求的增大，开发规模、开发总量、地下综合体与地下立体交通枢纽的开发水平均处于全球前列。2016—2019 年，我国城市地下空间以每年超过 1.5 万亿元的投资规模快速增长，"十三五"期间，全国地下空间开发直接投资总规模约 8 万亿元。根据《2023 中国城市地下空间发展蓝皮书》，截至 2022 年底，中国城市地下空间累计建筑面积达 29.62 亿 m^2。

本书主要针对北京、上海、广州等超大城市的地质情况进行了相关调研，具体结果如下。

北京地区的典型地层主要包括粉质黏土层、粉细砂层、砂卵石与砾岩复合地层、黏土层等。具体而言，西部地区的各大河流冲洪积扇顶部，地层以厚层砂土和卵、砾石地层为主；向东过渡至东部地区与城市中心区大部分范围内，地层逐渐转变为黏性土、粉土与砂土、卵砾石互层结构，其间部分地区穿插有砾岩出现；东郊及北郊地区的地层则以厚层的黏性土和粉土为主，呈现出不同的地质特征。

上海地区的典型地层涵盖有砂土、粉土、淤泥质粉质黏土、淤泥质黏土、粉质黏土等多种类型。上海地处长江三角洲东南前缘，基岩埋藏于地表以下 200~300m，地表浅层土则覆盖着巨厚的第四纪松散沉积物，依据其土质特征可划分为软黏性土、硬黏性土及砂性土三大类。这些土层的地质年代相对较近，土质普遍较为软弱，但土层分布相对稳定。因此，上海地区被视为典型的软土地区。

广州地区地形平坦，广泛覆盖着灰色、深灰色的沉积物，主要包括淤泥、淤泥质土（局部为粉砂质淤泥）以及砂土。其典型地层主要有粉质黏土、砂质黏土、淤泥质土、粉细砂等地层，泥岩、砂岩及其复合地层。广州地区还广泛分布着海陆交互相的软土沉积区，主要沿珠江水网两岸发育，覆盖了原广州市老城区至番禺区、南沙区的广大地域。

天津地区的冲积层厚度超过 1000m，在这深厚的冲积层中，上部 50m 以内的土层主要由新近沉积的粉砂、粉土及黏土夹层所构成。在天津滨海地区，20m 深度范围内的地层从上至下可清晰地划分为三个地质沉积单元，依次为表土层（第一陆相层）、软土层（第一海相层）、湖泊沼泽相沉积层。在软土层中，自上而下依次出现了淤泥质黏土、淤泥、淤泥质黏土及黏土。

成都地区广泛分布着地表第四系堆积层，其下伏地层主要为白垩系泥岩、砂质泥岩、泥质粉砂岩。自上而下地层依次分布着杂填土、粉质黏土、砂卵石、泥岩、砂岩等。

重庆地区的地层特征显著，除河流阶地局部存在冲填沟谷外，大部分地区均被高强度的基岩所覆盖，土层厚度相对较薄。这些地层多属侏罗系中统上沙溪庙组，其中岩层以砂岩、泥岩为主，少数为石灰岩。这些岩体裂隙不发育，多呈现为块状结构或厚层状结构，岩层产状较为平缓，倾角普遍在20°以下。

武汉地区80%以上地表被第四系沉积层所覆盖，其工程地质特性主要由这一地层所决定。具体而言，武汉地区的地层结构主要由第四系全新统河流相沉积物以及部分河湖相冲洪积和冲湖积物构成。这些沉积物上部主要由黏性土和淤泥质土组成，下部则为交互层砂及砂砾（卵）石层，具有典型的二元结构；进一步深入地下，深度50m左右处会遇到基岩；地表层通常分布有填土或耕土等人类活动形成的土层。

国内部分超大城市工程地质统计见表1-5。

国内部分超大城市工程地质统计　　　　　　表1-5

城市	地下工程	工程地质	地层顶面埋深（m）	城市	地下工程	工程地质	地层顶面埋深（m）
北京	地铁10号线角门东站—角门西站区间	杂填土	0	上海	地铁1号线新闸路站	杂填土	0
		砂质粉土黏质粉土	2			粉质黏土	1
		粉细砂	4			淤泥质黏土	6
		卵石	7			黏土	17
		砂质粉土黏质粉土	14			粉砂土	28
		细砂中砂	16		地铁4号线、8号线西藏南路站	杂填土	0
		卵石	18			黏土粉质黏土	2
	地铁10号线公主坟站—西钓鱼台站区间	杂填土	0			淤泥质粉质黏土	3
		粉质黏土	1			淤泥质黏土	9
		粉细砂	8			黏土	18
		卵石	10			粉质黏土	22
		砾岩	14	成都	天府广场	杂填土	0
广州	地铁22号线番禺广场站	杂填土	0			粉质黏土	3
		粉质黏土	4			卵石土	10
		砂质黏土	7			泥岩	30
		岩层	15			砂岩	120
	地铁12号线聚龙站—棠溪（白云）站区间	杂填土	0		地铁2号线成都东客站	人工填土	0
		粉细砂	4			黏土	2
		淤泥质土	7			砂土	3
		粉质黏土	11			卵石土	10
		泥岩	15			泥岩	20

1.3 深部地下空间大硐室群施工力学研究现状

在地下空间的建设进程中，大埋深、大跨度的地下空间工程持续涌现。在深部大断面地下空间工程施工力学特性和支护作用方面，众多学者已开展了相关研究工作，并取得了一系列成果。

张俊儒等人对4车道及以上超大断面公路隧道的技术现状进行了归纳分析，包括断面形状、施工工法、施工力学和支护参数等多个方面，并指出了当前研究的不足之处，同时对该领域的建造技术进行了前瞻性展望。刘春聚焦深埋隧道与地下空间工程结构的稳定性与可靠性，通过重点研究深埋大断面隧道施工的力学形态，为重庆大跨度隧道的修建提供了关键技术支撑，并成功应用于相关示范工程。王康结合济南港沟隧道工程实例，深入探究了超大断面隧道施工过程中围岩空间变形和荷载释放机制，并对超大断面隧道的施工方法比选和隧道净距优化进行了详尽的研究。严宗雪提出了一种基于应力路径和空间效应的大断面隧道围岩荷载设计方法，通过对围岩和支护结构的应力和位移变化特征进行影响分析，为隧道设计与施工提供了新思路。赵勇等人依托贵广高铁天平山隧道试验段，对深埋软弱围岩隧道钢架和锚杆的受力特征进行了深入的分析，并据此提出支护结构的改进措施，以确保隧道施工的安全与稳定。

陈雪峰针对深埋大断面公路隧道的开挖过程，采用4种开挖方法进行模拟，并深入分析了隧道开挖支护后围岩的位移场、应力场、锚杆轴力以及塑性区分布情况。赵启超依托青云山大断面公路隧道实际工程，探究了高压富水区大断面公路隧道衬砌结构的受力特征，并探讨了高水压作用对衬砌结构的破坏形态的影响。任明洋基于香炉山隧洞工程，构建了基于弹塑性接触迭代的围岩-支护体系协同承载作用数值计算方法，揭示了深部隧洞施工开挖过程中围岩-支护体系协同承载作用机理。

叶万军等开展深埋大断面黄土隧道，开展了初期支护受力规律的现场试验研究，建立模拟隧道施工的有限元计算模型，深入分析了初期支护内力分布特点。杜立新等聚焦深埋大断面红黏土隧道，通过对围岩压力、钢拱架内力及混凝土内力的变化规律进行细致研究，揭示了深埋大断面隧道复合式衬砌中初期支护的受力特性。

余伟健等建立了耦合应力计算模型，深入研究了深埋软岩巷道前期围岩变形可控、后期在回采反复扰动下应力的分布特征与不均衡变形的过程。沙鹏等针对新建兰渝铁路多座长大深埋隧道特殊的非线性大变形破坏现象，重点研究了片状围岩结构大变形的破坏机制，并提出隧道围岩变形控制措施。崔光耀以丽香铁路中义隧道为研究背景，开展了4种围岩大变形控制措施的现场试验研究，提出了深埋隧道施工过程中围岩变形控制方案。

综上所述，当前针对深部超大断面地下空间施工力学特性的研究主要聚焦于山岭隧道，对城市深部地下空间具有一定的参考价值。然而，相较于山岭隧道及硐室，城市深部地下空间不仅埋深变化较大,而且面临更为复杂的环境条件和使用频率更高的挑战。因此,对城市深部地下空间围岩与支护结构的变形控制提出了更为严格的要求。尽管山岭地区深部超大跨度地下工程的相关研究成果能为我们提供一定的启示与借鉴,但城市深部超大断面地下空间工程的建造技术仍需深入探索与完善。

1.4 深部地下空间施工技术研究现状

目前,深部地下空间工程的施工方法主要包括矿山法、盾构法、顶管法、沉井法、冻结法等,每种方法适用于特定的地质条件和施工环境。在实际应用中,为确保工程的质量和安全,需根据具体情况选择最合适的施工技术。其中,矿山法以其广泛的适应性和丰富的应用实践,在深部地下空间开发利用中发挥了重要作用,为城市地下空间的深入开发提供了坚实的技术保障。

1)矿山法施工工艺

矿山法施工主要应用于施工条件复杂、岩石条件稳定性差的地层。这类地层的特点是岩层变形迅速,特别是施工初期增长快,自稳能力差,极易引发地表沉降甚至坍塌事故。加之城市地下隧道沿线通常密布着各类地下管线和建筑物,进一步增大了施工难度。矿山法是以超前加固、处理中硬岩地层为前提,采用喷射混凝土、锚杆等复合衬砌为基本支护结构的暗挖施工方法。该方法以严密的围岩监控量测为核心技术手段,指导设计与施工,并通过建立有效的反馈机制,精准控制地表沉降,保证施工安全。矿山法施工基本流程如图 1-2 所示。

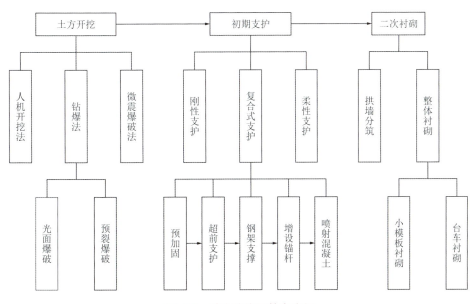

图 1-2 矿山法施工基本流程

2）矿山法施工的应用

矿山法起源于矿石开采，因其主要施工方式为"钻爆开挖"配合"钢木支撑"而得名，其中钻眼爆破是其标志性工序，故又常被称为钻爆法。该技术主要应用于岩石地层以及具备一定自稳能力的第四纪地层的隧道工程及地下空间工程施工。当前，矿山法在隧道工程与地下空间工程中应用广泛，积累了丰富的施工经验。采用矿山法进行地下空间施工，不仅工程投资成本较低，对地面的干扰也相对较小，能够避免明挖法可能带来的房屋拆迁、交通改道等问题，减少对沿线居民日常生活和出行的影响。此外，矿山法对地质的适应性强，地表沉降控制效果好，无论硬岩还是软岩地下工程均可适用，特别是在结构复杂的隧道断面工程，如渡线、联络线、折返线等，矿山法展现出其他工法难以比拟的优势，并为地铁暗挖技术奠定了坚实基础。

我国的地铁建设者巧妙地运用了矿山法施工原理，成功修建了众多地铁工程项目，特别在中硬岩地层中，不仅采用锚杆和喷射混凝土，还结合地层注浆、格栅、管棚等多种技术手段，实现了多项技术创新，使我国在中硬岩地层的地铁施工技术领域达到世界先进水平。在此基础上，我国总结出了"管超前、严注浆、短开挖、强支护、快封闭、勤量测"的原则，这一原则在地铁区间隧道施工中得到了广泛应用，在我国地铁隧道工程中发挥了举足轻重的作用。

3）矿山法施工隧道硐室开挖方法

国内外城市深部地下空间工程推荐的、常用的矿山法施工方法示意详见表1-6。

矿山法施工方法示意 表1-6

施工方法	示意图	施工方法	示意图
全断面法	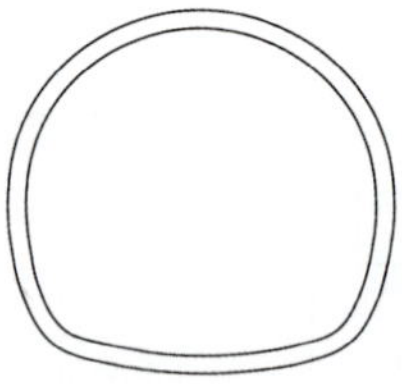	正台阶法	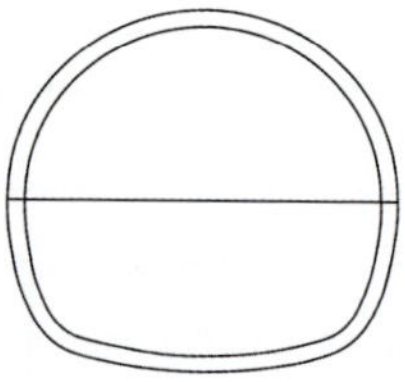
中隔壁法（CD法）	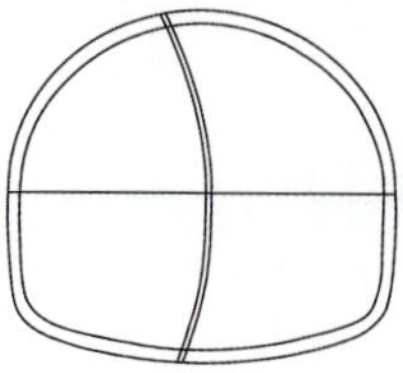	交叉中隔壁法（CRD法）	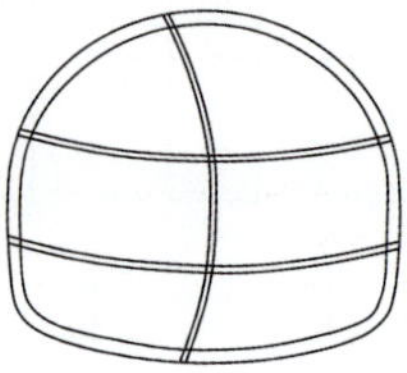
单侧壁导坑正台阶法	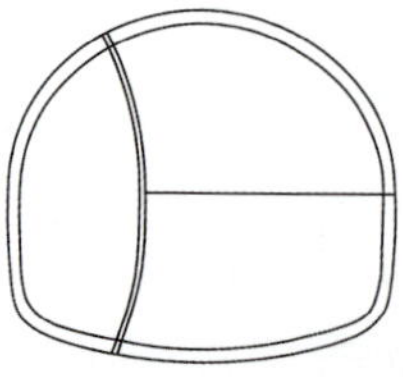	双侧壁导坑法	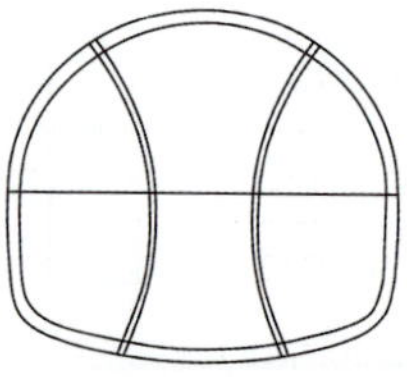

续上表

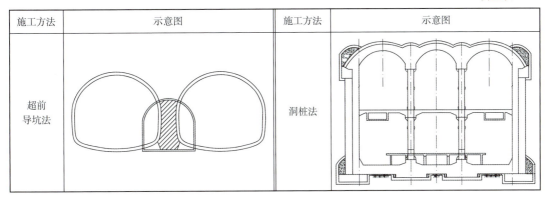

矿山法施工隧道硐室掘进中，常采用钻爆法掘进、微震爆破法掘进、人机开挖法掘进三种主要方式。其中，钻眼爆破掘进主要适用于一般山岭隧道硐室施工。在地铁隧道硐室施工过程中，鉴于围岩自稳性的差异，为确保围岩稳定或尽量减少对围岩的扰动，通常会根据具体情况选择合适的开挖方法。根据开挖断面分布情况可分为全断面开挖法、台阶开挖法以及分部开挖法。隧道硐室主要开挖方法见表1-7，隧道硐室主要开挖方法特点对比见表1-8。

隧道硐室主要开挖方法 表1-7

序号	名称	施工特点
1	全断面法	按设计开挖断面一次开挖成型，然后修建衬砌的施工方法，对围岩扰动少，有利于围岩稳定
2	台阶法	一般将设计断面分为上半断面和下半断面两次开挖成型
3	环形开挖预留核心土法	上部断面以弧形导坑领先，然后开挖下半部两侧，最后开挖中部核心土的分部开挖
4	双侧壁导坑法	先开挖隧道两侧导坑，及时施作导坑四周初期支护及临时支护，必要时施作边墙衬砌，然后根据地质条件、断面大小，对剩余部分采用两台阶或三台阶开挖的施工方法
5	中隔壁法（CD法）	将隧道分为左右两大部分开挖，先在隧道一侧采用台阶法自上而下分层开挖，待该侧初期支护完成且达到一定强度，再分层开挖隧道的另一侧
6	交叉中隔壁法（CRD法）	除满足中隔壁法的要求外，尚应设置临时仰拱，步步成环，自上而下，交叉进行；中隔壁及交叉临时支护，在灌注二次衬砌时，应逐段拆除

隧道硐室主要开挖方法特点对比 表1-8

施工方法	适用条件	沉降	工期	造价
全断面法	地层好，跨度≤8m	一般	最短	低
台阶法	地层较差，跨度≤12m	一般	短	低
环形开挖预留核心土法	地层差，跨度≤12m	一般	短	低
双侧壁导坑法	小跨度，可扩成大跨	大	长	高
中隔壁法（CD法）	地层差，跨度≤18m	较大	较短	偏高
交叉中隔壁法（CRD法）	地层差，跨度≤20m	较小	长	高

（1）全断面法

所谓全断面法就是按照设计轮廓一次爆破成型，然后修建衬砌的隧道硐室施工方法。全断面法的适用条件为：

①Ⅰ～Ⅳ级围岩，在用于Ⅳ级围岩时，围岩应具备从全断面开挖到初期支护前这段时间内保持其自身稳定的条件。

②配有钻孔台车或自制作业台架及高效率装运机械设备。

③隧道施工长度或施工区段长度不宜太短，根据经验一般不应小于1km，否则采用大型机械化施工，经济性较差。

全断面法有三条主要作业线：

①隧道开挖作业线：钻孔台车、装药台车、装载机配合自卸汽车（无轨运输）、装渣机配合矿车及电瓶车或内燃机车（有轨运输）。

②隧道锚喷作业线：混凝土喷射机、混凝土喷射机械手、锚喷作业平台、进料运输设备及锚杆灌浆设备。

③隧道模筑衬砌作业线：混凝土拌和机具、混凝土输送车及输送泵、防水层作业平台、衬砌钢模台车。

全断面法有如下施工特点：

①开挖断面与作业空间大，干扰小。

②有条件充分使用机械，减少人力。

③工序少，便于施工组织与管理，改善劳动条件。

④开挖一次成型，对围岩扰动少，有利于围岩稳定。

（2）台阶法

台阶法是先开挖上半断面，待开挖至一定长度后同时开挖下半断面，上、下半断面同时并进的施工方法。按台阶长短分类，台阶法有长台阶法、短台阶法和超短台阶法三种。近年由于大断面隧道的设计，又有三台阶临时仰拱法，甚至多台阶法。

在施工过程中采用何种台阶法，需根据以下两个条件来判断：

①初期支护形成闭合断面的时间要求，围岩越差，闭合时间要求越短。

②上断面施工所用的开挖、支护、出渣等机械设备施工场地大小的要求。

在施工软弱围岩中应以条件①为主，兼顾后者，确保施工安全。在围岩条件较好时，主要考虑如何更好地发挥机械效率，保证施工的经济性，故只要考虑条件②。

台阶开挖法的优缺点：台阶法有足够的工作空间和可观的施工速度，但是上、下部作业有干扰；台阶开挖虽增加了对围岩的扰动次数，但台阶有利于开挖面的稳定，尤其是上部开挖支护后，下部作业就较为安全，但应注意下部作业时对上部稳定性的影响。

台阶法开挖时应注意以下几点：

①要解决好上、下半断面作业的相互干扰问题。微台阶基本上是合为一个工作面进行同步掘进；长台阶基本上拉开，干扰较小；而短台阶干扰较大，要注意作业组织。对于长

度较短的隧道，可在上半断面贯通后，再进行下半断面施工。

②在下部开挖时，应注意上部的稳定。若围岩稳定性较好，则可以分段顺序开挖；若围岩稳定性较差，则应缩短下部掘进循环进尺；若稳定性很差，则可以左右错开。

③在下部边墙开挖后，必须立即喷射混凝土，并按规定做初期支护。

④施工量测工作必须及时进行，以观察拱顶、拱脚和边墙中部位移值，当发现速率增大立即进行仰拱封闭。

（3）环形开挖预留核心土法

环形开挖预留核心土法应注意以下几点：

①环形开挖进尺宜为 0.5～1.0m，核心土面积应不小于整个断面面积的 50%。

②开挖后应及时施工喷锚支护、安装钢架支撑，相邻钢架必须用钢筋连接，并应按施工要求设计、施工锁脚锚杆。

③围岩地质条件差，自稳时间短时，开挖前应按设计要求进行超前支护。

④核心土与下台阶开挖应在上台阶支护完成且喷射混凝土达到设计强度的 70% 以上后。

（4）双侧壁导坑法

双侧壁导坑法是一种常用的隧道施工方法，它将断面分为 4 块：左侧壁导坑、右侧壁导坑、上部核心土和下台阶。该方法的核心原理在于，利用两个中隔壁把整个隧道大断面分成左、中、右 3 个小断面进行施工。其中，左、右导洞先行开挖，中间断面紧跟其后；当初期支护仰拱成环后，再拆除两侧导洞的临时支撑，形成贯通的全断面。两侧导洞均设计为倒鹅蛋形，有利于控制拱顶的下沉。

当隧道跨度大、地表沉陷要求严格以及围岩条件特别差时，若单侧壁导坑法难以有效控制围岩变形，可采用双侧壁导坑法。根据现场实测数据，双侧壁导坑法所引起的地表沉陷仅为短台阶法的 1/2。尽管双侧壁导坑法将开挖断面分成多块，导致扰动大且初期支护全断面闭合的时间较长，但每个分块在开挖后均能立即各自闭合，因此在施工中变形几乎不会进一步发展。尽管双侧壁导坑法在保障施工安全方面具有显著优势，但其施工速度相对较慢且成本较高。该方法主要适用于黏性土层、砂层、砂卵层等复杂地层条件。

双侧壁导坑法施工作业顺序为：

①初期开挖与支护：开挖一侧导坑，立即施作初期支护并及时闭合。

②对侧导坑开挖与支护：相隔适当的安全距离后开挖另一侧导坑，并迅速进行初期支护的施作。

③上部核心土开挖与拱部支护：开挖上部核心土，建造拱部初期支护，其拱脚支承在两侧壁导坑的初期支护上。

④下台阶开挖与底部支护：开挖下台阶，建造底部的初期支护，及时完成初期支护全断面闭合。

⑤支护拆除：拆除导坑临空部分的初期支护。

⑥内层衬砌建造：建造内层衬砌。

双侧壁导坑法施工应注意以下几点：

①有序开挖与临时支撑：侧壁导坑开挖后方可进行下一步开挖。地质条件差时，每个台阶底部均应按设计要求设临时钢架或临时仰拱。

②轮廓控制：各部开挖时，严格控制开挖轮廓，确保其尽量圆顺。

③初期支护喷射混凝土：在先开挖侧喷射混凝土，确保强度达到设计要求后再进行另一侧开挖。

④纵向间距控制：应严格控制左右两侧导坑开挖工作面的纵向间距，不宜小于15m。

⑤全断面开挖与初期支护闭合：应及时完成全断面的初期支护闭合工作。

⑥中隔壁及临时支撑拆除：在浇筑二次衬砌时，应逐段拆除中隔壁及临时支撑。

（5）中隔壁法及交叉中隔壁法

中隔壁法（CD法），是在软弱围岩大跨度隧道中，首先开挖隧道的一侧，并施作中隔壁，然后再开挖另一侧的施工方法，主要应用于双线隧道Ⅳ级围岩深埋硬质岩地段以及老黄土隧道（Ⅳ级围岩）地段。

交叉中隔壁法（CRD法），是一种在软弱围岩大跨度隧道中使用的方法。其工艺原理是，通过预留核心土，将大断面隧道分成多个相对独立的小洞室施工，每步开挖都形成成环封闭的支护体系，及时封闭，保证围岩稳定。其施工遵循"小分块、短台阶、多循环、快封闭"的原则。采用短台阶法难以确保掌子面的稳定时，宜采用分部尺寸小的CRD法，该工法对控制变形比较有利。

CD法与CRD法既有联系又有区别，它们都适用于软弱围岩大断面隧道的施工。CD法是用钢支撑和喷射混凝土的隔壁分割成左右两部分进行开挖的方法；CRD法则是用隔壁和仰拱把断面上下、左右进一步细分，形成更多的支护单元，通过交叉中隔墙将各个部分连接起来，形成整体的支护结构，是在地质条件要求分部断面及时封闭的条件下采用的方法。CRD法在CD法的基础上对各部分加设临时仰拱，将原CD法先开挖中壁一侧改为两侧交叉开挖、步步封闭成环，从而进一步减小隧道开挖的空间效应，减小爆破对围岩的扰动，提高支护强度和刚度，有效控制大跨度、软岩隧道开挖的变形，施工安全更加可靠。

在CRD法或CD法中，中壁拆除是一个关键环节。为确保施工安全，中壁应在全断面初期支护封闭成环且变形稳定后拆除。

4）施工特点

城市地铁隧道施工所采用的矿山法，是在深入借鉴新奥法的理论基础上，结合我国的工程实际条件而创新发展出的一整套完备的地铁隧道建设理论体系和施工方法。相较于新奥法，矿山法更适用于城市地区松散土介质围岩环境，其特点在于控制最小化的地表沉降实现隧道的建造。该方法的显著优势为能够保持城市交通的通畅，实现无污染、低噪声施工，并且可灵活适用于多种尺寸和断面形式的隧道洞口施工。

1.5 城市深部地下空间施工环境研究现状

1.5.1 城市深部地下空间施工环境影响因素研究现状

鉴于地下空间施工环境的复杂性，其环境质量的考量涉及多个维度和诸多因素。张希黔认为在建筑领域绿色施工环境保护评价中，应从扬尘、噪声与振动、光污染、水质、土壤防护、建筑垃圾、地下设备、人文古迹八个方面展开评价分析。雷晓飞针对声污环境、建筑垃圾和空气环境三大类，对施工阶段的操作过程进行研究，通过对这三大污染源的分析，提出详细的指标体系，为施工单位和业主单位在绿色施工过程中的相互检查和自检提供了依据，进而实现绿色施工的目标。李惠玲以《建筑工程绿色施工评价标准》（GB/T 50640—2010）指标体系为基础，并非按照"四节一环保"来构建指标体系，而是从管理、技术和经济三大板块进行评价，切实避免了施工单位对绿色施工片面化认知问题，达成了绿色施工及环境保护成本投入合理的目标。夏慧敏构建了适合新疆地区建筑的绿色施工及环境保护评价指标体系，该体系以施工工艺和管理系统为核心，从水环境、大气环境、声环境、建筑废弃物和土地保护五个方面来搭建评价体系。何熹针对建筑绿色施工期间深基坑施工阶段环境保护进行分析，从大气环境、水环境、声环境和其他相关因素进行细致的分析。吕思汝根据《公路建设项目环境影响评价规范》（JTG B03—2006），明确了水环境、大气环境、声环境、光环境以及土壤环境等施工环境的关键影响因素。陈鑫从洞口施工、洞身施工、路面施工、内装及顶棚施工等不同步骤，逐一确定了施工环境评价因素。施工环境影响因素的选取参考标准详见表1-9。

影响因素选取参考标准 表1-9

规范名称	规范号
城市地下空间规划标准	GB/T 51358—2019
公路隧道施工技术规范	JTG/T 3660—2020
公路瓦斯隧道设计与施工技术规范	JTG/T 3374—2020
公路隧道通风设计细则	JTG/T D70/2-02—2014
铁路隧道工程施工安全技术规程	TB 10304—2020
铁路瓦斯隧道技术规范	TB 10120—2019
铁路照明设计规范	TB 10089—2015
建筑照明设计标准	GB/T 50034—2024
城市轨道交通照明	GB/T 16275—2008
照明测量方法	GB/T 5700—2023

续上表

规范名称	规范号
照度计和亮度计的性能表征方法	GB/T 39388—2020
地下工程防水技术规范	GB 50108—2008
民用建筑工程室内环境污染控制标准	GB 50325—2020
土壤环境质量 建设用地土壤污染风险管控标准	GB 36600—2018
建设用地土壤污染风险评估技术导则	HJ 25.3—2019
建筑施工场界环境噪声排放标准	GB 12523—2011
建筑施工机械与设备噪声测量方法及限值	JB/T 13712—2019
电声学 声级计 第1部分：规范	GB/T 3785.1—2023
工作场所物理因素测量 第8部分：噪声	GBZ/T 189.8—2007
工作场所有害因素职业接触限值 第1部分：化学有害因素	GBZ 2.1—2019
工作场所有害因素职业接触限值 第2部分：物理因素	GBZ 2.2—2019
工作场所空气有毒物质测定 第1部分：总则	GBZ/T 300.1—2017
工作场所空气中有害物质监测的采样规范	GBZ 159—2004
爆炸性环境用气体探测器 第1部分：可燃气体探测器性能要求	GB/T 20936.1—2022
爆炸性环境用气体探测器 第2部分：可燃气体和氧气探测器的选型、安装、使用和维护	GB/T 20936.2—2017
氧气站设计规范	GB 50030—2013
直读式粉尘浓度测量仪通用技术条件	MT/T 163—2019
环境试验设备检验方法 第2部分：温度试验设备	GB/T 5170.2—2017
隧道环境检测设备 第1部分：通则	GB/T 26944.1—2011
隧道环境检测设备 第2部分：一氧化碳检测器	GB/T 26944.2—2011
隧道环境检测设备 第3部分：能见度检测器	GB/T 26944.3—2011
隧道环境检测设备 第4部分：风速风向检测器	GB/T 26944.4—2011

根据环境特征和《公路隧道施工技术规范》（JTG/T 3660—2020）、《铁路隧道工程施工安全技术规程》（TB 10304—2020）、《工作场所有害因素职业接触限值 第1部分：化学有害因素》（GBZ 2.1—2019）、《工作场所有害因素职业接触限值 第2部分：物理因素》（GBZ 2.2—2007）等标准规范，施工环境评价因素分为常规环境因素和有害气体因素两大类，具体分类见表1-10。

地下施工环境评价体系　　　　表1-10

评价体系	I级指标	II级指标
地下空间工程施工环境评价指标	常规环境指标	温度
		湿度
		照度

续上表

评价体系	I级指标	II级指标
地下空间工程施工环境评价指标	常规环境指标	粉尘浓度
		烟尘浓度
		噪声
		风速
		风压
		氧气 O_2 含量
		其他
	有毒有害气体指标	一氧化碳 CO 浓度
		氮氧化物 NO_x 浓度
		瓦斯（甲烷 CH_4）浓度
		硫化氢 H_2S 浓度
		二氧化硫 SO_2 浓度
		氡气 Rn 浓度
		其他

相关规范标准中对部分施工环境控制指标提出了最低要求，旨在保障施工效率与人员健康。例如，施工环境的温度通常限制在不超过28℃，风速在全断面开挖时需维持在0.15～6m/s之间，以促进空气流通；噪声水平不得超过90dB，以保护工人听力不受损害；对于含游离 SiO_2 粉尘的作业环境，游离 SiO_2 含量 < 10% 的全尘浓度不应大于 $4mg/m^3$，呼尘浓度不应大于 $2mg/m^3$。对于深部空间施工作业项目而言，作业环境的好坏直接关系到项目的成功与否。过于恶劣的作业环境，不仅会拖慢项目进度，增加成本，更重要的是，会对相关作业人员的身体健康构成严重威胁，可能导致长期健康问题甚至职业病的发生。因此，严格遵守并执行相关规范标准，不断优化施工环境，是确保深部空间施工安全、高效、高质量完成的关键。

1.5.2 施工方法对施工环境影响研究现状

目前，国内外学者对深部地下空间工程施工方法对施工环境的影响进行了广泛而深入的研究。这些研究主要集中在以下几个方面：①地质环境影响：研究不同施工方法（如钻爆法、盾构法、暗挖冻结法、沉井法等）对地质的扰动，如地层变形、地下水位变化、地面沉降等，并通过数值模拟、现场监测等手段评估其长期影响。②生态环境影响：分析施工过程中的噪声、振动、粉尘等对周边生态环境的影响，包括植被破坏、动物栖息地改变等，以及施工废水、废渣等对环境的污染。③社会环境影响：评估施工对周边居民生活、交通出行、商业活动等方面的干扰，如施工期间的交通管制、噪声扰民等影响，以及施工后的区域经济发展。④技术经济影响：对比不同施工方法的成本效益，包括施工效率、材料消耗、能源消耗等方面，及其对工程安全、质量、进度的综合影响。

钻爆法以其地质适应性广、技术成熟度高、施工效率高等特点，在城市深部地下空间工程领域被广泛应用。该方法在综合考虑地质条件、断面尺寸、支护方式、设备以及相关技术和设备的基础上，通过精密的钻孔、装药与爆破三个核心环节，实现对岩石的高效开挖。在钻爆法施工过程中，爆破所产生的振动效果与诸多因素紧密相关，包括炮眼的科学布置与精确定位、炮眼所承担的功能、装药量的精确控制与其形式选择，以及施工地点的地理条件等。这些因素共同作用于爆破过程，确保施工的高效与安全。

炸药作为钻爆法的核心材料，是一项惊人的发明，推动了工程爆破技术的迅猛发展。然而，其应用也带来了环境污染，如粉尘、噪声、剧烈振动及有毒气体等，严重威胁了施工作业人员的健康与权益。①爆破地震效应。炸药爆炸时，部分能量转化为弹性波，在地壳中传播引起的振动，对周围建筑物与构筑物造成破坏。②空气冲击波危害。高温、高压气体压缩周围空气形成爆破空气冲击波，可能破坏地面及地下设施，甚至造成人员伤亡。③城市地下空间风险。城市深部地下空间工程，尤其在城市繁华地带，商铺林立，人流、车流量较大，爆破可能会对商铺、人流、车流及周围建（构）筑物造构成安全隐患，还可能导致地下管道破裂或松动。

在爆破作业过程中，凿岩、爆破和挖装环节均会产生大量的粉尘。通常情况下，爆破环节产生粉尘最多，钻孔环节次之，挖装环节产生粉尘相对较少。相较于钻孔和挖装环节产生粉尘，爆破环节产生的粉尘控制难度更大。因此，如何有效控制爆破过程中产生的粉尘成为研究的重点。影响爆破产生强度及分散度的主要因素包括：①岩石性质。岩石的坚硬程度和致密度对粉尘产生强度有显著影响，岩石越坚硬致密，爆破后释放到空气中的粉尘量就越大。②炸药单耗。随着炸药单耗增加，爆破产生的粉尘强度也会相应增大。③药量及炮孔深度。增大药量会导致爆破后岩石块度变小，粉尘孔增多，同时，炮孔深度也会影响粉尘产生的强度，炮孔浅时产生的强度大，二次破碎产生的粉尘量最大。④天气条件。在天气干燥、空气湿度小的环境下，爆破产生粉尘量会更多。此外，爆破产生的粉尘与有毒气体结合形成的污染物对人体健康构成严重威胁。调查研究表明，工程爆破中产生的粉尘粒径小，易于在空气中流动。这种呼吸性粉尘在风流作用下扩散速度更快，对空气质量造成严重影响，同时对人体和动物的呼吸系统产生严重危害，也是雾霾的主要成因之一。

在爆破过程中，氮化物和一氧化碳是对人体危害较大的有害气体，同时，施工过程中产生的粉尘同样对人体有极大的危害。此外，隧道施工中使用的大量工程机械在密闭的环境中会产生废气，如果不能及时排除，会导致隧道内废气浓度上升，严重威胁施工人员的安全。虽然二氧化碳本身无毒，但在特定条件下，它可能对人体健康产生不利影响。更重要的是，二氧化碳的过度排放还会加剧温室效应，导致全球变暖、冰川融化、海平面上升等一系列环境问题，进而引发自然灾害、极端气候和影响生态系统等严重后果。在我国，每年因为工程爆破产生的有毒气体（换算成 CO）高达 1 亿 m³。因此，国家规定，工程爆破炸药所产生的有毒气体（折合成 CO）不能超过 80L/kg。

噪声作为无序的声音组合，对人体的危害显著。强噪声环境下，人们会出现听觉下降、耳鸣等不良反应，甚至引发心脏病。《爆破安全规程》（GB 6722—2014）规定，城镇爆破作业噪声应控制在 120dB 以下。爆破虽短促，但声音尖锐，易对人造成不良影响。因此，竖井石方爆破过程中，必须严格控制噪声，确保不超过规定限制，以保障周围人群的正常生活和健康安全。

城市深部地下空间工程施工过程中，产生的废水会夹杂大量的泥沙和维修机械产生的油污。这些废水与城市管网相互交叉排放，极易导致城市污水管网堵塞或排水管网损坏，进而引发水污染问题。此外，城市深部地下空间工程开挖作业还会引起地下水位的变化，严重阻塞地下水径流的自然流动。当地下水位急速上升并超过临界值，与地表水位相连通时，就会产生污水倒灌现象。这种现场对城市水生态构成巨大威胁，可能引发一系列环境问题。

1.5.3 施工环境评价研究现状

目前，施工环境评价领域研究正逐渐从单一要素分析向主、客观综合评价的方向发展，国内外众多学者在这一领域不断探索，采用了多种评价方法，如层次分析法、模糊综合评价法、灰色理论分析法以及神经网络预测法等。

李洪旺等通过运用层次分析法确定了各项指标的权重，在此基础上建立了灰色关联分析模型。刘敦文等融合主观赋权和简单关联函数，借助博弈论原理建立可拓的隧道施工环境评估模型。李翔玉等采用区间层次分析法（Interval Analytic Hierarchy Process，IAHP），对不同施工工况下的环境影响因素进行了综合评价，并揭示了这些因素的影响机理。唐欢等采用群组专家针对西北寒区的施工环境进行共同评价。Lee 等提出一种基于云的闵可夫斯基距离函数增强了优劣解距离法（Technique for Order Preference by Similarity to an Ideal Solution，TOPSIS）处理不确定信息评价的能力。Li 在 TOPSIS 的基础上，首次构建了生态地质环境承载力评价模型，成功应用于成都市龙泉山周边的五个区县进行生态地质环境承载力评价。Wan 等采用层次分析法（Analytic Hierarchy Process，AHP），并结合未知测度理论构建了隧道施工水环境负效应评价体系。Zhu 等采用层次分析过程和专家评分法，创新性地建立魔方模型，对西部环境公路建设的可行性进行了加权评估。Zhang 将改进的 AHP 和模糊综合评价法（Fuzzy Comprehensive Evaluation，FCE）相结合，有效地评估了生态环境对公路建设的影响。曹敏则基于拉格朗日算法，通过确定不同指标组合权重，并结合专家打分，对装配式建筑的绿色度进行了评估。许锐等建立了基于直觉模糊集（Intuitionistic Fuzzy Set，IFS）的评价模型，首次采用 TOPSIS 方法对矿山地质环境进行评价，得出了以矿山为单元的评价等级分区。然而，上述方法和研究都存在一定的主观性，其评价过程在很大程度上依赖于专家经验和分析。由于地下施工环境的复杂性，各项环境因素往往各不相同，因此这些方法普遍的适用性受到限制。

1.5.4 施工环境控制技术研究现状

1）粉尘控制技术

按原理的不同及粉尘产生和扩散过程，粉尘控制技术可以分为5类，即减、降、排、除和阻。

（1）减尘技术

减尘技术是一种旨在减少或抑制粉尘源头产生粉尘的方法，其核心在于控制粉尘的产生和扬起。该技术主要包含两个方面：一是通过优化施工作业流程，从根本上减少粉尘总量的产出；二是在粉尘源头布设控尘措施，以减少粉尘的逸出和扩散。减尘技术主要包括湿式钻孔、水封爆破以及混凝土湿喷等。

①湿式钻孔

湿式钻孔技术是在进行钻孔施工之前，通过水箱和进水管线在一定压力下向孔内连续注水的过程。注入孔内的水雾与粉尘发生相互作用，将扩散的粉尘黏聚成团，当这些混合体质量足够大时，它们会沉降下来，并最终随着水流排出孔口。

湿式钻孔技术是一种简单且通用的除尘方法，其操作简单，设备的维修保养费用也相对较低。然而，这种方法也存在一定的制约因素，特别是在冻土或者缺水情况下，难以实现有效的湿式钻孔。

②水封爆破

水封爆破又称水炮泥爆破，是一种采用装满清水的专用塑料水袋填充炸药前后部，以代替或部分代替泡泥的爆破方法。在炸药爆炸的瞬间，围岩受到巨大的爆炸压力作用而发生破碎，并伴有大量粉尘的产生。与此同时，水袋中的清水在高温高压作用下迅速气化，形成水蒸气。这些水蒸气对粉尘具有强大的吸附和捕捉作用，从而有效地降低粉尘的浓度。此外，水雾还对围岩和路基产生湿润作用，使得已经沉降的粉尘黏聚在一起，避免粉尘的二次扬起。

水封爆破技术不仅能高效控制粉尘，通过添加水介质，还能提高爆破效率，并降低炸药消耗以及施工成本。

③混凝土湿喷

混凝土湿喷技术是一种将水泥、粗集料、细集料和水按照一定比例混合后，通过喷射机械利用压缩空气为混凝土提供动力，使其形成料束并喷射至围岩的施工工艺。

与干喷混凝土工艺相比，湿喷技术形成的混凝土以浆体形式从喷头喷射出，这种浆体状的混凝土成团情况好，结构紧密，有效降低了水泥颗粒的脱落和发散能力。同时，浆体状混凝土还具有良好的可塑性和黏结性，在喷射到围岩壁面时能够与壁面紧密贴合，显著降低了混凝土颗粒的回弹量。因此，湿喷技术能够大幅度降低粉尘的产出总量，从而有效改善施工环境。

（2）降尘技术

降尘技术，是一种通过降低已沉降至围岩路基表面的粉尘的扬起能力，以及减少悬浮于空气中的粉尘的扩散能力，并促使粉尘快速沉降的粉尘控制方法。在深部地下空间内，降尘技术主要包括喷雾降尘、水幕降尘、泡沫降尘和磁化水喷雾降尘等方法。这些方法主要是利用水雾的黏聚和湿润能力来实现降尘效果。

①喷雾降尘

喷雾降尘原理涉及多种物理作用，包括惯性碰撞、重力作用、拦截效应、静电作用、扩散和凝结作用等。当较大的粉尘颗粒接近水雾颗粒时，其产生的惯性作用会使粉尘颗粒与水雾颗粒发生碰撞并黏附凝结成团，最终在重力作用下快速沉降。对于细微的粉尘颗粒，水雾则通过拦截作用和扩散作用将其捕获。具体而言，水雾颗粒会拦截并吸附周围的粉尘颗粒，使其附着于水雾颗粒或已有的粉尘团表面。这样，细微粉尘颗粒就丧失了扩散能力，并随着聚合物一并沉降下来。

近年来，喷雾降尘技术已经由国外引入国内，并在多个领域得到广泛应用。然而，喷雾降尘的效果受到多种因素的影响，主要包括喷嘴的直径、喷雾的压力以及雾化角度等。这些因素决定了喷雾降尘设备的安装复杂性和参数调配的精确性，因此在实际应用中需仔细考虑和调整。

②水幕降尘

水幕降尘的原理与喷雾降尘相似，但两者在装置设备和水雾形成结构上存在差异。水幕降尘技术通过搭建特制的水管结构，形成矩形或者环形结构，并布设在预除尘区域。当设备工作时，水流在高压作用下从喷头喷出，形成细腻的水雾，这些水雾相互交织，最终联合形成了水幕。水幕具有强大的拦截作用，能够有效地降低粉尘的扩散能力，从而减少粉尘向外扩散的总量。在深部空间内，粉尘被有效地聚集在较小空间范围内，在水雾的湿润和黏聚作用下，最终沉降下来。

然而，水幕降尘技术也存在一些制约因素。首先，由于设备结构的断面较大且布设相对复杂，导致保养、维修与挪移成本投入巨大；其次，设备结构形式往往是结合现场施工实际情况而设计的，因此缺乏普遍性和通用性，这在一定程度上限制了该技术的推广和应用。

③泡沫降尘

泡沫降尘技术利用高压水、压缩空气和发泡剂作为原料，这些原料通过处理后由专业设备喷射而出。形成的泡沫具有诸多优点，如湿润性好、黏附能力强、扩散程度高、稳定性好、分布均匀以及接触面积大等。当空气泡沫流射入含尘环境时，部分粉尘因荷电性被泡沫黏附并捕捉，固定在泡沫的表面；而另一部分粉尘由于过大惯性的作用融入泡沫内。随着时间推移，泡沫所黏附捕捉的粉尘逐渐聚合成团，其质量不断增加，在重力作用下，这些粉尘团逐渐丧失扩散能力，并快速沉降下来。

泡沫降尘技术能够显著改善深部空间内工作环境，为施工人员提供更好的职业健康保障，从而进一步提高施工效率。相较于水雾降尘，泡沫的总体积和表面积大幅度增加，这使得泡沫与粉尘的作用面积显著扩大。因此，泡沫降尘技术能够大面积地覆盖粉尘源，从根源上有效阻止粉尘向外扩散。同时，与传统水雾降尘相比，泡沫降尘技术还克服了设备体积庞大、噪声大、用水量大的缺点。这使得泡沫降尘技术在实际应用中更具优势，能够更好地满足各种复杂环境下的降尘需求。

④磁化水喷雾降尘

磁化水喷雾降尘的原理与喷雾降尘相似，但关键在于喷雾原料的不同。磁化水喷雾降尘，水经过磁场的作用后，其水分子之间氢键联系将发生畸变断裂，导致水的内聚力降低。从宏观角度来看，表现为水的黏度和表面张力减小，而水的吸附能力、雾化程度以及湿润性则显著提高。当磁化水喷雾进入含尘的环境时，由于其水雾粒度细微，能够在空气中存留较长时间，从而增加了水雾与粉尘之间的作用频率。同时，磁化水雾湿润性和吸附能力更强，也增强了其对粉尘的控制能力。

此外，水流经过磁化后产生的水雾具有极性，且雾化效果好，能够在空气中保持较长时间的稳定性。这些特性使得磁化雾水相比于传统水雾具有更强的黏附捕捉能力。因此，在降尘效果上，磁化水喷雾降尘技术有明显的优势。然而，需要注意的是，目前磁化水喷雾技术仍属于新兴技术，尚处于试验研究阶段，因此在实际应用中的案例并不多。但随着技术的不断发展和完善，相信磁化水喷雾降尘技术将会在未来的粉尘控制领域发挥更大的作用。

（3）排尘技术

排尘技术是一种采用通风机械方式，旨在为深部空间提供新鲜空气并排出污浊空气，通过稀释和排出粉尘以达到粉尘控制的目的。其中，隧道通风作为一种必要的粉尘控制技术，在提供新鲜空气的同时，也发挥着净化施工环境的重要作用。

（4）除尘技术

除尘技术是一种利用除尘设备与技术来吸纳并携带排出深部空间内弥散的粉尘的方法。根据吸纳方式的不同，除尘技术主要可分为过滤除尘与超声波除尘两类。

①过滤除尘

过滤除尘技术主要依赖负压吸入与精密过滤的方式来实现粉尘的有效控制。在除尘设备工作状态时，其内部产生强大的负压，从而将含尘气流吸入设备内部，并引导其进入滤袋。在气流穿过滤袋的精密空隙的过程中，粉尘颗粒会与滤料表面发生充分的摩擦、碰撞以及吸附作用，这一系列的物理过程使得部分粉尘颗粒能够成功地从气流中分离出来，并被牢牢地吸附在滤料表面上。

过滤除尘设备以其卓越的除尘效率和便捷的移动性能而广受赞誉，在德国、日本等国家得到了广泛的推广和应用。随着滤料技术的不断发展和进步，过滤除尘技术适用范围也在不断地扩大。如今，它能够在温度 5～50℃、相对湿度 90%以上的环境下稳定运行，展现出极强的环境适应能力和稳定性。然而，尽管过滤除尘技术具有诸多优点，但在处理断面面积较大的深部空间时，其除尘效率可能会受到一定程度的影响，无法发挥出最佳的性能。

②超声波除尘

超声波除尘技术是一项具有创新性的技术，其除尘机制主要是基于振动凝聚的原理。当深部空间内的含尘气流进入超声场时，粉尘颗粒会在超声波的作用下产生显著的机械振动，并因此获得了较大的动能。随着动能的增加，粉尘颗粒之间相互作用的频率也随之提升，导致粉尘颗粒逐渐凝聚成较大的团块。当这些团块达到足够重量时，会在重力的作用下沉降下来。值得注意的是，超声波除尘技术对于小粒径粉尘的控制效果尤为显著。这是因为小粒径粉尘颗粒在超声振动的作用下更容易发生凝聚，从而提高除尘效率。这一特性使得超声波除尘技术在处理细微小粒径粉尘方面展现出独特的优势。

（5）阻尘技术

阻尘技术，也被称为粉尘的个人防护技术，是一种通过佩戴各类防尘护具来有效阻碍粉尘进入人体的方法。目前，市场上主要的防尘护具有防尘口罩、防尘面罩以及防尘眼镜等。这些护具在粉尘控制中扮演着至关重要的角色，作为粉尘控制的最后一道防线，它们备受重视且得到了广泛的应用。阻尘技术的重要性不言而喻，它直接关系到作业人员的身体健康和安全。通过佩戴合适的防尘护具，可以显著降低粉尘对作业人员呼吸系统和眼睛的危害，从而保护他们的健康。

2）通风控制技术

在施工中的深部空间，对风速有着具体且严格的要求。当进行全断面开挖作业时，风速应大于或等于 0.15m/s；而当开挖部分坑道时，风速则需大于或等于 0.25m/s。同时，为了保证施工环境的稳定性和安全性，风速的最大值不应大于 6m/s。为了营造一个良好的施工环境，常用的通风措施包括合理选择通风方式、不断改进通风机械的性能以及加强通风管理。这些措施的实施能够确保深部空间内的空气流通顺畅，有效排除粉尘和有害气体，从而保障作业人员的身体健康和施工效率。

（1）合理选择通风方式

通风方式主要分为管道通风、巷道通风和风仓通风 3 类。其中，管道通风作为一种灵活高效的通风方式，又可以进一步细分为送风式（也称压入式）、排出式（也称抽出式）和混合式 3 种具体形式。

①压入式通风

压入式通风是一种高效的通风方式，它利用通风风机产生一定的风速和风压，将新鲜空气经过通风风管输送至深部空间工作面。这种通风方式的主要优势在于，随着新鲜空气的进入，深部空间内的有害气体和粉尘得到有效的稀释，从而改善了作业环境。

在压入式通风系统中，新鲜空气被直接输送至工作面，这一特点使得风管随着施工的进行可以方便地延长，且维护相对简单。然而，需要注意的是，压入式通风并未设置排风系统，因此污浊空气并不能直接排出。这导致已开挖的深部空间可能会受到一定程度的污染。

此外，压入式通风的效果与风管密切相关。当风管长度过大时，风管漏风量会占据较大比例，从而影响通风效果。因此，压入式通风更适用于远期开挖长度较短、埋深较小的深部空间。在这样的环境下，压入式通风能够充分发挥其优势，为作业人员提供一个相对舒适、安全的作业环境。

②抽出式通风

抽出式通风与压入式通风的风流方向相反，该方法利用通风风机形成负压，将深部空间内污浊空气卷吸入内，并通过风管将其排出至外部空间。这种排尘方式随着污浊空气的排出，有效地将弥散深部空间中的有害气体和粉尘一并排出，从而实现对深部空间内粉尘的有效控制。

然而，抽出式通风也存在一些不足之处。首先，由于风机通常布设于深部空间内，这将直接导致噪声污染问题。其次，风机移动成本投入相对较大，给施工带来了一定的经济负担。尽管如此，抽出式通风仍然具有其独特的优势。由于污浊空气被风管直接抽出，深部空间全长的环境得到显著的改善，为作业人员提供了一个更为舒适、安全的工作环境。

抽出式通风更依赖深部空间内的环境状况。在沿途污染严重的深部空间中，抽出式通风的效果可能会受到一定程度的影响。此外，与压入式通风相似，随着深部空间掘进长度的不断延伸，通风距离也随之增大，供风量逐渐降低。这可能导致抽出式通风无法满足正常施工需要。因此，在实际应用中，抽出式通风很少被单一采用。

③混合式通风

混合式通风是一种高效的通风方式，它将压入式通风与抽出式通风设备巧妙地组合应用，从而为深部空间工作面提供新鲜空气，并将污浊空气有效排出。在送风风机与排风风机合理配合下，新鲜空气能够高效输送至工作面，同时深部空间内污浊空气也能够被及时排除，从而确保了作业环境的舒适与安全。

混合式通风结合了压入式通风与抽出式通风的优点，既能够排出工作面污浊空气，又能够保证新鲜空气的持续输入。这一特点使得混合式通风在应对大规模深部空间的施工通风时，相比单一的压入式通风或抽出式通风，展现出了更为出色的性能，更能胜任大规模深部空间的施工通风。然而值得注意的是，由于混合式通风需要同时配备送风风机和排风风机，因此设备的购置、保养以及维修管理的成本投入相对较高。

④巷道式通风

巷道式通风是一种创新的通风方式，它巧妙地利用深部空间的正洞和导洞组成通风系统，以实现有效的通风。在该技术下，正洞（双正洞形式）或辅助坑道（单正洞形式）被用作送风风道，而另一条线则作为排风风道。巷道式通风技术不仅有效地运用了隧洞空间，还结合了风机和风管，有条不紊地形成循环流场。在这个流场的携带作用下，深部空间内的粉尘能够高效地被排出。

巷道式通风特别适用于大规模深部空间，尤其是在压入式或抽出式通风难以适用的情况下。它仍然能够有效地改善深部空间的环境，为作业人员提供一个更为健康、安全的工作环境。然而，巷道式通风的实施也伴随着一定的挑战。由于需要与射流风机配合使用，设备的购置和维修成本投入相对较大。此外，随着施工的进行，设备还需要不断地移动和调整，这增加了施工的复杂性和成本。

⑤风仓式通风

风仓式通风是一种专为通风条件差的深部空间设计的通风方式。它通过布设一个由特定材料精心打造的舱体，作为接力管段，为深部空间提供稳定的风源。这个接力管段与普通风管形状有所不同，它呈现为贴附壁面的环形或者矩形形式，并且断面面积相较于普通风管更大，从而能够更有效地输送风流。

在风仓式通风系统中，风仓与接力风机的合理布设至关重要。这种布设方式不仅降低了风管的漏风率，还增大了风流的风压，从而确保风流输送效率。在该技术下，输送至工作面的风量较压入式更充足，在相同的排尘原理下，风仓式通风能够更高效地达到排尘的目的。

通风方式的选择依据主要污染源的特性，在深部空间内的成洞地段，应尽可能避免造成二次污染，并确保通风方式不会对施工造成限制。在选择时，需要注意以下六个方面的问题：a. 由于影响自然通风的因素较多，导致通风效果具有不易控制性和不稳定性，因此自然通风除了在一些规模比较小的深部空间施工中适用之外，通常不宜采用。b. 压入式通风方式能够直接向工作面输送新鲜的空气，因此值得推广，然而其缺点是会导致整个坑道中都流入污浊的空气。为克服这一缺点，在应用压入式通风时，最好使用大管径、大功率的机械，以确保通风效果。c. 抽出式通风方式的风流方向与压入式通风相反，然而由于其排烟的速度较慢，在工作面范围内很容易出现炮烟停滞区，因此不建议在施工中单独使用抽出式通风。d. 混合式通风方式结合了抽出式通风和压入式通风的优点，能够有效地改善深部空间的通风环境，但是，混合式通风对风机、管路等设施的应用较多，且适合使用较小的管径。如果风机的管径和功率都比较大，其经济性可能会较差。e. 平行导坑主要应用在施工规模比较大的深部空间工程中，通风的效果主要取决于管理水平。如果施工的断面比较大，但没有平行导坑，则可以使用风墙式的通风方式。f. 在选择通风方式时，还需要注重对风管、通风机等设备的选择。应确保风管的连接处处理得当，以最大限度减小漏风率，从而提高通风效果。

（2）改进通风机械

在深部地下空间施工的过程中，由于空气减少、粉尘和有害气体增多，洞内的空气会变得较为浑浊。随着施工深度的不断增加，洞内的空气湿度与温度也随之上升，这对施工人员的身体健康和通风机械的工作性能构成了严峻的挑战。因此，对通风机械进一步改进，以有效地排出、冲淡和稀释洞内的浑浊空气，确保空气环境的新鲜程度，保障施工正常安全地进行。

深部地下空间工程施工中的通风机械设备是确保施工安全和工作环境舒适的重要措施。为了提升通风机械设备的效率和安全性，通常采用以下措施：设计高效的风机，以提供更强的通风动力；优化通风管道布局，减少通风阻力，提高通过风效率；设置多级过滤系统，有效过滤掉空气中的粉尘和有害气体；配备应急通风设施，以应对突发情况；采用循环通风技术，充分利用洞内空气，减小能源消耗；引入智能化通风系统，实现通风的自动化和智能化控制。这些措施的实施，不仅有助于改善施工环境的健康与安全，还能提升施工效率和质量。通过不断改进和优化通风机械设备，可为深部地下空间工程的施工提供更加可靠和高效的通风保障。

（3）加强通风管理

在深部地下空间施工过程中，除了做好前期的通风准备工作外，加强通风管理同样至关重要。这主要包括确保管路的漏风率维持在正常水平以内，实时监测洞内有害物质的含量，以及不断增大洞内的新鲜空气量。同时，管道的日常维护检修也是不可或缺的环节。在风机安装方面，支架必须稳固结实，以确保风管、风机在同一轴线上运行。风机应位于洞口外上风向位置，以避免洞内压出的废气循环进入风机，造成二次污染。通风管应挂于深部空间顶部，距离衬砌面下 5cm 处。在安装前，需先精确计算出风管位置，并每隔约 5m 的距离安装长锚杆。随后，将盘条吊挂线拉直拉紧并焊固在锚杆上，再吊线挂上风管。风管安装需做到平、直、稳、紧，避免弯曲和无褶皱，以减少通风阻力。风管转弯半径应不小于风管直径的 3 倍，且风机及风管必须随掘进而不断延伸。在管理方面，还需注意通风管风口距离开挖工作面的距离，不宜大于 50m，但也不能过于接近工作面，以免爆破时破坏风管。同时，风机应装有保险装置，一旦发生故障时能自动停机。此外，通风系统应定期检测通风量、风速、风压等指标，并检查通风设备的供风能力和动力消耗情况，做好相关记录。在作业面爆破前，应做好风机及风管防护工作；爆破后，由专职人员携带防毒面具进入现场拆除防护及延伸送风管，同时尽快开启送、排风机，以加速排烟。

1.6 本书主要研究内容与预期成果

本书旨在针对城市深部硐室群的网络化分布特征及分步分期建设的安全需求，综合运用数据统计、数值模拟、理论分析和现场实测等多种方法，深入研究硐室群施工安全间距、地质条件等关键影响因素。在此基础上，建立一套科学完善的施工风险评估系统，以全面评估施工过程中的安全风险。同时，本书还将详细分析硐室施工的围岩稳定对地质参数的敏感性，通过对比分析大硐室初期支护拱盖法不同开挖工法的围岩变形演化过程，深入探讨支护参数对围岩稳定性的影响。在此基础上，优化支护方案和施工方法，形成一套适用于城市深部空间大断面硐室施工的建造技术。针对深埋硐室通风、除尘、出渣的需求，本书将提出一系列深埋暗挖施工环境要素控制技术，以确保施工环境的安全与舒适。本书主要预期成果如下：

（1）通过深入的理论分析、数值模拟，提出硐室群的合理施工顺序，即先开挖埋深较大、间距较小且施工难度较大的硐室，这种施工顺序能够在一定程度上减小硐室间围岩的应力集中现象，更有利于确保整个硐室群施工过程的稳定性。在城市深部环境下进行硐室群施工时，为确保施工安全和减少对既有硐室的影响，建议在靠近既有硐室的围岩附近采取锚固桩、注浆等一系列加固措施，以有效地增强围岩承载力、减少新建硐室建设对既有硐室可能造成的不利影响。

（2）从主观因素和客观因素出发，建立一套完善的硐室群风险因素评价指标体系，包括工程地质、自然、设计施工和管理共 4 个一级指标因素，并进一步细化为围岩等级、断层破碎带等 23 个二级指标因素；在概率神经网络（PNN）模型构建中，深入分析统计样本的数量、神经元个数、训练函数对输出结果产生的影响，结合不同工程特点对硐室群施工风险评估结果进行动态调整，以提高评估的准确性和实用性。

（3）深入研究大断面硐室开挖中围岩主要物理力学参数如重度γ、弹性模量μ、泊松比ν、黏聚力c和内摩擦角φ等影响因素，通过灰色关联度分析确定其大小顺序，进一步探究影响硐室开挖后围岩稳定性的影响因素敏感度及顺序。

（4）探究城市深部地下空间大断面硐室围岩变形的时间效应。掌子面前方一定范围内的围岩受到扰动发生变形，距离掌子面越近变形量越大；掌子面后方一定里程处至目标断面里程，围岩变形速率随里程增加呈先增加后减小的趋势。进一步研究设置临时支护工法，探讨增加开挖层数、增加分部开挖工序对围岩塑性区体积发展变化的影响规律；提出降低围岩塑性区体积、控制围岩稳定性的施工措施。

（5）揭示特大跨度岩层隧道硐室钻爆法施工时的围岩损伤机理。研究特大跨岩层隧道爆破施工围岩的质点振动速度和质点振动位移变化趋势，研究评价特大跨地铁隧道围岩爆破损伤程度时，把围岩的振动位移作为评价围岩损伤程度判据之一的合理性。

（6）精心配制围岩及支护结构的相似材料、开展室内土工试验测试相似材料的物理力学参数，验证该相似材料与原型材料的力学性质的相似性程度，及是否满足试验要求，为类似的研究工作提供参考。致力研发、优化及采用具有超低功耗无线通信技术、函数换算间接测量法以及快速装拆连接法的智能化监控系统，对隧道施工过程中的围岩变形、钢拱架应力等数据进行自动采集，通过对数据的分析与预测，实现隧道施工的安全预警。

（7）研究深埋隧道硐室施工通风关键技术，优化隧道通风设计及装备。通过数值模拟、现场施工环境测试等手段，优化隧道风机布置、风仓设置方案，揭示隧道断面平均风速变化规律，提出最优的风机布置、风仓布置以及风口布置方案。

（8）提出基于熵权优化的地下空间工程施工环境最优解距离评价模型，通过该评价模型建立对施工现场环境进行多指标多因素的综合评价方法。综合采用多个评价指标的熵值和权重进行模拟分析，分别对呼尘浓度、相对湿度、噪声、温度、风速、全尘浓度等环境要素在整体施工环境样本中的影响作用及影响程度进行评价，并按影响作用及程度大小针对环境要素采取相应的控制与处理措施，以达到改善综合施工环境、保障施工人员作业安全、提高施工效率的目的。

KEY TECHNOLOGIES AND APPLICATION FOR
CONSTRUCTION OF
URBAN DEEP UNDERGROUND CAVERNS
城 市 深 部 地 下 空 间 硐 室 群 施 工 关 键 技 术 与 应 用

第 2 章
城市深部地下空间硐室群施工与安全控制技术

随着我国城市轨道交通的快速发展，我国城市地铁隧道运营里程逐年增加，城市轨道交通网络不断加密，城市地下空间的建（构）筑物与地铁线路相互交叉形成了复杂的硐室群。这一方面缓解了交通拥堵问题，但另一方面也为后续的地下隧道工程施工带来了诸多难题。在城市深部空间中新建隧道硐室不可避免地会引起周围地层和建（构）筑物的重复扰动，极易导致既有运营隧道变形过大，影响整个硐室群的稳定性，再加上地铁运营对轨道及结构变形的要求高，稍有不慎就会引起结构损伤，威胁人们的生命财产安全，给社会造成严重损失。面对这些复杂的工程状况，如何保证新建隧道的顺利穿越，同时确保既有地铁线路的运营安全，无具体的理论方法与施工实践可循。鉴于此，本章依托重庆轨道交通18号线富华路站—歇台子站区间工程，研究硐室群施工与安全控制技术，提出施工安全控制措施，并建立相应风险评估方法，为城市深部地下空间硐室群工程的设计与施工提供指导。

2.1 地下硐室群安全控制相关理论及标准

2.1.1 隧道硐室等效开挖原理

隧道硐室等效开挖原理指出，隧道硐室开挖对围岩塑性区发育范围的影响等效于开挖与该隧道断面外接圆同直径的圆形巷道，并将等效开挖断面与实际断面之间的差集称为无效加固区。如图 2-1 所示，为确保邻近硐室间的岩柱处于稳定状态，等效间距应满足下式：

$$R_d > (R_1 - r_1) + (R_2 - r_2) \tag{2-1}$$

式中：R_1、R_2——硐室1、硐室2围岩塑性区半径；

r_1、r_2——硐室1、硐室2的等效开挖半径；

R_d——硐室1、硐室2等效开挖半径间的距离。

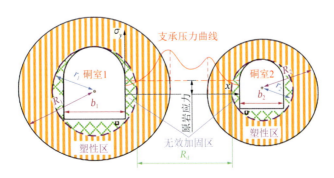

图 2-1 邻近硐室围岩内塑性区与支承应力分布

b_1、b_2-硐室1、硐室2的宽度

需要指出的是，当错层位布置两个邻近硐室时，公式(2-1)同样适用。

2.1.2 新建隧道下穿既有隧道影响区域划分

参考日本《既有铁路隧道近接施工指南》(东京：铁道综合技术研究所，1996年9月)中对近接影响区域的划分标准，根据受近接工程影响的程度，从隧道中心点起画两条45°线，将受隧道近接施工影响区域划分为三个部分，即强影响区（必须采取措施范围）、弱影响区（需要注意范围）、无影响区（无影响范围）。隧道近接施工影响范围详见图2-2，隧道近接度划分详见表2-1和表2-2。

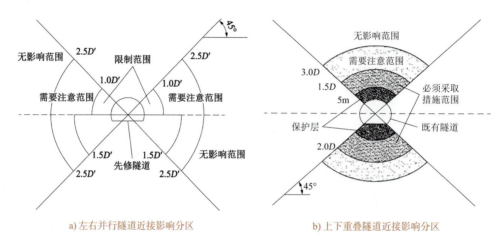

a) 左右并行隧道近接影响分区　　　　b) 上下重叠隧道近接影响分区

图 2-2　隧道近接施工影响范围

D'-后修隧道半径；D-新建隧道外径

左右并行隧道近接度划分　　　　表 2-1

两隧道的位置关系	间隔距离	近接度的划分
新建隧道在既有隧道的上方	< 1.0D'	必须采取措施范围
	1.0D'～2.5D'	需要注意范围
	> 2.5D'	无影响范围
新建隧道在既有隧道的下方	< 1.5D'	必须采取措施范围
	1.5D'～2.5D'	需要注意范围
	> 2.5D'	无影响范围

注：D'为后修隧道半径。

上下重叠隧道近接度划分　　　　表 2-2

两隧道的位置关系	间隔距离	近接度的划分
新建隧道在既有隧道的上方	< 1.5D	必须采取措施范围
	1.5D～3D	需要注意范围
	> 3D	无影响范围

续上表

两隧道的位置关系	间隔距离	近接度的划分
新建隧道在既有隧道的下方	<2D	必须采取措施范围
	2D~3.5D	需要注意范围
	>3.5D	无影响范围

注：D 为新建隧道外径。

强影响区（必须采取措施范围）：新建隧道对既有构筑物的影响程度较强且有一定的危害，有必要根据既有构筑物的结构强度、产生的变形量等方面来研究影响程度，并从施工方法上采取对应措施，对既有和新建构筑物进行测量管理，以保证结构的安全稳定。

弱影响区（需要注意范围）：新建隧道对既有构筑物的影响程度较弱，一般不产生危害，通常要根据既有构筑物的结构强度、产生的变形量等来推算容许值，判断是否采取其他措施。并且有必要对既有和新建构筑物进行测量管理，以确保施工安全。

无影响区（无影响范围）：新建隧道基本不会影响既有构筑物，因此无须采取其他措施。

根据《城市轨道交通结构安全保护技术规范》（CJJ/T 202—2013）中近接影响区域的划分标准，隧道近接施工影响区域划分为三个部分，即强烈影响区域、显著影响区域、一般影响区，详见表2-3。

工程影响分区 表2-3

工程影响分区	强烈影响区（A）	显著影响区（B）	一般影响区（C）
浅埋隧道外部作业的工程区域范围	隧道正上方及外侧 $0.7h_2$ 范围内	隧道外侧 $0.7h_2$~$1.0h_2$ 范围	隧道外侧 $1.0h_2$~$2.0h_2$ 范围
深埋隧道外部作业的工程区域范围	隧道正上方及外侧 $1.0b$ 范围内	隧道外侧 $1.0b$~$2.0b$ 范围	隧道外侧 $2.0b$~$3.0b$ 范围

注：h_2 为矿山法和盾构法外部作业隧道底板的埋深；b 为矿山法和盾构法城市轨道交通隧道的毛洞跨度。

对比以上两种近接施工影响区域划分标准，可以看出两者相差不大，日本《既有铁路隧道近接施工指南》侧重分析了两硐室间位置关系造成的影响；而《城市轨道交通结构安全保护技术规范》（CJJ/T 202—2013）根据硐室的埋深，有针对性地划分了近接施工的影响范围，从设计、施工的角度看更加安全合理。因此城市深部硐室群的安全间距控制研究主要以《城市轨道交通结构安全保护技术规范》（CJJ/T 202—2013）近接影响区域的划分标准为基础，分析新建硐室在深部地下空间中不同地质条件、不同空间位置对既有硐室的影响。

2.1.3 近接硐室施工安全控制标准

（1）应力准则

按照近接施工引起的应力重分布梯度变化范围和应力集中程度（或者应力集中系数）来划分影响区域。根据地层条件的不同，又可分为弹性准则和弹塑性准则。其中弹性准则针对Ⅰ、Ⅱ级围岩，弹塑性准则针对Ⅲ~Ⅳ级围岩。应力准则的范围界定与侧压力系数λ相关。

（2）塑性区准则

按照塑性区范围不叠加（或者处于临界状态）来确定分区指标。当地下工程近接施工引起围岩应力重分布后处于弹性状态时，围岩自身强度仍然具备足以维持稳定的潜力，因而对既有结构受力状况所产生的影响较为有限。而当出现塑性区且与既有侧连通时，则会对既有结构物产生较大影响。因此，这种准则较应力准则要宽松。

（3）位移准则

根据新建工程施工引起既有结构物的地层变形程度来划分影响区域。当既有结构物对位移响应最为强烈时，如基础等的不均匀沉降、地表较大的沉降以及隧道的纵向位移等，则应按照位移值的大小来划分影响区域。

（4）既有结构物强度准则

根据新建工程施工引起既有结构物强度发生变化的程度来划分影响程度。既有结构物的健全度和新建工程对其的影响程度将影响区域指标的划分。既有结构物的健全度越高，允许新建工程接近的距离越小，反之越低。

（5）既有结构物刚度准则

根据新建工程施工引起既有结构物变形程度和既有结构物内部构造物所允许的变位程度来综合划分影响区域。

（6）复合准则

在遇到某些情况下，单一准则并不太合适，这时可以将上述两种或者多种准则组合使用。

2.2 城市深部硐室群施工安全控制技术研究

本书依托重庆轨道交通 18 号线富华路站—歇台子站区间（以下简称"富歇区间"）示范工程，通过模拟不同工况的施工并研究既有硐室的围岩塑性区、位移及应力变化，确定城市深部硐室群施工安全控制影响因素，优化硐室群施工方案，保证硐室群整体安全稳定。

富歇区间为单洞单线断面，断面形式为马蹄形，最大埋深约 121m，采用控制爆破和机械开挖进行施工，局部与9号线红岩村站—富华路站区间（以下简称"红富区间"）并行，先后下穿重庆市工业学校、既有5号线红岩村站—歇台子站区间（以下简称"红歇区间"），上跨成渝高速铁路新红岩隧道，研究区间段如图2-3所示。部分区间横断面图如图2-4和图2-5所示。

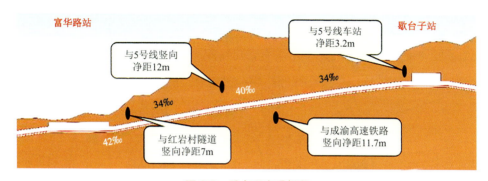

图2-3 重点研究区间段

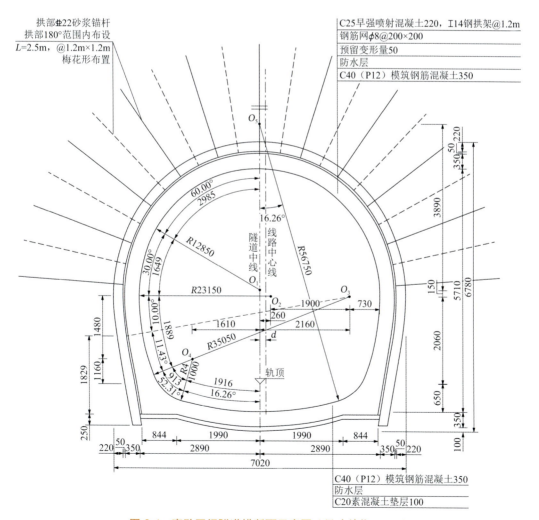

图2-4 富歇区间隧道横断面示意图（尺寸单位：mm）

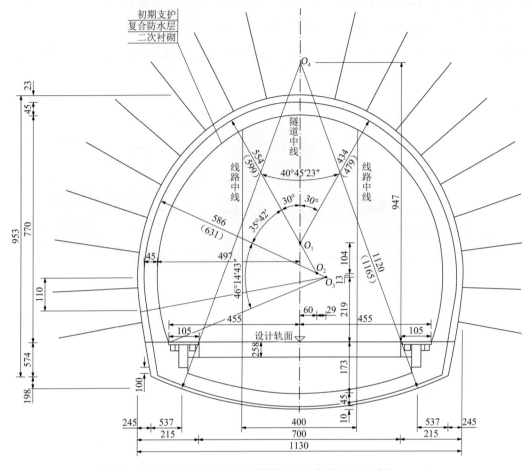

图 2-5 成渝高速铁路新红岩隧道横断面示意图（尺寸单位：cm）

2.2.1 数值模拟概况

1）数值模拟假定

为了将复杂问题进行简化，根据前人的研究成果，在计算中做如下假定：

（1）忽略围岩不连续，假定岩土体为弹塑性材料，满足莫尔-库仑（Mohr-Coulomb）准则；

（2）初始地应力不考虑构造应力、温度应力和渗流场对计算的影响，仅考虑岩土体自重作用；

（3）数值模型中既有硐室和新建硐室均采用全断面法开挖；

（4）工程实际中硐室群施工存在多个硐室对既有硐室造成影响，为了分析的方便，简化成新建硐室单侧及双侧近接既有硐室的情况；

（5）既有硐室和新建硐室均选取重庆典型区间隧道硐室断面，为得出普适性的结论，根据相关文献将高为 h、宽为 b 的马蹄形隧道断面简化为半径为 R 的圆形硐室进行研究分析，如图 2-6 所示，等效公式可表示为 $R = (h + b)/4$。

2）隧道硐室测点布置及计算参数

既有硐室监测断面设置在模型中部（$y = 50m$），一个断面在拱顶、边墙、仰拱等位置共布设 8 个监测点，测点布置如图 2-7 所示。新建硐室开挖时，监测既有硐室各点位移和应力。其中拱顶和仰拱处监测的是竖向位移，其余各点监测的是水平位移。

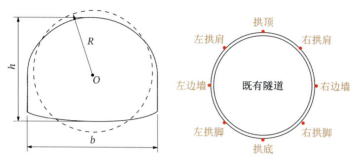

图 2-6 等效圆转化分析示意图　　图 2-7 隧道断面监测点布置图

根据重庆轨道交通 18 号线富歇区间围岩地质情况及支护形式，并结合《铁路隧道设计规范》（TB 10003—2016），综合确定数值模型的计算参数，详见表 2-4。

材料物理力学参数一览表　　　　　　　　　　　　　表 2-4

材料类型	弹性模量E（GPa）	重度γ（kN/m³）	泊松比ν	内摩擦角φ（°）	黏聚力c（MPa）
Ⅳ级围岩	1.3	25.5	0.37	33	0.648
初期支护	28	25.0	0.2	—	—
二次衬砌	32.5	25.0	0.2	—	—

2.2.2　硐室间距对既有硐室的影响

为了保证城市深部硐室群的施工安全，有必要研究新建硐室对于既有硐室周边围岩的影响范围和影响深度，以重庆歇台子站砂质泥岩地层为例，在既有区间上方、下方和右侧三个方向单侧近接新建区间隧道硐室，根据数值模拟将马蹄形隧道断面假定简化为圆形断面。两硐室的间距d分别为 0.25D、0.5D、0.75D、1D、1.5D、2D（D为新建区间隧道跨度，取整为 7m），共计 18 种工况。

1）新建硐室位于既有硐室右侧

本节采用 FLAC3D 软件建立三维计算模型，模型采用位移边界条件，分别限制底部边界的竖向位移、左右边界的水平位移以及前后边界的纵向位移。数值计算中先模拟既有硐室的开挖，待既有硐室贯通稳定后再进行新建硐室的开挖施工，两硐室的埋深均设定为 30m，采用全断面进行开挖。结合实际施工，拟定实际进尺为 2m，二次衬砌在初期支护 30m 后进行施作，二次衬砌模板为 10m 一环。岩土体采用实体单元模拟，本构模型采用莫尔-库仓弹塑性模型，初期支护及二次衬砌选用实体单元，采用弹性模型。离隧道洞周较近处，网格划分不超过 1m，以提高计算精度；离隧道较远处划分的网格较疏，以提高计算效率。根据圣维南原理确定开挖影响范围，计算模型尺寸为 80m × 100m × 60m，如图 2-8、图 2-9 所示，计算参数见表 2-5。

图 2-8　硐室数值计算模型图　　　　　图 2-9　数值模型横剖示意图

计算工况一览表　　　　　　　　　　　表 2-5

工况	1	2	3	4	5	6
距离 d	0.25D	0.5D	0.75D	1D	1.5D	2D
实际距离	1.75m	3.5m	5.25m	7m	10.5m	14m

（1）围岩竖向位移变化规律

为了对比既有硐室右侧新建硐室在不同间距情况下围岩的应力场、位移场及支护结构变形等力学特征的差异，同时为了避免边界效应的影响，提取监测断面处围岩与硐室的竖向位移云图，如图 2-10 所示。

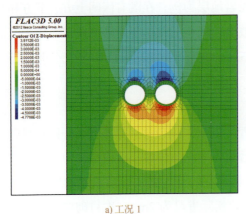

a) 工况 1　　　　　　　　　　　　　b) 工况 2

图　2-10

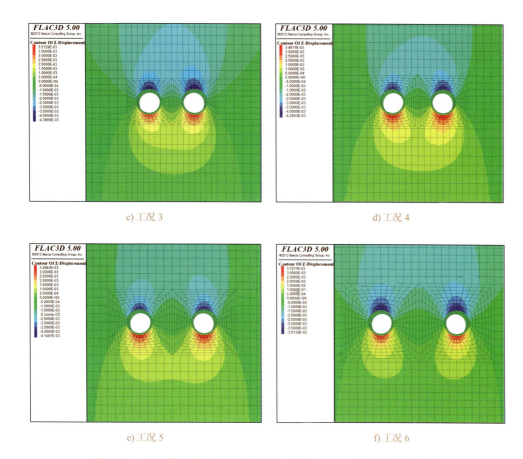

图2-10 硐室周边围岩竖向位移云图(单位:m,右侧为新建硐室)

从图2-10可以看出,在新建硐室距离既有硐室较近的工况中(工况1~工况4),既有硐室围岩变形范围受新建硐室影响较大,靠近新建硐室的一侧围岩有明显接近新建硐室的趋势,其中工况1、工况2中变形范围的形状变化明显;随着新建硐室与既有硐室右侧间距加大(工况5、工况6),既有硐室围岩的竖向位移受新建硐室的影响减小,位移云图逐渐趋近于单个硐室开挖的竖向位移特征:围岩竖向位移的正值(红色区域)主要分布在硐室结构的仰拱区域,即仰拱发生隆起现象;围岩竖向位移的负值(蓝色区域)主要分布在硐室结构的拱顶部分,即拱顶发生沉降现象。竖向位移的最大值集中在隧道的拱顶和仰拱部位,数值见表2-6。

既有硐室监测点最终竖向位移(单位:mm)　　　　表2-6

工况	1	2	3	4	5	6
拱顶沉降	−4.27	−4.27	−4.23	−4.12	−4.03	−3.88
拱底隆起	3.54	3.41	3.37	3.30	3.24	3.10

可以看出,随着硐室距离的加大,既有硐室拱顶沉降程度与仰拱隆起程度逐渐减小,

当硐室间距超过 $1D$（D 为新建区间隧道跨度，即 7m）时，在较好的岩层中，既有硐室基本不受新建硐室侧边开挖影响。硐室间距较小的工况中既有硐室拱顶沉降程度和仰拱隆起程度较大，且有明显的不对称变形倾向。原因是既有硐室周边围岩受到扰动，其围岩有向新建硐室临空面空腔位移变形的趋势，硐室拱顶沉降量和拱底隆起量也一定程度增大。

（2）围岩水平变化规律

硐室周边围岩水平位移云图如图 2-11 所示。

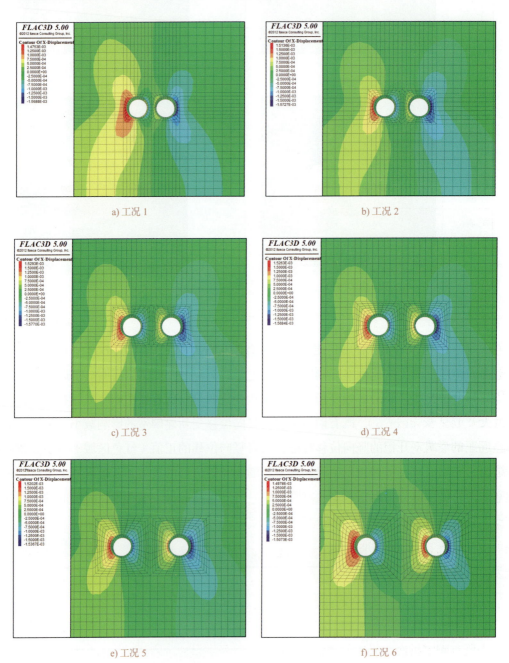

a) 工况 1　　　　　　　　　　b) 工况 2

c) 工况 3　　　　　　　　　　d) 工况 4

e) 工况 5　　　　　　　　　　f) 工况 6

图 2-11　硐室周边围岩水平位移云图（单位：m，右侧为新建硐室）

从图 2-11 可以看出，既有硐室水平位移云图基本呈"X"形分布，即拱肩、拱腰和拱脚受围岩挤压作用均向隧道内部变形，其中左右边墙的位移最大。在新建硐室距离既有硐室较近的工况中（工况 1～工况 4），因新建硐室的开挖使围岩性质劣化，围岩的侧向约束能力下降，导致既有硐室结构右侧的围岩有向新建硐室靠近的趋势，硐室间岩柱的稳定性降低；随着硐室间距加大，工况 5、工况 6 中既有硐室的不对称变形现象减弱，隧道周边围岩的水平位移特征逐渐恢复至不考虑新建硐室开挖时的情况。提取既有硐室周边围岩监测点位水平位移，见表 2-7。

既有硐室监测点最终水平位移（单位：mm） 表 2-7

工况	1	2	3	4	5	6
左拱肩	1.17	1.17	1.16	1.15	1.13	1.12
左边墙	1.47	1.5	1.52	1.53	1.51	1.49
左拱脚	1.31	1.31	1.30	1.28	1.25	1.23
右拱肩	−0.82	−0.81	−0.84	−0.87	−0.9	−0.93
右边墙	−1.01	−1.06	−1.13	−1.19	−1.25	−1.28
右拱脚	−0.84	−0.85	−0.88	−0.91	−0.95	−0.98

从表 2-7 可以看出，随着新建硐室与既有硐室距离的增大，既有硐室右侧的监测点位水平位移有明显变化，在距离过近时，例如工况 1～工况 4，新建硐室的变形位移通过中间的岩柱传递到既有硐室的右侧，导致隧道右侧向右变形的趋势加强，数值上表现为既有硐室右侧的一部分向内变形位移值被抵消，此时新建硐室的变形已经影响到了既有硐室本身，对隧道结构不利。工况 5、工况 6 由于两硐室的间距已经较大，中间岩柱有较强的稳定性，因此变化幅度较为缓和，此时可以认为新建硐室对既有硐室影响很小。同时可以注意到，硐室间距的增大对于既有硐室左侧的监测点水平位移没有明显影响，原因是既有硐室左侧围岩与新建硐室的开挖临空面之间的距离较大，不容易受开挖扰动影响，这与实际工程经验也是相符的。故对于较好的岩层中的硐室群施工，硐室间距为 1D（即 7m）以内时，会产生明显的不利影响，对既有硐室邻近新建硐室的一侧尤为明显；其中 0.5D（即 3.5m）以内的区域受既有硐室的影响更为明显，空间上已经对硐室结构产生拉扯效应，导致硐室可能发生局部掉块塌落的现象。

（3）既有硐室监测点位移曲线分析

为了明显看出既有硐室在新建硐室开挖影响下产生的不对称变形，提取新建硐室开挖过程中既有硐室拱底、拱底的竖向位移曲线，以及右拱肩、右边墙、右拱脚的水平位移曲线，如图 2-12～图 2-16 所示。

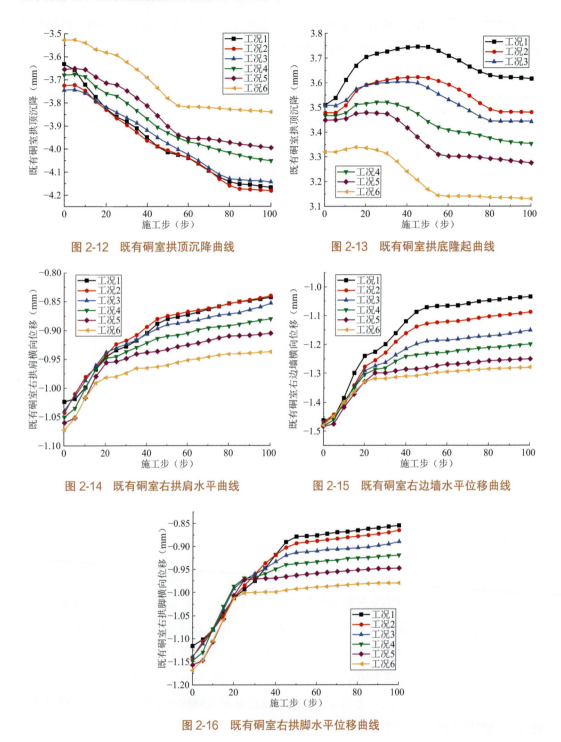

图 2-12 既有硐室拱顶沉降曲线

图 2-13 既有硐室拱底隆起曲线

图 2-14 既有硐室右拱肩水平曲线

图 2-15 既有硐室右边墙水平位移曲线

图 2-16 既有硐室右拱脚水平位移曲线

从图 2-12～图 2-16 可以看出，在工况 1～工况 6 中，由于右侧新建硐室的开挖，既有硐室的拱顶沉降量增大，右侧的 3 个监控点位也不同程度地向既有硐室靠近，原因是右侧新建硐室开挖导致围岩性质劣化，围岩对隧道结构的侧向约束能力下降。随着采空区距离的增大，新建硐室开挖带来的不利影响将逐渐减小，曲线逐渐趋于平缓。

观察曲线可以看出,在硐室间距较小的工况中各个监测点位随新建硐室开挖变化较大,其中以工况 1 和工况 2 最为显著。在距离过近时,其变形位移通过中间的岩柱传递到隧道结构右侧,数值上抵消了隧道结构右侧一部分的向左位移值,具体表现为隧道结构右侧整体有向右的偏向变形。在工况 5 和工况 6 中,随着硐室间距的加大,各个监测点的位移曲线能更快趋于稳定,变化量也较小。综上所述,新建硐室的侧向近接施工需要与既有硐室保持安全的间距,确保中间岩柱的稳定。

(4)既有硐室衬砌最小主应力分析

既有硐室衬砌最小主应力云图见图 2-17。

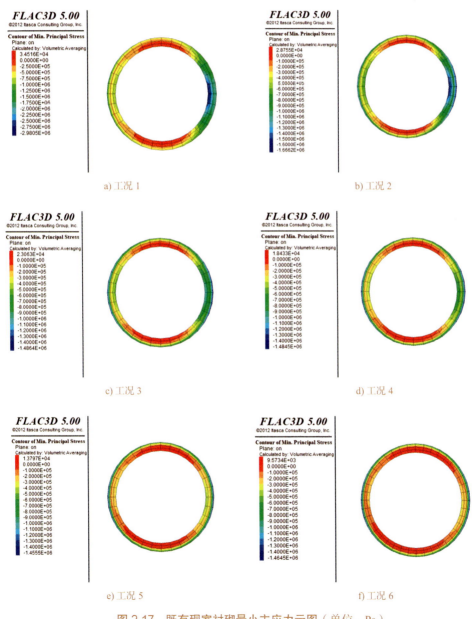

图 2-17 既有硐室衬砌最小主应力云图(单位:Pa)

从图 2-17 可以看出，工况 1、工况 2 有明显的应力集中现象，在硐室间距比较近的工况中应力集中分布在既有隧道衬砌结构的右侧，代表该部位的衬砌结构受压比较严重，可能会导致衬砌发生受压破坏。随着硐室间距的增大，最小主应力的集中现象逐渐消失，工况 3～工况 6 的最小主应力分布基本均匀对称，其中初期支护承受大部分的围岩压力，二次衬砌只承担较小荷载。现提取隧道衬砌结构的最小主应力最大值，见表 2-8。

既有硐室衬砌最小主应力最大值（单位：MPa） 表 2-8

工况	1	2	3	4	5	6
最小主应力	2.98	1.67	1.49	1.48	1.45	1.46

由表 2-8 可知，随着硐室间距的加大，各工况的最小主应力最大值逐渐减小。其中工况 1 的最小主应力最大值明显大于其他工况，原因是两个硐室的塑性区发生叠加，产生较大的应力集中，随着距离的加大，最小主应力迅速减小。其中工况 1、工况 2 的减小幅度最大，从 2.98MPa 减小至 1.67MPa，受距离影响明显。工况 3～工况 6 的最小主应力最大值变化幅度很小，基本未发生变化，此时可以认为硐室间已到达较安全的距离，没有产生塑性区的叠加，支护结构受力状态良好。

综上所述，对既有硐室支护结构的最小主应力来说，距离为 0.5D（即 3.5m）以内的新建硐室会造成既有硐室右侧出现较明显的应力集中，同时大幅增加最小主应力的数值，会给硐室支护结构带来明显的不利影响，施工设计时需引起重视。

通过对比分析既有硐室位移云图、位移曲线和支护结构主应力云图，可以得出以下结论：

（1）工况 1～工况 4 中既有硐室围岩的位移分布规律受新建硐室的影响较为显著，变形范围向新建硐室一侧靠近，空间上对硐室结构产生拉扯效应；工况 5、工况 6 中围岩的位移变形范围较小，新建硐室的影响不明显；在岩层中，既有硐室的位移变化不如衬砌应力变化明显，可作为施工设计中的次要考虑因素。

（2）由于新建硐室右侧开挖的影响，既有硐室右拱肩、右拱腰和右拱脚的水平位移，以及拱顶、拱底的竖向位移均有不同程度的增加现象，其中工况 1 和工况 2 的位移变化量最大，位移变化曲线也较陡；工况 3～工况 6 中，随着硐室间距的增大，既有硐室受开挖影响变小，上述监测点的水平位移曲线逐渐趋于平缓；既有硐室的左侧监测点位移变化量很小，基本不受新建硐室开挖影响。

（3）硐室间距在 0.5D 以内时，新建硐室对既有硐室支护结构的最大主应力影响很大，既有硐室的右侧出现明显的最小主应力集中现象，施工设计时需要重点考虑近接施工的加固设防措施；工况 4～工况 6 中当硐室间距大于 1D 时，既有硐室的支护结构受力均匀对称，基本不受新建硐室的影响，施工设计时对中间的岩柱进行一定程度的加固即可。

（4）综合考虑以上各种因素，可以得到既有硐室右侧新建硐室的安全距离规律如下：在围岩性质较好的岩层中，硐室间距在 0.5D（3.5m）以内时，新建硐室会对既有硐室周边围岩和支护结构有重大影响，硐室结构位于强烈影响区；距离在 0.5D～1D（3.5～7m）之间时，新建硐室对既有硐室的影响不可忽视，硐室结构位于显著影响区；距离在 1D～2D（7～14m）之间时，采空区对隧道结构影响较小，硐室结构位于一般影响区。

2）新建硐室位于既有硐室下方

建立尺寸为 70m × 100m × 75m 的硐室三维计算模型，其中既有硐室的埋深设定为 30m，新建硐室埋深因工况不同而有所不同，如图 2-18、图 2-19 所示。数值模型边界条件、开挖方法、围岩及支护结构参数、监测断面及监测点布置参见 2.2.1 节。计算参数见表 2-5。

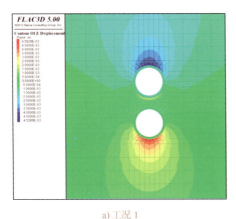

图 2-18 硐室数值计算模型图　　图 2-19 数值模型横剖示意图

（1）围岩竖向位移变化规律

为了对比既有硐室下方新建硐室在不同间距情况下围岩的应力场、位移场及支护结构变形等力学特征的差异，同时为了避免边界效应的影响，现提取监测断面处围岩与硐室的竖向位移云图，如图 2-20 所示。

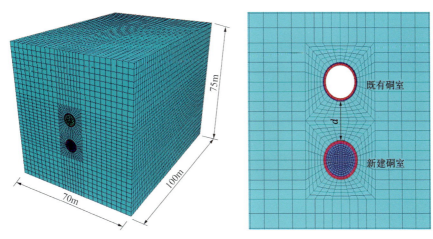

a）工况 1　　　　　　　　　　　　b）工况 2

图 2-20

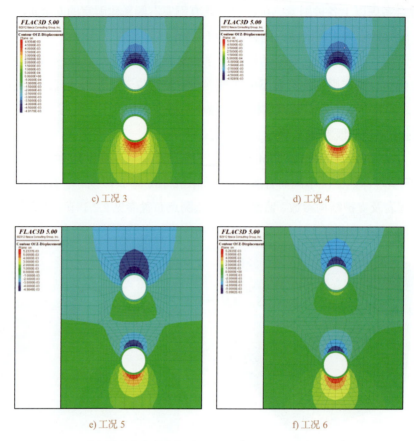

图 2-20 硐室周边围岩竖向位移云图（单位：m，下方为新建硐室）

从图 2-20 可以看出，在下方新建硐室距离既有硐室较近的工况中（工况 1～3），既有硐室拱底的隆起变形和新建硐室拱顶的沉降变形明显减小，两硐室间的围岩的竖向变形量小，原因是此时两硐室相互影响较大，硐室间围岩受到较大挤压的作用。随着新建硐室与既有硐室上下间距的加大，既有硐室围岩的竖向位移规律变化不大，仅在数值上有较小的区别，而新建硐室的拱顶位置竖向位移有明显增大的现象，恢复了正常的沉降规律，说明此时硐室间围岩基本不受挤压作用。既有硐室的监测点位竖向位移数值见表 2-9。

既有硐室监测点最终竖向位移（单位：mm） 表 2-9

工况	1	2	3	4	5	6
拱顶沉降	−4.53	−4.78	−4.92	−4.93	−4.98	−4.96
拱底隆起	1.99	1.89	1.85	1.79	1.72	1.62

由表 2-9 可以看出，随着硐室距离的加大，既有硐室拱顶沉降在硐室间距超过 $0.75D$（即 5.25m）后基本趋于稳定，而仰拱部分隆起量一直表现出减小的趋势，说明仍受到新建硐室开挖的影响。

（2）围岩水平位移变化规律

硐室周边围岩水平位移云图见图 2-21。

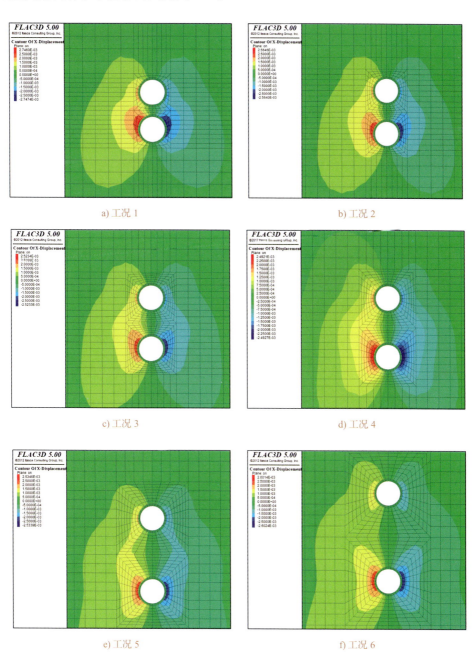

图 2-21 硐室周边围岩水平位移云图（单位：m，下方为新建硐室）

从图 2-21 可以看出，既有硐室和新建硐室的拱肩、拱腰和拱脚等位置受围岩挤压作用均向硐室内部变形，其中左右边墙的位移最大。在新建硐室距离既有硐室较近的工况中（工况 1~4），因新建硐室的开挖导致围岩性质劣化，既有硐室监测点位水平位移量较大，硐室间岩柱受两硐室的挤压作用，稳定性降低；随着硐室间距加大，工况 5~工况 6 中既有硐室和新建硐室的水平位移云图叠加部分变少，既有硐室周边围岩的水平位移基本不受下方新建硐室开挖影响。根据左右对称性，现仅提取既有硐室有边围岩监测点位水平位移，见表2-10。

既有硐室监测点最终水平位移（单位：mm）　　　　　表2-10

工况	1	2	3	4	5	6
右拱肩	−1.13	−1.12	−1.11	−1.10	−1.09	−1.08
右边墙	−1.85	−1.80	−1.76	−1.72	−1.67	−1.61
右拱脚	−1.32	−1.26	−1.23	−1.21	−1.19	−1.18

从表2-10可以看出，随着硐室间距的增大，既有硐室的监测点位水平位移呈现减小的趋势，其中边墙位置水平位移变化相对最明显，但总体上变化量较小，原因是在仅考虑自重应力的情况下，下方新建硐室的开挖对上方既有硐室的围岩扰动较小，既有硐室所受应力变化不大。

（3）既有硐室监测点位移曲线分析

为了明显看出既有硐室在新建硐室下方开挖时产生的影响，现提取新建硐室开挖过程中既有硐室拱顶、拱底的竖向位移曲线和右拱肩、右边墙、右拱脚的水平位移曲线，如图2-22～图2-26所示。

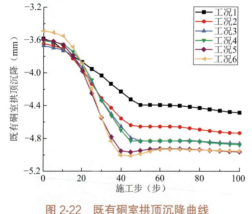

图2-22　既有硐室拱顶沉降曲线

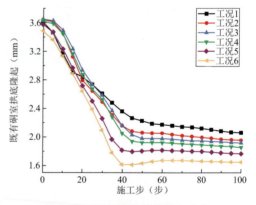

图2-23　既有硐室拱底隆起曲线

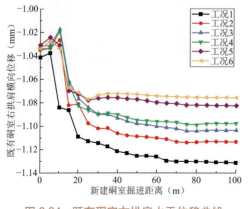

图2-24　既有硐室右拱肩水平位移曲线

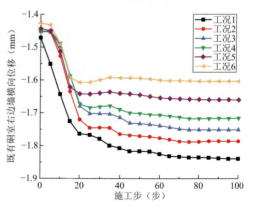

图2-25　既有硐室右边墙水平位移曲线

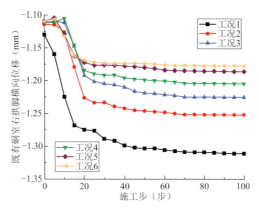

图 2-26 既有硐室右拱脚水平位移曲线

从图 2-22～图 2-26 可以看出，工况 1～工况 6 中，随着硐室间距的增加，拱顶沉降量和拱底降起量减小的速度反而更为缓慢，说明下方新建硐室的开挖提供了向上的压力，对硐室间围岩产生了较大的挤压作用；而右拱肩、右边墙和右拱脚三个监测点水平位移量增长速度快同样证明了上下硐室挤压作用的存在，导致既有硐室左右收敛变形的量在一定程度上被抵消。工况 4～工况 6 中，当硐室间距达到 1D（7m）时，各曲线基本趋于平缓，变化量也较少，可以认为既有硐室处于一个稳定的状态。

（4）既有硐室衬砌最小主应力分析

既有硐室衬砌最小主应力云图见图 2-27。

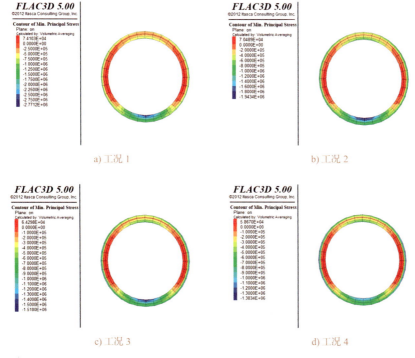

图 2-27

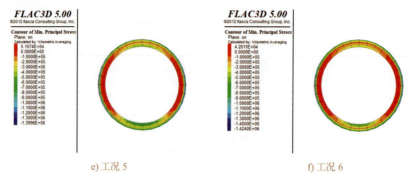

e) 工况 5　　　　　　　　　　　　　　f) 工况 6

图 2-27　既有硐室衬砌最小主应力云图（单位：Pa）

从图 2-27 可以看出，工况 1~工况 3 既有硐室都有应力集中现象，在硐室间距比较近的工况中应力集中分布在既有隧道衬砌结构的拱底，代表该部位的衬砌结构受压比较严重，可能会导致衬砌发生受压破坏。随着硐室间距的增大，最小主应力的集中现象逐渐消失。现提取隧道衬砌结构的最小主应力最大值，见表 2-11。

既有硐室衬砌最小主应力最大值（单位：MPa）　　　　　　　　表 2-11

工况	1	2	3	4	5	6
最小主应力	2.77	1.94	1.52	1.38	1.40	1.42

由表 2-11 可知，随着硐室间距的加大，各工况的最小主应力最大值呈现减小的趋势。其中工况 1 的最小主应力最大值明显大于其他工况，原因是两个硐室的塑性区发生叠加，产生较大的应力集中，随着距离的加大，最小主应力迅速减小，其中工况 1、工况 2 的减小幅度最大，从 2.77MPa 减小至 1.94MPa，受距离影响明显；工况 4~工况 6 的最小主应力最大值变化幅度很小，基本未发生变化，此时可以认为硐室间已到达较安全的距离，没有产生塑性区的叠加，支护结构受力状态良好。

综上所述，对既有硐室支护结构的最小主应力来说，距离为 1D（即 7m）以内的新建硐室会造成既有硐室拱底出现较明显的应力集中，同时对硐室间围岩有较大的挤压作用，给硐室支护结构带来明显的不利影响，施工设计时需引起重视。

通过对比分析既有硐室位移云图、位移曲线和支护结构主应力云图，可以得出以下结论：

①工况 1~工况 4 中既有硐室围岩的位移分布规律受新建硐室的影响较为显著，由于新建硐室的下方开挖对硐室间围岩有较大的挤压作用，给了既有硐室向上的压力，因此竖向位移上的变化速度反而比硐室间距较远的工况要慢。

②由于新建硐室下方开挖的影响，既有硐室右拱肩、右拱腰和右拱脚的水平位移以及拱顶、拱底的竖向位移均有不同程度的增加现象，其中工况 1 和工况 2 的位移变化量最大，位移变化曲线也较陡，与新建硐室在右侧开挖的规律基本类似。

③硐室间距在 0.5D 以内时，新建硐室对既有硐室支护结构的最大主应力影响很大，既有硐室的拱底部位出现明显的最小主应力集中现象，施工设计时需要重点考虑近接施工的加固设防

措施；工况4~工况6中硐室间距大于1D时，既有硐室的支护结构受力基本稳定，但施工设计在硐室间距为1D~2D时，仍然有必要对既有硐室下方的硐室间围岩进行一定程度的加固。

④综合考虑以上各种因素，可以得到既有硐室下方新建硐室的安全距离规律如下：在围岩性质较好的岩层中，硐室间距在0.5D（3.5m）以内时，新建硐室会对既有硐室周边围岩和支护结构有重大影响，硐室结构位于强烈影响区；距离在0.5D~1D（3.5~7m）之间时，新建硐室对既有硐室的影响不可忽视，硐室结构位于显著影响区；距离在1D~2D（7~14m）之间时，新建硐室对隧道结构影响较小，硐室结构位于一般影响区。

3）新建硐室位于既有硐室上方

建立尺寸为70m×100m×60m的硐室三维计算模型，其中既有硐室的埋深设定为30m，新建硐室的埋深因工况不同而有所不同，如图2-28、图2-29所示。数值模型边界条件、开挖方法、围岩及支护结构参数、监测断面及监测点布置参见小节2.2.1；计算参数详见表2-5。

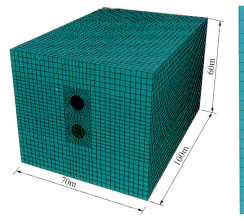

图2-28 硐室数值计算模型图　　图2-29 数值模型横剖示意图

（1）围岩竖向位移变化规律

为了对比既有硐室上方新建硐室在不同间距情况下围岩的应力场、位移场及支护结构变形等力学特征的差异，同时为了避免边界效应的影响，提取监测断面处围岩与硐室的竖向位移云图，如图2-30所示。

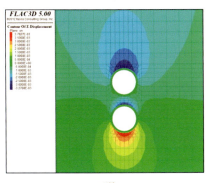
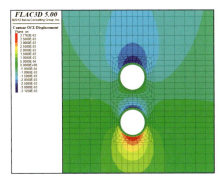

a) 工况1　　　　　　　　　　　　b) 工况2

图 2-30

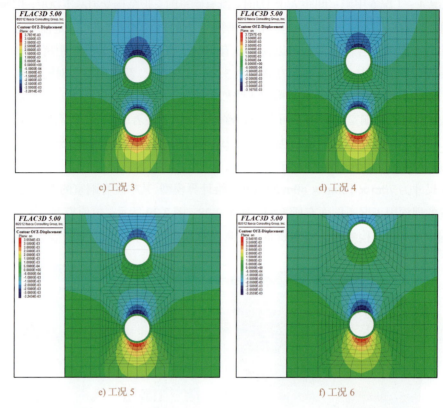

c) 工况 3　　　　　　　　　　　　　d) 工况 4

e) 工况 5　　　　　　　　　　　　　f) 工况 6

图 2-30　硐室周边围岩竖向位移云图（单位：m，上方为新建硐室）

从图 2-30 可以看出，在既有硐室上方新建硐室的工况中，新建硐室拱底隆起变形减小明显，既有硐室拱顶的沉降变形一定程度上减小，但竖向位移规律没有发生明显改变，因此可以认为在既有硐室上方新建硐室属于相对安全的工况。随着新建硐室与既有硐室上下间距的加大，既有硐室围岩的竖向位移规律变化不大，仅在数值上有较小的区别。既有硐室的监测点位竖向位移数值见表 2-12。

既有硐室监测点最终竖向位移（单位：mm）　　表 2-12

工况	1	2	3	4	5	6
拱顶沉降	−2.92	−3.07	−3.20	−3.17	−3.24	−3.26
拱底隆起	3.78	3.77	3.78	3.73	3.66	3.54

可以看出，随着硐室距离的加大，既有硐室拱顶沉降量在硐室间距超过 $0.75D$（即 5.25m）后基本趋于稳定，基本不再增大；而仰拱部分隆起量在硐室间距超过 $1D$ 后（即 7m）才出现减小的趋势，工况 6 时拱顶沉降量和拱底隆起量数值上已相差不大，与单个硐室开挖规律类似，说明此时基本不受新建硐室影响。

（2）围岩水平位移变化规律

硐室周边围岩水平位移云图见图 2-31。

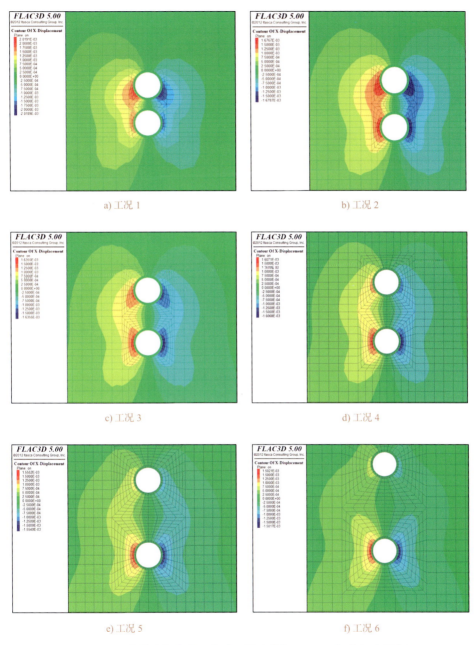

图 2-31 硐室周边围岩水平位移云图（单位：m，上方为新建硐室）

从图 2-31 可以看出，在新建硐室距离既有硐室很近的工况中（工况 1、工况 2），因既有硐室的存在，新建硐室水平位移最大的位置由边墙转移到拱脚的位置，硐室间岩柱受两硐室的挤压作用，稳定性降低；随着硐室间距加大，工况 5、工况 6 中既有硐室和新建硐室的水平位移云图叠加部分变少，与单个硐室开挖的"X"形云图类似，说明此时既有硐室周边围岩的水平位移基本不受上方新建硐室开挖影响。根据左右对称性，提取既有硐室右边围岩监测点位水平位移，见表 2-13。

既有硐室监测点最终水平位移（单位：mm）　　　表2-13

工况	1	2	3	4	5	6
右拱肩	−1.17	−1.12	−1.09	−1.08	−1.07	−1.06
右边墙	−1.75	−1.68	−1.64	−1.60	−1.55	−1.50
右拱脚	−1.20	−1.18	−1.17	−1.16	−1.14	−1.13

从表2-13可以看出，随着硐室间距的增大，既有硐室的监测点位水平位移呈现减小的趋势，其中边墙位置水平位移变化相对最明显，但由于围岩条件较好，总体上位移变化量不大。

（3）既有硐室监测点位移曲线分析

为了明显看出既有硐室在新建硐室上方开挖时产生的影响，提取新建硐室开挖过程中既有硐室拱顶、拱底的竖向位移曲线，以及右拱肩、右边墙、右拱脚的水平位移曲线，如图2-32～图2-36所示。

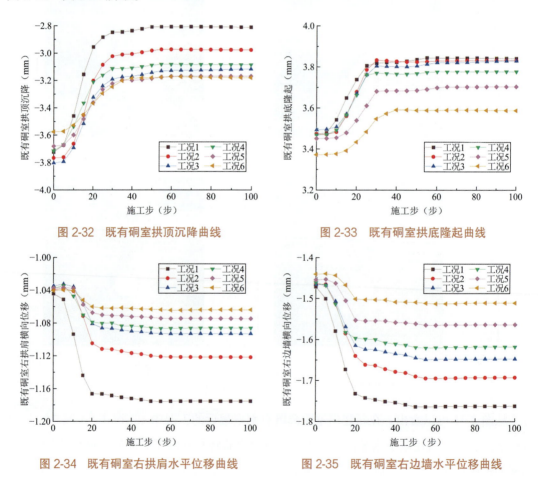

图2-32　既有硐室拱顶沉降曲线　　　　图2-33　既有硐室拱底隆起曲线

图2-34　既有硐室右拱肩水平位移曲线　　图2-35　既有硐室右边墙水平位移曲线

从图2-32～图2-36可以看出，硐室间距越近，上方新建硐室施工所导致既有硐室监测点位移变化量越大；工况4～工况6中，当硐室间距达到1D（7m）时，各曲线很快趋于平缓，变化量也较少，可以认为既有硐室处于一个稳定的状态。

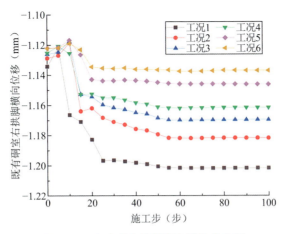

图 2-36 既有硐室右拱脚水平位移曲线

（4）既有硐室衬砌最小主应力分析

既有硐室衬砌最小主应力云图见图 2-37。

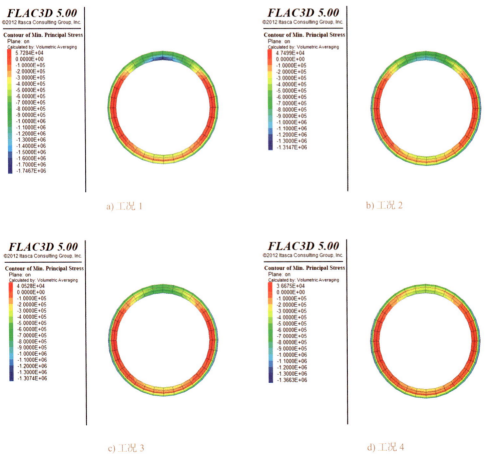

图 2-37

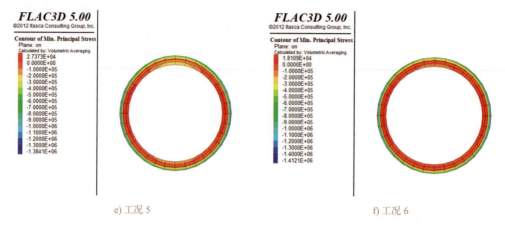

e) 工况 5　　　　　　　　　　　　f) 工况 6

图 2-37　既有硐室衬砌最小主应力云图（单位：Pa）

从图 2-37 可以看出，工况 1 中既有硐室有明显的应力集中现象，最小主应力最大的位置出现在拱顶的位置，说明新建硐室的开挖对既有硐室有明显的挤压作用；随着硐室间距的增大，工况 2～工况 4 中最小主应力的集中现象减弱，最小主应力最大值位置变为边墙的位置；工况 5、工况 6 中既有硐室衬砌结构应力分布均匀，受力状态良好，基本已不受新建硐室开挖的影响，可以认为硐室间已到达较安全的距离。提取隧道衬砌结构的最小主应力最大值，见表 2-14。

既有硐室衬砌最小主应力最大值（单位：MPa）　　表 2-14

工况	1	2	3	4	5	6
最小主应力	1.75	1.31	1.31	1.37	1.38	1.41

由表 2-14 可知，硐室间距由 0.25D 变为 0.5D 的过程中，最小主应力最大值迅速减小，从 1.75MPa 减小至 1.31MPa，其中工况 1 的最小主应力最大值明显大于其他工况，原因是两个硐室的塑性区发生叠加，产生较大的应力集中；工况 2～工况 6 的最小主应力最大值变化幅度很小，基本未发生变化，原因是拱顶位置受压逐渐减小，最小主应力最大值出现在既有硐室边墙位置，该位置受新建硐室开挖影响较小，应力变化不大。

综上所述，对既有硐室支护结构的最小主应力来说，在距离 0.75D（即 5.25m）以内的上方新建硐室会造成既有硐室拱顶出现较明显的应力集中，同时对硐室间围岩有较大的挤压作用，给硐室支护结构带来明显的不利影响，施工设计时需引起重视。

通过对比分析既有硐室位移云图、位移曲线和支护结构主应力云图，可以得出以下结论：

（1）新建硐室的上方开挖对硐室间围岩有较大的挤压作用，硐室间距越小，既有硐室各监测点的位移变化越快，其中工况 1～工况 3 受新建硐室的影响较为显著，位移变化量大，位移变化曲线也较陡。

（2）相比新建硐室在右侧开挖和下方开挖，新建硐室在上方开挖时既有硐室的各监测点的位移曲线能更快趋于稳定，可以认为上方新建硐室是一种相对安全的工况。

（3）硐室间距在 0.5D 以内时，新建硐室对既有硐室支护结构的最大主应力影响很大，既有硐室的拱顶部位出现明显的最小主应力集中现象，容易出现拱顶衬砌结构压裂的现象，施工设计时需要重点考虑近接施工的加固设防措施；工况 3～工况 6 中硐室间距大于 0.75D 时，既有硐室的支护结构受力基本稳定。

（4）综合考虑以上各种因素，可以得到既有硐室上方新建硐室的安全距离规律如下：在围岩性质较好的岩层中，硐室间距在 0.5D（3.5m）以内时，新建硐室会对既有硐室周边围岩和支护结构有重大影响，硐室结构位于强烈影响区；距离在 0.5D～0.75D（3.5～5.25m）之间时，新建硐室对既有硐室的影响不可忽视，硐室结构位于显著影响区；距离在 0.75D～1.5D（5.25～10.5m）之间时，新建硐室对隧道结构影响较小，硐室结构位于一般影响区。

综合以上研究分析，城市深部硐室群近接施工在硬岩地层中影响范围划分如图 2-38 所示。

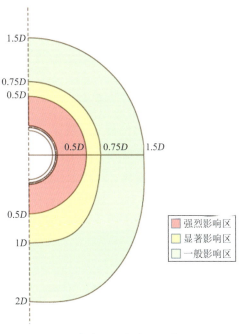

图 2-38　硬岩地层硐室施工影响区域划分

2.2.3　地质条件对既有硐室的影响

为了研究不同地质条件对于硐室群施工的影响，建立尺寸为 80m×100m×60m 的硐室三维计算模型，如图 2-39、图 2-40 所示。新建区间硐室在既有硐室右侧，两者间距为 1D（D 为新建硐室跨度 7m），调整地层参数分别计算岩层、砂土和黏土 3 种工况进行对比分析，其中岩层参数和支护参数按照重庆歇台子站地质情况及支护形式进行取值，砂土和黏土参数结合《公路隧道设计规范　第一册　土建工程》（JTG 3370.1—2018）进行取值，汇总于表 2-15。数值模型边界条件、开挖方法、监测断面及监测点布置参见 2.2.1 节；计算参数详见表 2-15。

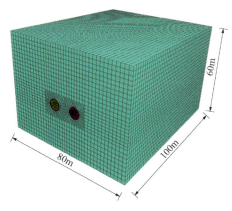

图 2-39　硐室数值计算模型图

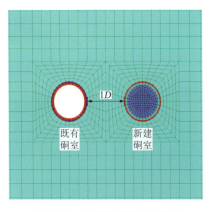

图 2-40　数值模型横剖示意图

材料物理力学参数一览表　　　　　　　表 2-15

材料类型	弹性模量E（GPa）	重度γ（kN/m³）	泊松比ν	内摩擦角φ（°）	黏聚力c（MPa）
Ⅳ级围岩	1.3	25.5	0.37	33	0.648
Ⅳ级黏土	0.04	25	0.29	35	0.12
Ⅳ级砂土	0.027	18.5	0.3	35.33	0.016
初期支护	28	25.0	0.2	—	—
二次衬砌	32.5	25.0	0.2	—	—

（1）围岩竖向位移变化规律

为了对比硐室群施工在不同地质条件下围岩（土层）的应力场、位移场及支护结构变形等力学特征的差异，同时为了避免边界效应的影响，提取监测断面处（$y=50$m）围岩与硐室的竖向位移云图，如图 2-41 所示，既有硐室监测点最终竖向位移见表 2-16。

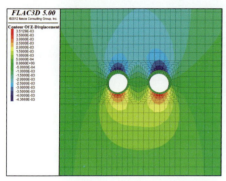
a) 岩层（工况 1）

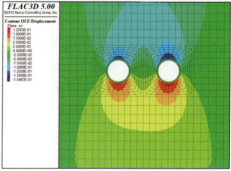
b) 黏土（工况 2）

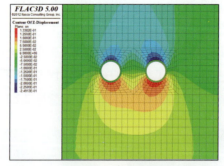
c) 砂土（工况 3）

图 2-41　硐室周边围岩竖向位移云图（单位：m，右侧为新建硐室）

既有硐室监测点最终竖向位移（单位：mm）　　　　　　　表 2-16

工况	1	2	3
拱顶沉降	−4.12	−145.84	−227.90
拱底隆起	3.30	113.99	121.20

从图 2-41 可以看出，三种地层下新建硐室右侧施工所得的竖向位移云图形状基本类似，其中黏土和砂土地层中两硐室的拱底隆起有一定范围的叠加，可能对硐室间围岩产生影响。

由表 2-16 可以看出，地质条件对于既有硐室监测点位移量有相当大的影响，既有硐室拱顶沉降量在岩层条件下仅有 4.12mm，而在黏土和砂土地层中数值显著增大；且在砂土地层中，拱顶沉降量在数值上明显大于拱底隆起量，说明此时既有硐室已发生了不规则的变形，很可能发生坍塌和掉块的风险。

（2）围岩水平位移变化规律

硐室周边围岩水平位移云图如图 2-42 所示，既有硐室监测点最终水平位移见表 2-17。

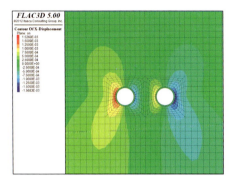

a) 工况 1

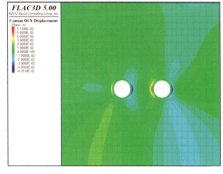

b) 工况 2

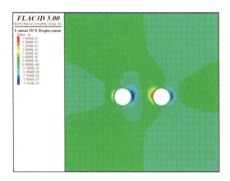

c) 工况 3

图 2-42　硐室周边围岩水平位移云图（单位：m，右侧为新建硐室）

既有硐室监测点最终水平位移（单位：mm）　　表 2-17

工况	1	2	3
左边墙	1.52	38.55	101.55
右边墙	−1.13	−43.53	−119.34

从图 2-42 和表 2-17 可以看出，三种地层条件下既有硐室水平位移云图仍基本呈"X"形分布，即拱肩、拱腰和拱脚受围岩挤压作用均向隧道内部变形。工况 1 中既有硐室的左边墙位移大于右边墙，而工况 2 和工况 3 则相反。说明地质条件较好时，硐室间围岩能保持稳定，新建硐室的开挖使既有硐室右边墙的围岩压力减小，变形量减小；而地质条件较差时，两硐室塑性区发展出现叠加的区域，硐室间的围岩（土体）容易失稳，发生大的变形，靠近新建硐室一侧的边墙可能发生掉块。

（3）硐室塑性区分析

硐室塑性区分布如图2-43所示。

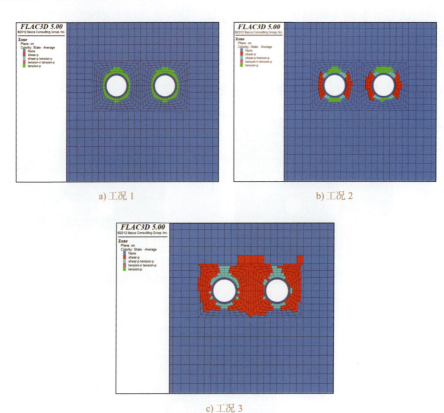

图2-43 硐室塑性区分布图（右侧为新建硐室）

由图2-43可知，工况1的塑性区范围较小，硐室周边围岩只出现了张拉破坏的现象；工况2的塑性区面积逐渐增大，周边围岩既有张拉破坏也有剪切破坏，硐室间的土体逐渐失稳；工况3中由于砂土地层黏聚力小，自稳能力弱，硐室间的土体大部分发生剪切破坏，两硐室的塑性区发生叠加，会给硐室支护结构带来明显不利的影响。

（4）既有硐室衬砌最小主应力分析

既有硐室衬砌最小主应力云图如图2-44所示，既有硐室衬砌最小主应力最大值见表2-18。

既有硐室衬砌最小主应力最大值（单位：MPa） 表2-18

工况	1	2	3
最小主应力	1.48	1.28	2.12

从图2-44可以看出，工况1既有硐室应力云图基本对称分布，说明在岩层下硐室间距为1D时，既有硐室已基本不受新建硐室开挖的影响，处于一般影响区；工况2既有硐室靠近新建硐室的一侧边墙出现明显的应力集中，但数值上反而较工况1有所下降，由1.48MPa变为1.28MPa，原因是支护体系中的二次衬砌也承担了较大部分的力，而工况1中二次衬

砌承担荷载较少。工况 3 云图的规律与工况 2 类似，但应力集中的数值较工况 1 和工况 2 明显增大，达到了 2.12MPa，说明砂土地层下硐室间距为 1D 时，既有硐室受新建硐室开挖影响很大，可认为既有硐室仍位于强烈影响区。

综上所述，地质条件是深部硐室群施工中重要的安全控制影响因素，既有硐室受新建硐室开挖影响产生的变形量在黏土、砂土地层中远大于岩层，岩层条件下的安全硐室间距明显小于黏土、砂土地层，且砂土地层由于自稳性很差，支护体系需要承担大部分的力，有必要在硐室施工时及时支护并进行加强加厚处理。

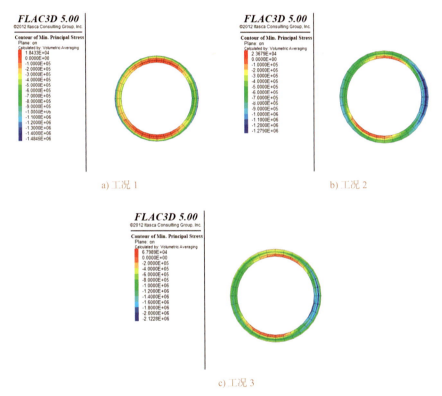

图 2-44　既有硐室衬砌最小主应力云图（单位：Pa）

2.2.4 埋深对既有硐室的影响

为了研究不同埋深情况对于硐室群施工的影响，建立的硐室三维计算模型长（X）70m，沿隧道纵向方向（Y）100m，模型最终高度因工况不同而有所不同，模型尺寸如图 2-45 所示。新建区间在既有区间下方，两者间距为 1D（D 为新建硐室跨度 7m），在埋深 20~60m 的范围内每增加 10m 设置一种工况，计算工况见表 2-19。数值模型边界条件、开挖方法、围岩及支护结构参数、监测断面及监测点布置参见 2.2.1 节。

计算工况一览表　　表 2-19

工况	1	2	3	4	5
既有硐室埋深（m）	20	30	40	50	60

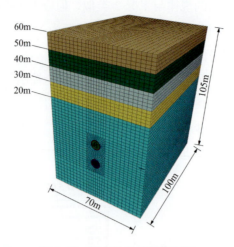

图 2-45 硐室数值计算模型图

（1）围岩竖向位移变化规律

为了对比既有硐室下方新建硐室在不同埋深情况下围岩的应力场、位移场及支护结构变形等力学特征的差异，同时为了避免边界效应的影响，提取监测断面处（$y=50\mathrm{m}$）围岩与硐室的竖向位移云图，如图 2-46 所示；既有硐室监测点最终竖向位移见表 2-20。

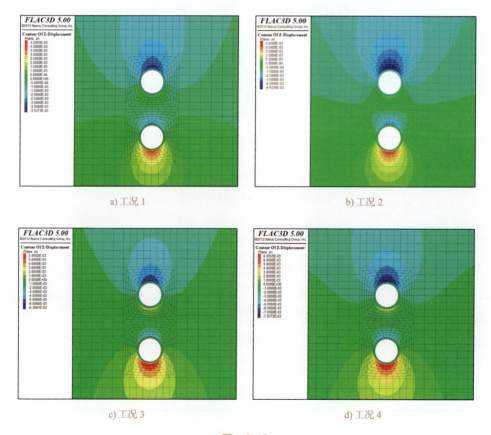

图 2-46

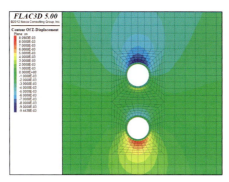

e) 工况 5

图 2-46 硐室周边围岩竖向位移云图（单位：m，下方为新建硐室）

从图 2-46 可以看出，五种埋深下新建硐室下方施工所得的竖向位移云图形状基本类似，在不考虑构造应力，只考虑围岩（土体）的自重应力时，埋深的增加只影响硐室竖向位移的数值大小，不会影响位移的变化规律。

既有硐室监测点最终竖向位移（单位：mm）　　　　　表 2-20

工况	1	2	3	4	5
拱顶沉降	−3.54	−4.93	−6.37	−7.84	−9.44
拱底隆起	1.23	1.79	2.31	2.87	3.33

从表 2-20 可以看出，下方硐室的开挖使既有硐室的拱底隆起量明显小于拱顶沉降量，且随着埋深的增加，既有硐室的最终竖向位移变化基本上符合线性变化的规律，没有突变的情况。

（2）围岩水平位移变化规律

硐室周边围岩水平位移云图如图 2-47 所示，既有硐室监测点最终水平位移见表 2-21。

从图 2-47 和表 2-21 可以看出，五种埋深下新建硐室下方施工所得的水平位移云图分布规律相同，都呈"X"形分布，其中新建硐室由于埋深较大，硐室周围岩收敛量略大于既有硐室，各监测点水平位移同样随埋深的加大呈线性变化，数值上没有出现突变的情况。

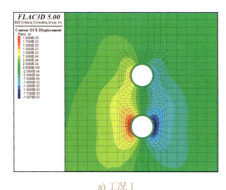

a) 工况 1　　　　　　　　　　　　b) 工况 2

图 2-47

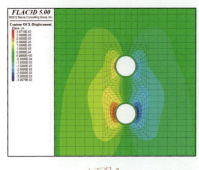

c) 工况3　　　　　　　　　d) 工况4

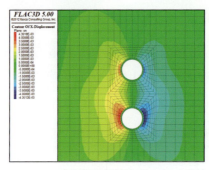

e) 工况5

图 2-47　硐室周边围岩水平位移云图（单位：m，下方为新建硐室）

既有硐室监测点最终水平位移（单位：mm）　　　　　表 2-21

工况	1	2	3	4	5
右拱肩	0.75	1.10	1.44	1.78	2.12
右边墙	1.21	1.72	2.23	2.73	3.27
右拱脚	0.86	1.21	1.56	1.90	2.24

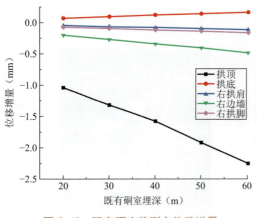

图 2-48　既有硐室监测点位移增量

（3）既有硐室位移增量曲线分析

为了突出埋深对新建硐室下方开挖时产生的影响，对既有硐室开挖完成后产生的位移清零，提取新建硐室下方开挖过程中既有硐室监测点的位移增量，由于不考虑地形的偏压情况，根据左右对称性，只选取硐室右侧的水平位移监测点，如图 2-48 所示。

从图 2-48 可以看出，拱顶、拱肩、边墙和拱脚位移增量与隧道硐室埋深呈负相关，拱底位移增量与隧道硐室埋深呈正相关；水平位移的增量变化，拱脚和拱肩两者相近，边墙位置变化相对较大；竖向位移的增量变化，拱顶位置明显大于拱底，原因是既有硐室下方硐室的存在使得围岩压力大部分作用于新建硐室，而不能顺利向上传递。

（4）既有硐室衬砌最小主应力分析

既有硐室衬砌最小主应力云图如图 2-49 所示，既有硐室衬砌最小主应力最大值见表 2-22。

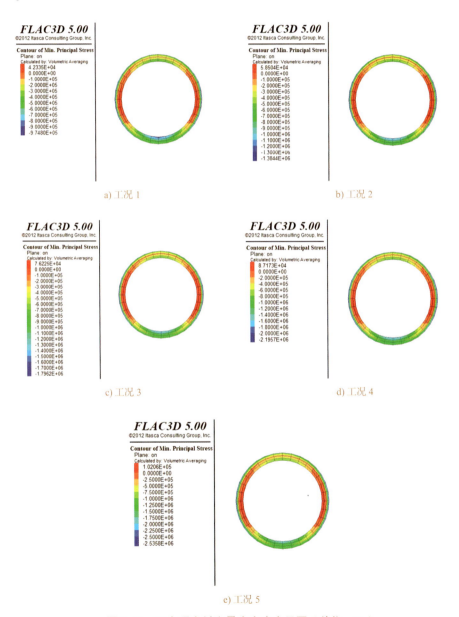

图 2-49　既有硐室衬砌最小主应力云图（单位：Pa）

既有硐室衬砌最小主应力最大值（单位：MPa）　　　　表 2-22

工况	1	2	3	4	5
最小主应力	0.97	1.38	1.80	2.20	2.54

从图 2-49 和表 2-22 可以看出，工况 1～工况 5 既有硐室的衬砌结构都是在拱底出现应力集中现象，原因是新建硐室的开挖导致硐室围岩受压。随着埋深的增大，衬砌的应力分布规律几乎不变，但在数值上发生线性增长。当既有硐室的埋深达到 60m 时，最小主应力的最大值已达到了 2.54MPa，较埋深 20m 的工况增长了 1.57MPa，因此在城市深部环境下进行近接硐室施工时，建议在靠近既有硐室的围岩附近采取锚固桩或者注浆等加固措施，以减少新建硐室建设对既有硐室造成的应力影响。

综上所述，埋深是深部硐室群施工中重要的安全控制影响因素，随着埋深的增大，既有硐室受新建硐室开挖影响产生的位移和应力在数值上都会发生线性增长。在深埋条件下，原本新建硐室开挖所导致的应力集中会更加明显，硐室间围岩（土层）的稳定性也会下降，容易发生安全事故。

2.2.5 隧道硐室施工顺序对既有硐室的影响

为了研究施工顺序对于硐室群施工的影响，本节模拟新建硐室双侧近接既有硐室的工况，将埋深不同的两个新建硐室先后开挖设置为两种工况；将与既有硐室间距不同的两个新建硐室先后开挖设置为两种工况。数值模型边界条件、开挖方法、围岩及支护结构参数、监测断面及监测点布置参见 2.2.1 小节。

1）埋深不同的新建硐室双侧近接

本小节建立的硐室三维计算模型尺寸如图 2-50 所示，数值模型横剖面示意图如图 2-51 所示。新建区间在既有区间的左右两侧，硐室间距均为 1D（新建硐室跨度 7m），通过设置模型的地形偏压来改变硐室的埋深，其中两新建硐室的埋深分别为 25m 和 35m，既有硐室埋深为 30m。其中先左后右顺序开挖为工况 1，先右后左顺序开挖为工况 2。

图 2-50 硐室数值计算模型图

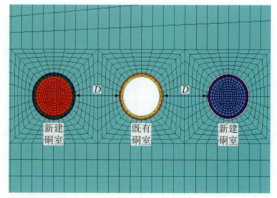

图 2-51 数值模型横剖面示意图

（1）围岩位移变化规律

为了对比埋深不同的新建硐室先后开挖时围岩的应力场、位移场及支护结构变形等力学特征的差异，现提取监测断面处（$y = 50m$）围岩与硐室的竖向位移和水平位移云图，如

图 2-52 和图 2-53 所示。

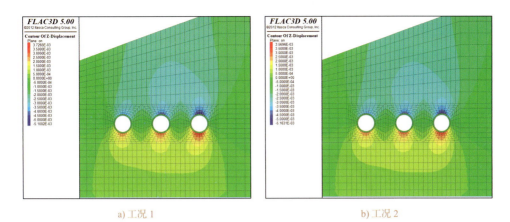

a) 工况 1　　　　　　　　　　　　　b) 工况 2

图 2-52　硐室周边围岩竖向位移云图（单位：m）

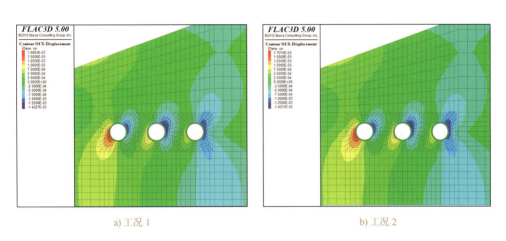

a) 工况 1　　　　　　　　　　　　　b) 工况 2

图 2-53　硐室周边围岩水平位移云图（单位：m）

由图 2-52 可以看出，工况 1 和工况 2 的竖向位移云图分布基本一致，提取既有硐室监测点最终位移对比可以发现，不同埋深新建硐室的施工顺序对于既有硐室的周边围岩位移几乎没有影响，两工况拱顶沉降都为 4.56mm，拱底隆起的差距也仅有 0.01mm。由图 2-53 可知，既有硐室水平位移云图同样受施工顺序影响很小。因此，在判断不同埋深新建硐室合理施工顺序时，不把周边围岩的位移作为主要考虑因素。

（2）既有硐室衬砌最小主应力分析

既有硐室衬砌最小主应力云图如图 2-54 所示，既有硐室衬砌最小主应力最大值见表 2-23。

既有硐室衬砌最小主应力最大值（单位：MPa）　　　　表 2-23

工况	1	2
最小主应力	1.598	1.595

从图 2-54 可以看出，工况 1 和工况 2 既有硐室最小主应力云图分布基本相同，由于地形存在偏压，应力集中的位置发生一定的偏转，最小主应力最大值位于右边墙偏下的位置，其中工况 1 为 1.598MPa，工况 2 为 1.595MPa，说明工况 1 周边围岩受扰动更大，导致支护结构需要承担更大的应力。但总体上两者相差很小，不同施工顺序对于既有硐室结构影响很小，不足以作为判断硐室群合理施工顺序的主要依据。

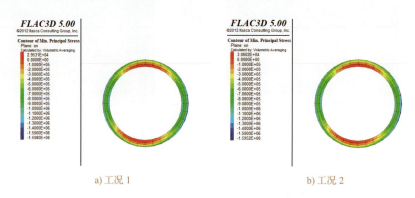

a）工况 1　　　　　　　　　　　b）工况 2

图 2-54　既有硐室衬砌最小主应力云图（单位：Pa）

（3）围岩最小主应力分析

硐室周边围岩最小主应力云图如图 2-55 所示。

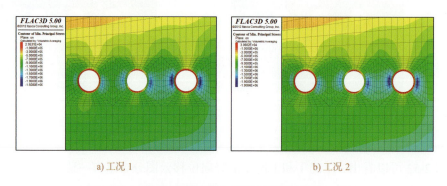

a）工况 1　　　　　　　　　　　b）工况 2

图 2-55　硐室周边围岩最小主应力云图（单位：Pa）

从图 2-55 可以看出，硐室周边围岩应力主要集中在硐间的围岩上，其中右边的两硐室由于埋深较大，其硐间围岩聚集的能量更大，更有可能发生风险。工况 1 的最小主应力最大值为 1.928MPa，而工况 2 为 1.908MPa，略小于工况 1，说明工况 2 的施工顺序对于保护硐间围岩的稳定性有着更好的效果，与上文衬砌应力分析结果相符。建议新建硐室双侧近接既有硐室施工时，优先开挖右侧埋深大硐室，再开挖左侧埋深小硐室。

2）间距不同的新建硐室双侧近接

本小节建立的硐室三维计算模型尺寸如图 2-56 所示，数值模型横剖面示意图如图 2-57 所示。新建区间在既有区间的左右两侧，硐室间距分别为 7m（$1D$）和 14m（$2D$），其中两新建硐室和既有硐室的埋深均为 30m，其中先左后右顺序开挖为工况 1，先右后左顺序开挖为工况 2。

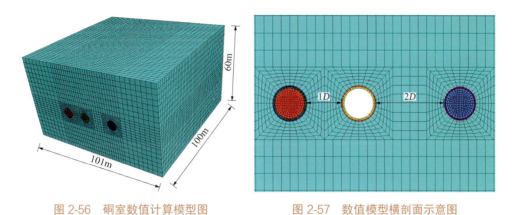

图 2-56 硐室数值计算模型图　　　　图 2-57 数值模型横剖面示意图

（1）围岩位移变化规律

为了对比埋深不同的新建硐室先后开挖时围岩的应力场、位移场及支护结构变形等力学特征的差异，现提取监测断面处（$y = 50$m）围岩与硐室的竖向位移和水平位移云图，如图 2-58 和图 2-59 所示。

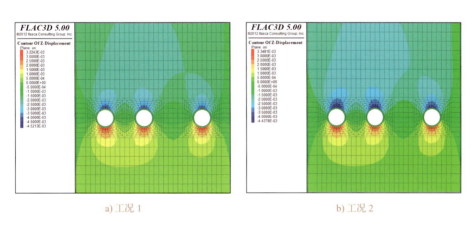

a) 工况 1　　　　　　　　　　　b) 工况 2

图 2-58 硐室周边围岩竖向位移云图（单位：m）

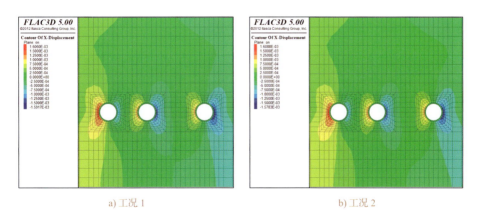

a) 工况 1　　　　　　　　　　　b) 工况 2

图 2-59 硐室周边围岩水平位移云图（单位：m）

由图 2-58 和图 2-59 可以看出，不同间距新建硐室的施工顺序对于既有硐室的周边围岩位移影响很小，提取既有硐室监测点最终位移对比可以发现，两工况拱顶沉降差距为 0.0027mm，拱底隆起的差距为 0.0017mm，其余监测点位移差距也很小，与 2.2.5 节 1）的计算结果类似。因此新建硐室双侧近接的施工顺序对于既有硐室周边围岩位移影响较小，但对新建硐室会有一定的影响，其中先开挖硐室的周边围岩会由于后续开挖的扰动而发生位移增大的现象。

（2）既有硐室衬砌最小主应力分析

既有硐室衬砌最小主应力云图如图 2-60 所示，既有硐室衬砌最小主应力最大值见表 2-24。

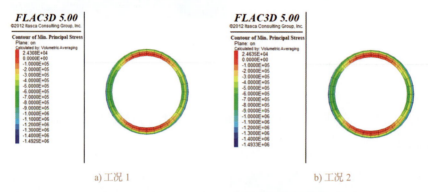

a）工况 1　　　　　　　　　　b）工况 2

图 2-60　既有硐室衬砌最小主应力云图（单位：Pa）

既有硐室衬砌最小主应力最大值（单位：MPa）　　　表 2-24

工况	1	2
最小主应力	1.4925	1.4933

从图 2-60 可以看出，工况 1 和工况 2 既有硐室最小主应力云图分布基本相同，两者的最小应力最大值也基本相等，说明不同间距新建硐室的施工顺序对于既有硐室结构的应力状态影响很小，与 2.2.5 节 1）的计算结果类似。

（3）围岩最小主应力分析

硐室周边围岩最小主应力云图如图 2-61 所示。

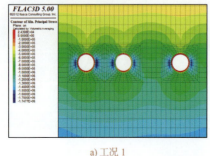

a）工况 1　　　　　　　　　　b）工况 2

图 2-61　硐室周边围岩最小主应力云图

从图 2-61 可以看出，硐室周边围岩应力主要集中在靠近硐室边墙的硐间岩柱上，其中左边的两硐室间距较小，岩柱相对较窄，应力集中明显，更有可能发生风险。工况 1 的最小主应力最大值为 1.748MPa，而工况 2 的最小主应力最大值为 1.757MPa，略大于工况 1，说明工况 1 的施工顺序对于保护左侧硐间围岩的稳定性效果更好。建议在新建硐室双侧近接既有硐室施工中，先开挖左侧间距较小的硐室，再开挖右侧间距较大的硐室。

综上所述，施工顺序是深部硐室群施工中的安全控制影响因素，合理的施工顺序能够降低施工发生风险的概率。建议先对埋深大、间距小、施工难度相对较大的硐室进行开挖，这样能减小先开挖硐室周边围岩以及硐间围岩的应力集中，更有利于整个硐室群施工过程的稳定性。

2.3 城市深部硐室群施工安全风险评估

现阶段国内学者们对隧道硐室群施工安全评估的研究工作越来越重视，风险评估正逐渐成为保障隧道硐室群安全施工的重要参考依据。但目前的研究因存在较强的主观性，多数集中在风险模型研究以及风险事件对工程工期、投资和环境的影响上，还基本停留在定性分析或者半定量分析阶段，而且评价方法及流程适用性低且过程烦琐复杂，对于风险因素对施工过程的影响研究不够深入。总体来说，目前关于硐室群施工风险的研究还需完善。

本节结合目前地下空间硐室群施工中发生概率最大的风险事件，以统计资料为基础，分析评估城市深部空间硐室群施工风险事件，合理建立城市深部空间硐室群施工与安全控制技术体系，提出城市深部空间硐室施工安全多级控制技术标准，为城市深部空间结构设计参数优化及安全保障提供参考。研究的主要内容包括：

（1）统计分析隧道硐室群施工事故案例，总结出隧道硐室群施工过程中的常见事故类型并对其进行分类，整理出不同事故类型造成的人员伤亡情况。并以此为依据，结合有关文献和规范，识别出深埋地下硐室群施工存在的风险因素，建立风险因素评价体系。

（2）使用 Python 和 PyQt 进行基于概率神经网络（PNN）的隧道硐室群施工专项风险评估系统的开发，并运用于重庆轨道交通 18 号线典型区段风险评估工作。以监控量测数据为依据，验证开发出的评估系统的可靠性。

2.3.1 硐室群施工风险评估指标体系构建

1）硐室群隧道施工风险评估技术

一般来说，隧道硐室群施工风险评估流程与一般风险评估流程的总体思路是一致的，主要包含风险识别、风险分析、风险评估和风险控制四部分。

本小节以城市深埋地下硐室群施工安全风险为研究对象，对常用评估方法进行对比，见表 2-25。最终依托重庆轨道交通 18 号线工程，通过收集和调研相关事故的统计资料，以及现场调研、咨询专家等手段识别出深埋地下硐室群施工的风险因素，建立施工风险因素分级和评价标准，采用概率神经网络（PNN）、层次分析法（AHP）等手段展开研究。

常用风险评估方法对比　　　　　　　表 2-25

方法分类	方法名称	优缺点	适用范围
定性分析方法	专家评议法	优点：①客观性强，简单明了；②所得到的结论较为全面，对不确定的问题也能给出较为合适的回答。 缺点：主观影响较大	较为复杂的需要依靠专家经验判断的风险因素分析
定性分析方法	专家调查法	优点：不用面对面与专家进行交流，可操作性强。 缺点：①不能与专家进行当面沟通，可能会导致专家判断失误；②重复大量的问题可能使专家出现判断失误；③具有专家评议法的缺点	①依靠多数人的判断进行风险预测的情况；②涉及多个领域且问题较为复杂的情况；③因地域时间等限制或专家之间不方便当面交流的情况
半定量分析方法	事故树法	优点：能够对引起事故的各种因素和逻辑关系提供完整、简洁和详细的描述，从而便于识别各种固有或潜在的风险因素。 缺点：步骤较多，计算较复杂	①较复杂的情况；②工程设计阶段的安全性评价；③难以识别的风险因素
定量分析方法	模糊数学综合评判法	优点：模型简单直观，在多个因素和多个层次上判断复杂问题结果较好。 缺点：主观影响较大，计算比较复杂	任何需进行分析的系统或对象
定量分析方法	层次分析法	优点：具有实用、简洁和系统的特点。 缺点：①结果精度不高；②主观判断对最终结果影响较大	适用于任何需进行分析的系统或对象，对于结构复杂的系统不适用
定量分析方法	蒙特卡洛模拟法	优点：①适用的计算类型广；②变量数目没有要求；③用于计算的随机变量具有较高的灵活性；④专家的作用能有效发挥。 缺点：①模型建立困难；②忽略了各个因素之间的影响，对结果有一定影响	①大中型项目的分析；②复杂的概率问题且无法进行实际试验的情况；③问题复杂、精度要求高的情况
定量分析方法	神经网络方法	优点：学习能力强、容错率高。 缺点：当神经网络评估模型没有足够的数据或无法准确构建学习样本集时需要结合其他方法来完成对网络的训练	①分析的问题变量与结果之间的关系复杂；②需对结果进行快速得到；③非线性程度高的系统
综合分析方法	专家信心指数法	优点：降低了主观因素的影响。 缺点：同专家调查法	同专家调查法
综合分析方法	模糊层次综合评估方法	优点：①综合了层次分析法和模糊数学综合评判法的优点；②对评价对象的权重确定更加客观。 缺点：同时具有层次分析法和模糊数学综合评判法的缺点	与模糊数学综合评判法一致
综合分析方法	事故树与模糊数学综合评判组合分析法	优点：①综合了事故树法和模糊数学综合评判法的优点；②对因素集确定过程更加仔细；③对权重大的风险因素分析得加系统全面，得到的结果更加准确。 缺点：综合了事故树法和模糊数学综合评判法的缺点	与事故树法相同

2）硐室群施工风险因素分析识别

结合文献和安全领域专家的意见，在确保风险因素覆盖的全面且不重复的基础上，将工程地质因素、自然因素、设计施工因素、管理因素作为 4 个一级风险因素。其中工程地质因素主要是指在施工环境中易积聚危险能量的点，包括地质构造和岩体结构情况、偏压、地下水等指标。自然因素主要取决于当地的气候条件，其中降雨量和温度对施工的影响较大。设计施工因素主要包括设计参数的选取、开挖工法的选择、工程地质勘探；施工过程中是否严格按照设计进行、支护是否及时；硐室群施工各个导洞开挖步序是否合理、临时支护是否有效、交叉洞口支护是否安全等指标。管理因素是指有效控制风险的手段，包括超前地质预报情况、施工和设备的监督管理情况、监控量测的力度和质量、施工队伍的安全意识和素质等指标。硐室群隧道施工专项风险因素识别见表2-26。

硐室群隧道施工专项风险因素识别表　　　表2-26

评价指标		
总风险指标	一级风险指标	二级风险指标
客观因素	工程地质因素	围岩等级
		断层破碎带
		偏压
		地震
		埋深
		特殊地质
		地下水
	自然因素	温度
		降雨量
主观因素	设计施工因素	设计参数的选取
		工程地质勘测
		开挖工法
		支护及时性
		按设计施工程度
		超欠挖情况
		临时支护有效性
		施工步序合理性
		交叉口支护状况
	管理因素	监控量测
		超前地质预报
		安全意识培训
		施工队伍素质
		监督管理

3）硐室群隧道施工专项风险评估体系

一个科学合理的风险评价体系的建立关系着后续风险评估的科学性、合理性和准确性。

本节根据公路隧道有关规范以及国内专家学者研究成果，制定了关于硐室群隧道施工专项风险指标的分级和评判标准。

（1）硐室群隧道施工专项风险分级标准

硐室群隧道施工的风险事件概率等级和严重程度等级均参照公路铁路隧道相关指南进行划分。依据《公路工程施工安全风险评估指南》和《公路桥梁和隧道工程施工安全风险评估指南（试行）》将硐室群隧道施工的风险概率等级和风险事件严重程度等级划分为五级，见表2-27和表2-28。最终根据风险概率等级和风险事件严重程度等级将硐室群隧道施工风险等级划分为四级，并对应不同的风险等级提出风险接收准则和分级控制措施，见表2-29和表2-30。

风险事件概率等级标准 表2-27

概率范围	概率等级描述	概率等级
> 0.3	很可能	Ⅰ
0.03~0.3	可能	Ⅱ
0.003~0.03	偶然	Ⅲ
0.0003~0.003	可能性很小	Ⅳ
< 0.0003	几乎不可能	Ⅴ

风险事件严重程度等级标准 表2-28

风险事件后果等级描述	风险事件严重程度等级	人员伤亡程度等级标准	直接经济损失程度等级标准Z（万元）	工期延误等级标准（d）	
				非控制性工程	控制性工程
特大	Ⅰ	死亡人数≥30 或重伤人数≥100	Z≥10000	> 24	> 8
重大	Ⅱ	10≤死亡人数<30 或 50≤重伤人数<100	5000≤Z<10000	12~24	4~8
较大	Ⅲ	3≤死亡人数<10 或 10≤重伤人数<50	1000≤Z<5000	6~12	2~4
一般	Ⅳ	1≤死亡人数<3 或 5≤重伤人数<10	100≤Z<1000	1~6	0.33~2
小	Ⅴ	1≤重伤人数<5	Z<100	≤1	≤0.33

风险等级标准表 表2-29

概率等级		严重程度等级				
		小	一般	较大	重大	特大
		Ⅴ	Ⅳ	Ⅲ	Ⅱ	Ⅰ
很可能	Ⅰ	较大风险（Ⅱ）	较大风险（Ⅱ）	重大风险（Ⅰ）	重大风险（Ⅰ）	重大风险（Ⅰ）
可能	Ⅱ	一般风险（Ⅲ）	较大风险（Ⅱ）	较大风险（Ⅱ）	重大风险（Ⅰ）	重大风险（Ⅰ）

续上表

概率等级		严重程度等级				
		小	一般	较大	重大	特大
		V	IV	III	II	I
偶然	III	一般风险（III）	一般风险（III）	较大风险（II）	较大风险（II）	重大风险（I）
可能性很小	IV	较小风险（IV）	一般风险（III）	一般风险（III）	较大风险（II）	较大风险（II）
几乎不可能	V	较小风险（IV）	较小风险（IV）	一般风险（III）	一般风险（III）	较大风险（II）

风险接收准则和控制对策　　　　　　　　　　　　　　　　表2-30

风险等级	接受准则	控制对策
较小风险（IV级）	可忽略	不需采取特别的风险防控措施
一般风险（III级）	可接受	需采取风险防控措施，严格日常安全生产管理，加强现场巡视
较大风险（II级）	不期望	必须采取措施降低风险，将风险至少降低到可接受的程度
重大风险（I级）	不可接受	应暂停施工，同时必须采取措施，综合考虑风险成本、工期及规避效果等，按照最优原则，将风险至少降低到可接受的程度，并加强监测和应急准备

（2）硐室群隧道施工专项风险评价标准

由于各种因素之间相互独立，建立一个适当的评价体系有利于对各种指标进行量化处理，使得最终的风险评估结果可靠性更高。本节详细地对各个风险因素所有的二级指标进行了评级描述和等级划分，见表2-31~表2-34。

为了便于后续的风险评估工作，将每个风险等级一一对应每个分值区段，具体规定见表2-35。

工程地质因素风险评价体系指标　　　　　　　　　　　　　表2-31

评价指标		等级划分				
一级指标	二级指标	I	II	III	IV	V
工程地质因素	围岩等级（BQ值）	V级（<250）或土体	IV级（251~350）	III级（351~450）	II级（451~551）	I级（≥551）
	断层破碎带	断层破碎带宽度≥50m	断层破碎带宽度20~50m	断层破碎带宽度10~20m	断层破碎带宽度2~10m	断层破碎带宽度0~2m
	偏压	严重偏压	较大偏压	偏压	轻微偏压	无偏压
	地震（地震烈度）	≥VIII	VII~VIII	V~VII	IV~V	<IV
	埋深	≥800m	500~800m	200~500m	50~200m	<50m
	特殊地质	有	有	无	无	无
	地下水	极丰富	丰富	发育	较发育	贫乏

自然因素风险评价体系指标　　　　　　　　　　　　　　　　　　　表 2-32

评价指标		等级划分				
一级指标	二级指标	I	II	III	IV	V
自然因素	温度	隧址区温度会对施工产生相当大的影响	隧址区温度会对施工产生较大的影响	隧址区温度对施工产生适当的影响	隧址区温度对施工产生很小的影响	隧址区温度对施工不产生影响
	降雨量（mm）	>1000	800~1000	500~800	200~500	<200

设计施工因素风险评价体系指标　　　　　　　　　　　　　　　　　　　表 2-33

评价指标		等级划分				
一级指标	二级指标	I	II	III	IV	V
设计施工因素	设计参数的选取	设计参数不符合规范规定，没有根据监测情况及时做出调整	设计参数部分不符合规范规定，没有根据监测情况及时做出调整	设计参数基本符合规范规定，但对特殊情况设计不充分	设计参数符合规范规定，能根据监测情况及时调整，对特殊情况设计比较充分	设计参数符合规范规定，能够根据监测情况及时调整，对特殊情况考虑非常充分
	工程地质勘测	乙级勘察资质且无类似工程经验，基本没有实地勘察	乙级勘察资质且无类似工程经验，但进行了实地勘察	甲级勘察资质且有类似工程经验，进行了较为详细的实地勘察	甲级勘察资质且有类似工程经验，进行了详细的实地勘察	甲级勘察资质且有丰富的工程经验，进行了详细的实地勘察
	开挖工法	开挖工法选取不合理	开挖工法选取较合理，但不能及时根据围岩情况进行调整	开挖工法选取较合理，能及时根据围岩情况进行调整	开挖工法选取合理，能及时根据围岩情况进行调整	开挖工法选取非常合理，能根据围岩情况及时调整
	支护及时性	围岩应力释放严重不足或支护结构支护严重迟滞	围岩应力释放不足或支护结构支护迟缓	围岩应力释放一般，支护结构支护较及时	围岩应力释放合理，支护结构支护及时	围岩应力释放非常合理，支护结构支护非常及时
	按设计施工程度	几乎没有按照设计图纸进行施工	大部分没有按照设计图纸进行施工	少部分没有按照设计图纸进行施工	按照设计图纸进行施工，不能及时根据围岩情况进行调整	按照设计图纸进行施工，且能根据围岩情况及时调整
	超挖情况	超挖深度大于100cm	超挖深度处于50~100cm之间	超挖深度处于25~50cm之间	超挖深度处于10~25cm之间	超挖深度小于10cm

管理因素风险评价体系指标　　　　　　　　　　　　　　　　　　　表 2-34

评价指标		等级划分				
一级指标	二级指标	I	II	III	IV	V
管理因素	监控量测	监测内容严重不足，结果可靠性差，频率0~1次/d	监测内容不足，结果可靠性较差，频率1次/d	监测内容适当，结果较为可靠，频率2次/d	监测内容适当，结果可靠，频率3~5次/d	监测内容充分，结果可靠，频率大于5次/d
	超前地质预报	预报不准确，能探测到掌子面前0~5m围岩情况	预报较准确，能探测到掌子面前5~10m围岩情况	预报准确，能探测到掌子面前10~20m围岩情况	预报准确，能探测到掌子面前20~30m围岩情况	预报非常准确，能探测到掌子面前30m以上围岩情况
	安全意识培训	人员没有经过安全教育培训，安全意识严重不足	人员经过少量安全教育培训，但安全意识较为薄弱，受训人员安全考核合格率不高	人员经过全面的安全教育培训，安全意识较好，且受训人员安全考核大部分合格	人员经过全面的安全教育培训，安全意识好，不常进行应急演练，受训人员安全考核基本合格	人员经过全面的安全教育培训，安全意识非常好，经常进行应急演练，受训人员安全考核基本合格

续上表

评价指标		等级划分				
一级指标	二级指标	I	II	III	IV	V
管理因素	施工队伍素质	经验严重不足，技术力量单薄	经验缺乏，技术力量单薄	经验一般，技术力量一般	经验丰富，技术力量较雄厚	经验十分丰富，技术力量雄厚
	监督管理	监管人员几乎不具有相应的专业技术水平，对施工过程进行监管力度严重不足	部分监管人员具有相应的专业技术水平，对施工过程进行监管力度不足	大部分监管人员具有相应的专业技术水平，对施工过程进行监管力度一般	监管人员具有较高的专业技术水平，能严格按照法律法规和相关政策对施工过程进行监管	监管人员具有非常高的专业技术水平，能按照法律法规和相关政策对施工过程进行监管

各种风险等级对应分值表　　　　　　　　　　　表 2-35

风险等级	分值取值范围
I	8~10
II	6~8
III	4~6
IV	2~4
V	0~2

2.3.2 基于 PNN 硐室群施工风险模型设计

硐室群施工风险评估软件中"风险概率评估"模块设计算法是基于概率神经网络（Probabilistic Neural Network，PNN）建立的。PNN 是径向基函数（Radical basis Function，RBF）的一种变化形式，但不同的是，PNN 结合贝叶斯决策来判断测试样本的类别，从贝叶斯判定策略以及概率密度函数的非参数估计角度，将贝叶斯统计方法映射到前馈神经网络结构，不需要反向传播优化参数。相比一般最常用的反向传播（Back Propagation，BP）神经网络，PNN 可以任意精度逼近任意的非线性函数，具有良好的泛化能力，从根本上解决了 BP 神经网络的局部最优问题，并且学习速度和收敛性也较 BP 神经网络更易于保证，是一种结构较简单、应用范围广、非常适合解决复杂分类问题的神经网络，并且在计算机算法设计上也比较容易完成，能用线性学习算法实现非线性学习算法的功能。

1）模型结构

基于 PNN 的硐室群施工风险概率模型总共由四个结构层组成，分别为输入层、隐含层、求和层和输出层，如图 2-62 所示。第一层是输入层，主要功能是传输给下一网络层输入的数据。第二层是隐含层（径向基层），主要功能是计算输入数据与每一个神经元节点中心的距离，最后返回一个标量值。求和层用于负责将各个类的模式层单元连接起来，这一层的神经元个数是样本的类别数目。最后输出层负责输出求和层中概率值最大的那一类。

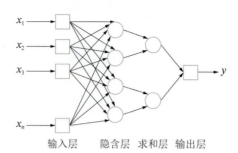

图 2-62 基于 PNN 的硐室群施工风险概率模型结构

2）计算流程

在基于密度函数核估计 PNN 中，每一个隐含的神经元由一个样本确定，训练样本的输入数据可直接确定神经元的权重值，分析过程如下。

（1）归一化输入样本

假设原始数据共有 m 个样本数，每一个样本都有 n 个特征属性值，则输入的原始数据矩阵 X 为：

$$X = \begin{bmatrix} X_{11} & X_{12} & \cdots & X_{1n} \\ X_{21} & X_{22} & \cdots & X_{2n} \\ \cdots & \cdots & \cdots & \cdots \\ X_{m1} & X_{m2} & \cdots & X_{mn} \end{bmatrix} \tag{2-2}$$

计算原始数据矩阵归一化系数 B 为：

$$B = \begin{bmatrix} \dfrac{1}{\sqrt{M_1}} & \dfrac{1}{\sqrt{M_2}} & \cdots & \dfrac{1}{\sqrt{M_n}} \end{bmatrix}^{\mathrm{T}} \tag{2-3}$$

$$M_i = \sum_{k=1}^{n} X_{ik}^2 \quad (i = 1,2,\cdots,m) \tag{2-4}$$

则归一化后的输入样本矩阵 C 为：

$$C_{m \times n} = B_{m \times 1}[1 \ 1 \ \cdots \ 1]_{1 \times m} X_{m \times n} \tag{2-5}$$

（2）激活隐含层函数

假设待识别矩阵 Y 由 p 个 n 维向量组成，则经归一化处理后的待识别矩阵 D 为：

$$D = \begin{bmatrix} \dfrac{Y_{11}}{\sqrt{N_1}} & \dfrac{Y_{12}}{\sqrt{N_1}} & \cdots & \dfrac{Y_{1n}}{\sqrt{N_1}} \\ \dfrac{Y_{21}}{\sqrt{N_2}} & \dfrac{Y_{22}}{\sqrt{N_2}} & \cdots & \dfrac{Y_{2n}}{\sqrt{N_2}} \\ \cdots & \cdots & \cdots & \cdots \\ \dfrac{Y_{p1}}{\sqrt{N_p}} & \dfrac{Y_{p2}}{\sqrt{N_p}} & \cdots & \dfrac{Y_{pn}}{\sqrt{N_p}} \end{bmatrix} \tag{2-6}$$

$$N_i = \sum_{k=1}^{n} Y_{ik}^2 \quad (i = 1,2,\cdots,p) \tag{2-7}$$

在样本集矩阵和待识别矩阵归一化后，令 E_{ij}（$i = 1,2,\cdots,p$；$j = 1,2,\cdots,m$）表示待识

别矩阵 Y 归一化后的第 i 个 n 维向量与归一化后的训练集样本矩阵 C 的第 j 个样本之间的欧拉距离，则待识别矩阵与样本集矩阵之间的模式距离矩阵 E 为：

$$E = \begin{bmatrix} \sqrt{t_{11}} & \sqrt{t_{12}} & \cdots & \sqrt{t_{1m}} \\ \sqrt{t_{21}} & \sqrt{t_{22}} & \cdots & \sqrt{t_{2m}} \\ \cdots & \cdots & \cdots & \cdots \\ \sqrt{t_{p1}} & \sqrt{t_{p2}} & \cdots & \sqrt{t_{pm}} \end{bmatrix} \tag{2-8}$$

$$t_{ij} = \sum_{k=1}^{n} |D_{ik} - C_{jk}|^2 \quad (i=1,2,\cdots,p;\ j=1,2,\cdots,m) \tag{2-9}$$

激活隐含层的高斯函数，取标准层 $\sigma = 0.1$。得到待识别矩阵的初始概率矩阵 G 为：

$$G = \begin{bmatrix} e^{\frac{-E_{11}}{2\sigma^2}} & e^{\frac{-E_{12}}{2\sigma^2}} & \cdots & e^{\frac{-E_{1m}}{2\sigma^2}} \\ e^{\frac{-E_{21}}{2\sigma^2}} & e^{\frac{-E_{22}}{2\sigma^2}} & \cdots & e^{\frac{-E_{2m}}{2\sigma^2}} \\ \cdots & \cdots & \cdots & \cdots \\ e^{\frac{-E_{p1}}{2\sigma^2}} & e^{\frac{-E_{p2}}{2\sigma^2}} & \cdots & e^{\frac{-E_{pm}}{2\sigma^2}} \end{bmatrix} \tag{2-10}$$

（3）计算求和层概率

假设样本集矩阵 X 的 m 个样本一共可分为 c 类，且各类的样本数均为 l。令 S_{ij}（$i=1,2,\cdots,p$；$j=1,2,\cdots,c$）表示待识别样本矩阵 Y 中第 i 个样本属于第 j 类的初始概率之和。则可在 PNN 模型的求和层中算得待识别矩阵 Y 属于各类的初始概率 S 为：

$$S = \begin{bmatrix} \sum_{k=1}^{l} G_{1k} & \sum_{k=l+1}^{2l} G_{1k} & \cdots & \sum_{k=m-l+1}^{m} G_{1k} \\ \sum_{k=1}^{l} G_{2k} & \sum_{k=l+1}^{2l} G_{2k} & \cdots & \sum_{k=m-l+1}^{m} G_{2k} \\ \cdots & \cdots & \cdots & \cdots \\ \sum_{k=1}^{l} G_{pk} & \sum_{k=l+1}^{2l} G_{pk} & \cdots & \sum_{k=m-l+1}^{m} G_{pk} \end{bmatrix} = \begin{bmatrix} S_{11} & S_{12} & \cdots & S_{1c} \\ S_{21} & S_{22} & \cdots & S_{2c} \\ \cdots & \cdots & \cdots & \cdots \\ S_{p1} & S_{p2} & \cdots & S_{pc} \end{bmatrix} \tag{2-11}$$

（4）计算概率并输出

计算待识别样本矩阵 Y 中第 i 个样本属于第 j 类的概率：

$$prob_{ij} = \frac{S_{ij}}{\sum_{k=1}^{c} S_{il}} \quad (i=1,2,\cdots,p;\ j=1,2,\cdots,c) \tag{2-12}$$

因此，依据待识别样本所属各类别的概率值，可输出则输出层的概率值即为第 i 个样本属于第 j 类的最大概率值。

2.3.3 基于 AHP 风险指标权重计算

硐室群施工风险评估软件中"风险因素权重"模块是基于层次分析法（Analytic Hierarchy Process，AHP）建立的。在硐室群施工的众多风险因素中，每种风险因素的相对重要性对后续风险的认识起着至关重要的作用,而权重值的大小反映了评估指标对风险影响的程度。针对风险指标权重值的问题,通常采用 AHP 法来确定。

(1) 判断矩阵改进

在隧道硐室群工程风险评估领域,通常采用专家调查法来进行两两指标的重要程度比较从而构造出判断矩阵。在硐室群施工专项风险评估过程中,风险指标往往并不止一个,专家们在对大量的指标之间进行两两判断时,难免会出现填写不仔细或判断不准确等情况,且 1~9 标度法用重要程度来描述指标之间的判断依据,这可能导致专家在评议过程中出现难以抉择的情况,例如标度值相差不大时,指标之间的重要程度往往难以评定。

为了解决上述问题,使构造出的判断矩阵更加符合实际情况,尽可能地使判断矩阵少含主观臆断性,本书将待评定的每个指标的重要程度划分为三个等级,每个等级用分值 1~9 来表示,见表 2-36。分值越低代表其重要程度越低,反之分值越高,代表其重要程度越高。

风险指标分值评定 表 2-36

分值范围	分值含义
1~3	表示待评定因素不重要
4~6	表示待评定因素比较重要
7~9	表示待评定因素非常重要

专家调查法统计出来的数据并不只有一个专家的评分情况,而是由多名专家进行打分评定的。将各个专家打分情况汇总于表 2-37。

专家评分汇总 表 2-37

专家序号	风险指标			
	1	2	…	n
1	y_{11}	y_{12}	…	y_{1n}
2	y_{21}	y_{22}	…	y_{2n}
…	…	…	…	…
m	y_{m1}	y_{m2}	…	y_{mn}

综合考虑每个专家的打分情况,对每项风险因素取平均值,即

$$\overline{Y}_j = \frac{\sum_{p=1}^{m} y_{pj}}{m} \quad (j=1,2,\cdots,n) \tag{2-13}$$

求得每项风险因素得分平均值后,再定义判定数 A_{ij}:

$$A_{ij} = \begin{cases} \overline{Y}_i - \overline{Y}_j + 1 & (\overline{Y}_i - \overline{Y}_j > 0) \\ \dfrac{1}{|\overline{Y}_i - \overline{Y}_j| + 1} & (\overline{Y}_i - \overline{Y}_j < 0) \\ 1 & (\overline{Y}_i - \overline{Y}_j = 0) \end{cases} \quad (2\text{-}14)$$

式中 $i = 1,2,\cdots,n$；$j = 1,2,\cdots,n$。当 $|\overline{Y}_i - \overline{Y}_j|$ 不为整数时，根据四舍五入的原则进行取整。由改进后的判定值 A_{ij} 构建新的判断矩阵 A 为：

$$A = \begin{bmatrix} A_{11} & A_{12} & \cdots & A_{1n} \\ A_{21} & A_{22} & \cdots & A_{2n} \\ \cdots & \cdots & \cdots & \cdots \\ A_{n1} & A_{n2} & \cdots & A_{nn} \end{bmatrix} \quad (2\text{-}15)$$

（2）风险指标权重计算

令 $\overline{w} = (\overline{w}_1 \quad \overline{w}_2 \quad \cdots \quad \overline{w}_n)^\mathrm{T}$，$\overline{w}_i$ 为采用方根法计算判断矩阵 A 中第 i 行元素的平均值，即

$$\overline{w}_i = \sqrt[n]{\prod_{j=1}^{n} A_{ij}} \quad (i = 1,2,\cdots,n) \quad (2\text{-}16)$$

则对 $\overline{w}$ 进行归一化处理得到每个指标的权重 w_i 及 w：

$$w_i = \frac{\overline{w}_i}{\sum_{i=1}^{n} \overline{w}_i} \quad (i = 1,2,\cdots,n) \quad (2\text{-}17)$$

$$w = (w_1 \quad w_2 \quad \cdots \quad w_n)^\mathrm{T} \quad (2\text{-}18)$$

最后根据判断矩阵的最大特征值 $\lambda_{\max}$ 进行一致性验算。

$$\lambda_{\max} = \sum_{i=1}^{n} \frac{(Aw)_i}{n\overline{w}_i} \quad (2\text{-}19)$$

$$\mathrm{CI} = \frac{\lambda_{\max} - n}{n-1} \quad (2\text{-}20)$$

式中：CI——判断矩阵 A 的一般一致性指标；

n——判断矩阵的阶数。

若 $\mathrm{CI}/\mathrm{RI} < 0.1$，则判断矩阵符合要求，否则需再次建立判断矩阵，并重新进行计算，直到符合要求为止。当所有判断矩阵符合要求时，可计算各层次指标之间的组合权重。判断矩阵一致性验算表见表2-38。

判断矩阵一致性验算表　　　表2-38

n	1	2	3	4	5	6	7	8	9
RI	0	0	0.58	0.90	1.12	1.24	1.32	1.41	1.45

2.3.4 工程应用

（1）工程概况

以重庆轨道交通 18 号线歇台子地铁车站为例，将自主研发的硐室群风险因素权重计

算软件应用于其硐室群施工风险评估中。歇台子站为 14m 岛式站台车站，为单拱双层结构，采用复合式衬砌，隧道硐室最大开挖宽度为 26.02m，开挖高度为 22.26m，开挖面积为 492.84m²。拱顶埋深 19.65～40.38m，其中上覆土层厚度 0.33～10.73m，上覆岩层厚度 9.08～37.36m。该工程属于超过一定规模的危大工程，采用初期支护拱盖法由 9 个小断面扩挖施工形成大断面硐室结构。

该工程主要地处构造剥蚀丘陵地带，少部分为长江河谷侵蚀、堆积地貌，地貌形态较简单，无区域性断裂通过，上覆土层主要为第四系全新统人工填土层、残坡积层粉质黏土、下伏基岩为侏罗系中统沙溪庙组岩层。地下水类型主要为松散层孔隙水、基岩裂隙水。周边环境极为复杂，管线及房屋密集。

（2）风险概率评估

样本集选取了 50 个工程实例进行各项指标的综合评分，工程地质因素中的部分样本数据见表 2-39。

二级风险因素综合分值　　　　　　　　　　　　　　　表 2-39

样本号	工程地质因素							……	期望输出结果
	围岩等级	断层破碎带	偏压	地震烈度	埋深	特殊地质	地下水	……	
1	5.0	7.0	4.0	1.0	3.0	2.7	4.2	…	4
2	4.0	3.0	1.0	5.0	2.0	3.7	5.3	…	4
3	4.0	8.0	4.0	9.0	9.0	1.0	1.3	…	3
4	8.0	9.0	8.0	9.0	8.0	9.4	7.9	…	1
5	5.0	6.0	9.0	7.0	6.0	1.0	7.4	…	3
6	8.0	8.0	7.0	4.0	4.0	2.2	8.7	…	3
…	…	…	…	…	…	…	…	…	…
45	8.0	7.0	7.0	7.0	6.0	8.4	8.1	…	2
46	4.0	5.0	5.0	2.0	4.0	2.8	3.7	…	5
47	9.0	4.0	6.0	5.0	8.0	7.3	2.7	…	2
48	4.0	7.0	7.0	5.0	7.0	9.8	1.0	…	3
49	5.0	4.0	5.0	7.0	6.0	0.9	3.3	…	3
50	4.0	4.0	6.0	8.0	7.0	3.2	1.0	…	3

导入样本数据完成网络训练后，对歇台子车站硐室群的典型区段右 CK12+584～右 CK12+673 上台阶导洞施工进行风险评估，将各项风险因素的综合评分值输入风险评估软件对应的输入框中，即可预测相应的风险概率等级，结果如图 2-63 所示，得到其发生风险事件的概率等级为Ⅳ，即风险事件发生可能性很小。车站导洞掌子面开挖情况如图 2-64 所示，开挖后掌子面岩体较完整，岩质较硬，岩体裂隙不发育，围岩基岩裂隙水补给、排泄条件一般，水量较小，呈滴状或脉状。实际施工过程与预测的风险概率评估结果较符合。

但由于歇台子站开挖断面大，埋深较大，有发生突水突泥的风险，仍需要采取相应的风险控制措施，尽可能把风险发生概率降至最低。

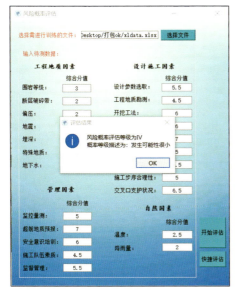

图 2-63　风险概率等级评估结果

图 2-64　掌子面照片

（3）风险权重计算

以专家调查法的方式对歇台子车站硐室群施工各个风险因素进行评分，评分标准参考表 2-35，汇总后的专家评分表见表 2-40 和表 2-41。

一级风险因素专家评分　　　　　　　　　　　　　　　表 2-40

一级因素	专家序号及评分情况				
	1	2	3	4	5
工程地质因素	8	7	7	6	8
自然因素	3	4	2	5	3
设计施工因素	7	6	5	7	6
管理因素	4	6	5	7	5

二级风险因素专家评分　　　　　　　　　　　　　　　表 2-41

二级因素	专家序号及评分情况				
	1	2	3	4	5
围岩等级	8	7	6	6	8
断层破碎带	3	3	2	3	2
偏压	3	2	1	1	1
地震烈度	1	2	1	2	3
埋深	2	4	1	2	1

续上表

二级因素	专家序号及评分情况				
	1	2	3	4	5
特殊地质	5	4	3	4	6
地下水	8	7	9	8	7
温度	2	1	1	2	1
降雨量	8	9	7	8	9
设计参数的选取	5	6	7	5	6
工程地质勘测	2	2	1	1	2
开挖工法	4	6	5	5	4
支护及时性	6	8	7	8	8
按设计施工程度	7	5	6	4	6
超欠挖情况	3	3	5	4	5
临时支护有效性	3	4	2	4	1
施工步序合理性	5	5	6	4	5
交叉口支护状况	6	6	5	4	5
监控量测	6	8	5	7	6
超前地质预报	3	4	6	3	4
安全意识培训	8	8	5	6	5
施工队伍素质	8	7	8	8	7
监督管理	6	8	9	5	6

基于改进后的判断矩阵构建方法，构建二级风险因素的判断矩阵并进行一致性验证，计算出相对应的权重值。同时使用硐室群风险评估软件中的"风险因素权重计算"模块进行验证计算。

一级风险因素构造的判断矩阵和计算的权重结果见表2-42和图2-65。

一级风险因素判断矩阵　　　　　　　　表2-42

一级风险因素	C	C_1	C_2	C_3	C_4	权重w_i	一致性判断
工程地质因素	C_1	1	5	2	3	0.47	
自然因素	C_2	1/5	1	1/4	1/3	0.07	CR值为：0.019 满足一致性要求
设计施工因素	C_3	1/2	4	1	2	0.28	
管理因素	C_4	1/3	3	1/2	1	0.17	

以工程地质因素里的二级风险因素为例，构造的判断矩阵和计算的权重结果见表2-43和图2-66。

工程地质因素判断矩阵　　　　　　　　　　　表 2-43

二级风险因素	C_1	C_{11}	C_{12}	C_{13}	C_{14}	C_{15}	C_{16}	C_{17}	权重 w_i	一致性判断
围岩等级	C_{11}	1	5	6	6	6	4	1/2	0.28	
断层破碎带	C_{12}	1/5	1	2	2	2	1/3	1/6	0.07	
偏压	C_{13}	1/6	1/2	1	1	1	1/4	1/7	0.04	CR 值为：0.025 满足一致性要求
地震烈度	C_{14}	1/6	1/2	1	1	1	1/4	1/7	0.04	
埋深	C_{15}	1/6	1/2	1	1	1	1/3	1/7	0.04	
特殊地质	C_{16}	1/4	3	4	4	3	1	1/4	0.14	
地下水	C_{17}	2	6	7	7	7	4	1	0.38	

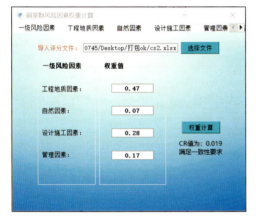

图 2-65　一级风险因素权重值

图 2-66　工程地质因素权重值

最终可以计算出各个风险因素的权重值，在风险评估软件中显示如图 2-67 所示。

通过权重计算结果可以看出，一级因素指标对歇台子站硐室群典型段施工风险影响大小为：工程地质因素 C_1 > 设计施工因素 C_3 > 管理因素 C_4 > 自然因素 C_2。二级因素指标中，地下水 C_{17}、围岩等级 C_{11}、支护及时性 C_{34} 和特殊地质 C_{16} 对隧道硐室群施工过程风险概率的影响最大。

得到风险因素的影响权重后，即可根据不同因素的影响大小进行有针对性的处理，从而有效降低隧道硐室群施工风险事件的概率。根

图 2-67　二级风险因素权重值汇总

据风险评估结果和现场施工情况，该典型区段初期支护采用 300mm 厚 C25 早强喷射混凝土内置 I22b 型钢拱架及 ϕ8mm 双层钢筋网的形式，环向间距 1m，隧洞拱部 120°范围内设置 ϕ25mm、$t = 5$mm 中空注浆锚杆，每根长度 4.5m。

采用自主研发软件对工程案例硐室群工程施工风险事件概率进行了预测，得出发生风险事件的概率等级为Ⅳ即"发生可能性很小"的结论，与现场实际施工情况相吻合，验证了软件的实用性；其中软件 "风险因素权重"模块具有实用性，能够准确高效地完成各个风险因素的权重分析，对于硐室群现场施工管理及风险控制能够提供一定的参考。

2.4 本章小结

本章依托重庆轨道交通 18 号线示范工程，并使用 FLAC3D 有限差分软件，研究了城市深部硐室群施工安全控制影响因素，建立了硐室群施工风险评估指标体系，以概率神经网络（PNN）和层次分析法（AHP）为理论依据，自主研发了硐室群施工专项风险评估软件。

主要结论如下：

（1）通过研究分析新建硐室在不同空间位置对既有硐室的影响，认为在砂土、黏土地层中，城市深部硐室群的安全间距控制可以借鉴《城市轨道交通结构安全保护技术规范》（CJJ/T 202—2013）和《既有铁路隧道近接施工指南》中对近接影响区域的划分标准；但在类似歇台子站的岩层中，该划分标准过于保守，现将新建硐室穿越不同位置对既有硐室的施工影响情况总结于表 2-44。

城市深部硐室近接施工影响区域划分　　表 2-44

地质条件	新建硐室相对既有硐室位置	工程影响分区		
		强烈影响区	显著影响区	一般影响区
岩层	下方	≤0.5D	0.5D～1D	1D～2D
	侧部及上方	≤0.5D	0.5D～0.75D	0.75D～1.5D
砂土黏土	下方	≤1D	1D～2D	2D～3.5D
	侧部及上方	≤1D	1D～2D	2D～3D

（2）通过模拟城市深部硐室在不同地质条件下的施工工况，认为硐室在砂土和黏土地层中施工风险远大于岩层，需要严格控制硐室间距并及时支护，同时对硐室间的土体进行注浆加固，防止两硐室的塑性区发生叠加；而岩层中，在两硐室间距合适的情况下，可根据产生的变形量判断是否采取其他措施。

（3）在较深位置进行硐室的开挖会对既有硐室造成较大的影响，并且周边围岩位移增量和既有硐室支护应力的增量基本符合线性变化的规律。因此在城市深部环境下进行硐室群施工时，建议在靠近既有硐室的围岩附近采取锚固桩或者注浆等加固措施，以减少新建硐室建设对既有硐室造成的应力影响。

（4）通过模拟城市深部硐室群开挖顺序的施工工况，发现多个不同空间位置新建硐室的开挖先后对于既有硐室本身结构基本没有影响，但会影响硐室间围岩（土体）的应力状态。建议硐室群施工中先开挖埋深较大、间距较小、施工难度较大的硐室，这样能一定程度上减小硐室间围岩的应力集中，更有利于整个硐室群施工过程的稳定性。

（5）通过查阅硐室群施工相关工程案例资料并结合相关专家意见，从主观因素和客观因素两个大类进行研究分析，总结出了一套全面的硐室群风险因素评价指标体系，包括工程地质、自然、设计施工和管理共 4 个一级指标因素，以及围岩等级、断层破碎带等 23 个二级指标因素。

（6）以 PNN 为理论基础，运用 AHP 弥补概率神经网络对于风险因素权重分配问题的缺陷，对 AHP 中传统判断矩阵进行了改进，提出一种改进后的判断矩阵建立方法。使用计算机编程语言 Python 和 GUI 应用软件开发框架 PyQt5 开发出硐室群施工专项风险评估系统。

（7）在 PNN 的构建中，统计样本的数量、神经元个数、训练函数都会对输出结果产生影响，整个风险评估软件还有很大的优化空间，有必要结合不同工程特点对硐室群施工风险评估结果进行动态调整。

第 3 章 城市深部地下空间大硐室构建技术

在城市深部建造超大跨度地下空间工程，合理的硐室开挖形式和支护结构体系是保障地下硐室开挖支护过程中应力释放和转移合理、围岩与地下空间结构变形协调的重要条件。如果硐室开挖不规范或者支护结构设计不合理，地下空间结构会额外承担围岩受扰动后重新分布的应力，导致应力集中并无法满足承载要求，威胁地下空间结构施工安全。因此，需要从硐室开挖后围岩的动态发展和支护理论出发，研究围岩特性，了解城市深部地下空间硐室施工引起的围岩响应，形成硐室构建技术。

3.1 城市深部地下大硐室施工支护理论及围岩力学特征

在地下硐室开挖之前，岩体处于应力平衡状态，地下硐室的开挖打破了岩体原有的平衡，围岩将产生卸载回弹和应力重分布，并相应地产生变形和位移。对于不同的地质条件和工程条件，硐室围岩可能出现两种情况：一是围岩强度足够大时，在应力状态发生变化时产生的回弹变形属于弹性变形，在无支护的情况下仍能维持稳定；二是围岩强度较低或者围岩应力状态变化大，围岩适应不了应力重分布的作用，产生显著的非弹性变形甚至不断扩展直至产生大量坍落，当围岩可能破坏时，就需要支护结构约束围岩变形。

在新奥法和新意法成为我国现代地下空间设计与施工所采用主要方法的前提下，进行城市深部超大跨度地下空间施工，所设计的支护结构体系均要遵循"充分发挥围岩自承能力"和"基本维持围岩的原始状态"这两项基本原则。因此，深部超大跨度地下空间支护结构设计，既要满足地下空间结构承载安全的需要也要从经济角度出发，最大程度地发挥围岩的自承能力，采用合理的支护理论支撑城市深部超大跨度地下空间支护结构设计便显得尤为重要。

3.1.1 硐室开挖后的围岩状态

（1）围岩动态类型

对于地下硐室围岩开挖后的动态变化，国内外的诸多学者看法不一，但是普遍与围岩级别有所联系。列举如下：

Hoek 和 Hudson 在 20 世纪 80 年代的研究成果中，把围岩的失稳状态归纳为三组，见表 3-1。第一组，重力控制型：大多始于块体掉落，在隧道硐室顶部和侧壁存在的碎片或块体随着隧道硐室开挖能够自由移动。第二组，应力控制型：由于应力过大，超过围岩材料的局部强度，而造成围岩失稳。第三组，地下水的影响：地下水造成的失稳可能发生在含有大量流动性水的围岩，和能够引发不稳定状态（如膨胀、崩解等）的一些含有某些矿物质的岩石的围岩。

地下开挖围岩动态类型　　　　　　表 3-1

动态类型		描述	结论
第一组　重力控制型			
（1）稳定		围岩在没有支护的条件下，可以至少维持几天	在中、低埋深条件下的整体性好的岩石
（2）岩块掉落	单块	有单独岩块掉块	连续面-控制型失稳
	多块	有许多岩块掉块（体积小于 10m³）	
（3）塌方		大量的岩石碎片或碎块（体积大于 10m³）在净空内快速移动	遭遇高度节理化或破碎的岩石
（4）松散围岩		微粒材料迅速侵入隧道，直到在掌子面形成一个稳定的斜坡	如地下水位以上的中粗砂和砾石层
第二组　应力控制型			
（1）脆性	屈服	硐周表面围岩成为碎片	发生在各向异性脆性岩石中，在很大荷载下因岩石构造变异引起
	应力造成的破裂	硐周表面围岩逐步破碎成片或片帮	应力重分布造成的片帮和岩爆的时间效应
	剥裂	侧壁和顶部的岩片突发、猛烈地分离	中、高埋深的应力条件下，整体脆性岩石，发生弹出或剥落
	岩爆	现象猛烈，涉及相当大的体积	大埋深的整体、坚硬、脆性岩石
（2）塑性	剪切（初期）	经常伴随连续面和重力控制型失稳，发生的剪切失稳，产生初期变形	位于超应力条件下的塑性岩石，经常由于围岩挤压诱发
	挤压（后期）	变形在施工期间可能会终止或长期继续，基本上与超应力引起的蠕变有关	超压的塑性，并具有高比例的低膨胀能力的云母矿物或黏土矿物的整体岩石和材料
第三组　地下水的影响			
（1）松散		硐周表面围岩逐渐分解成片、块或片帮	一些连贯、易碎的材料解体
（2）膨胀	母岩	由于水的吸附引起膨胀，围岩提前进入隧道硐室	其中硬石膏、石盐和膨胀的黏土矿物如蒙脱石等是重要的部分
	充填物和黏土夹层	由于水的吸附，导致岩块的松弛和黏土抗剪强度的降低	膨胀材料充填的夹层发生膨胀
（3）流动		水和固体的混合物迅速从四面八方侵入隧道硐室	发生在地下水位以下的具有很小黏聚力的微粒材料中
（4）浸水		承压水通过隧道或在岩石中的通道进入	发生在多孔或可溶性岩石中，沿明显的通道、断裂和节理侵入

1999 年，Martin 等通过如图 3-1 所示的 10 张图片总结了地下开挖动态。2004 年，Schubert 和 Goricki 也对地下开挖围岩动态进行了总结，见表 3-2。

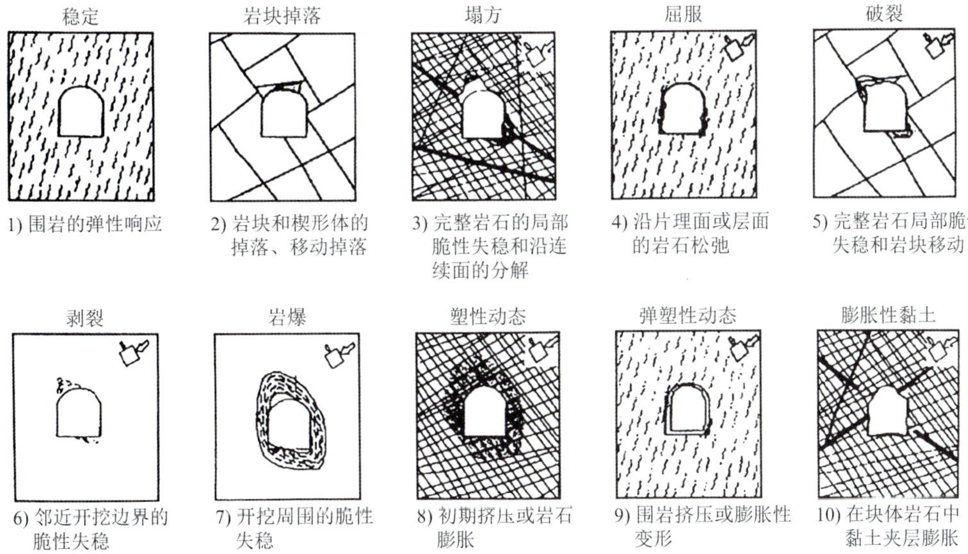

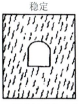

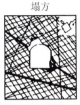

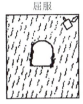

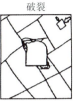

稳定
岩块掉落
塌方
屈服
破裂
1) 围岩的弹性响应
2) 岩块和楔形体的掉落、移动掉落
3) 完整岩石的局部脆性失稳和沿连续面的分解
4) 沿片理面或层面的岩石松弛
5) 完整岩石局部脆性失稳和岩块移动
剥裂
岩爆
塑性动态
弹塑性动态
膨胀性黏土
6) 邻近开挖边界的脆性失稳
7) 开挖周围的脆性失稳
8) 初期挤压或岩石膨胀
9) 围岩挤压或膨胀性变形
10) 在块体岩石中黏土夹层膨胀

图 3-1　地下开挖围岩动态类型（Martin 等，1999）

围岩动态及失稳总结（Schubert 和 Goricki，2004）　　表 3-2

序号	动态类型		隧道硐室开挖中潜在的失稳模式/机理
1	稳定		稳定的岩体，仅有潜在的小型局部重力引起的掉块或滑动
2	稳定的、潜在的连续面控制型岩块掉落		深部围岩连续面控制型，小型局部重力引起的掉块或滑动，偶尔局部发生剪切失稳
3	剪切失稳	浅埋	应力控制型剪切失稳，与连续面控制型、重力控制型围岩失稳相配合
4	剪切失稳	深埋	深部应力控制型，剪切失稳和大变形
5	岩爆		高应力的脆性岩石中，积累应变能迅速释放引的突然和猛烈的失稳
6	屈服		狭小间距不连续面的岩石屈服，经常发生剪切失稳
7	低围压条件的剪切失稳		潜在过量超挖和逐步发展的剪切失稳，主要是由缺乏侧压力制约所引起
8	松散围岩		无内黏聚力的干燥或潮湿、破碎严重的岩石或土的流动
9	流动围岩		有高含水量的强烈破碎的岩石或土的流动
10	膨胀		由于岩石的物理-化学反应和产生的岩体体积随时间的增加和水的应力缓和，导致硐周表面围岩向内侵入
11	动态的频繁变化		非均质岩体条件下或在岩块充填构造混杂的情况（脆性的断层带）下造成的应力和变形的急剧变化

硐室开挖后，硐周围岩的动态，与围岩条件、开挖施工方式等多种因素相关。因此，正确分析及评价开挖后围岩动态是保证工程安全的前提条件。

（2）围岩稳定状态

关于隧道硐室围岩稳定，我国学者关宝树曾定义其为：在开挖作业条件下，实际具有形成稳定暴露面的性质。因此，在无支护地段的岩体暴露条件，在要求的时间内不发生有

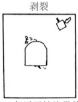

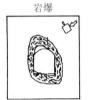

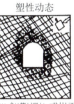

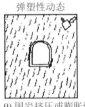

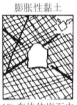

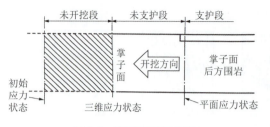

图 3-2　隧道开挖示意图

害变异,如大变形、崩塌、掉块、挤入等,而且暴露面的位移不超过允许值,围岩即为稳定的。这里所谓的围岩稳定,是指开挖面周边横向一定范围内的围岩稳定及掌子面前方一定范围内的围岩稳定。隧道硐室开挖过程示意如图 3-2 所示。

在隧道硐室开挖过程中,开挖对隧道硐室纵向围岩的影响如图 3-2 所示。以掌子面为界限可分为三部分,即掌子面前方未开挖段围岩、掌子面附近未支护段围岩以及掌子面后方已完成支护段围岩。其中,备受关注的围岩部分处于开挖影响最为明显的三维应力-应变状态,通常专家学者谈及的围岩稳定也主要为此范围段的围岩稳定。基于专家学者的研究发现,围绕隧道硐室掌子面的主应力流,在掌子面前方未开挖围岩段成拱形,在离开掌子面一定距离后,未开挖段维持初始应力状态,已完成支护段变为二维应力状态。

以圆形隧道硐室采用全断面开挖方法为例,在最常讨论的静水压力条件下,隧道硐室开挖后的围岩应力状态如图 3-3 和图 3-4 所示。主应力线显示,在掌子面前方较远处,围岩主应力基本保持初始状态;随着接近掌子面,主应力线发生偏转,在掌子面前方形成接近于拱形的形状;在隧道硐室拱顶和仰拱隅角处主应力偏转明显且其值相对较大;在掌子面后方未支护段,隧道硐室围岩表面最大主应力线为水平线。同时,最大剪应力云图表明,最大剪应力相对较大的区域与主应力迹线所形成的拱形相适应,即表示因开挖引起掌子面前方以及未支护段隧道硐室周边较近区域围岩松弛,形成不稳定或潜在不稳定部分。

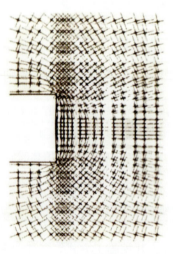 

图 3-3　掌子面附近主应力线　　图 3-4　掌子面附近最大剪应力分布

围绕坑道的应力扰动程度,主要取决于围岩条件、开挖断面尺寸以及循环进尺长度等因素。在均质围岩中,围岩的稳定基本上是其暴露面积和时间的函数。一般说,开挖后的空间在无支护条件下能够保持稳定的时间,称之为自稳时间。长期以来,基于工程经验,在施作支护前不能确保自稳时间时采用的方法为：以小断面隧道硐室逐步扩挖成大断面，以短进尺完成开挖和支护，最终来完成大断面隧道硐室。

3.1.2 现有硐室施工支护理论

（1）松弛荷载理论

松弛荷载理论基于松散地层岩体力学特性，适用于浅埋松散地层在简单受力情况下，以及深埋岩土体在形成承载拱后其结构上方的荷载计算。松弛荷载理论的经典代表有传统普氏理论和太沙基理论等设计方法。

普氏理论的原理示意如图3-5所示。在有一定黏结力的松散介质中开挖硐室，硐室开挖后没有及时支护，硐顶岩体将会坍落，形成一个拱形，称之为坍落拱。硐深较大时，坍落拱不会无限发展，将形成抛物线形自然平衡拱，而作用在硐顶的松动土压力是自然平衡拱内岩体的自重。

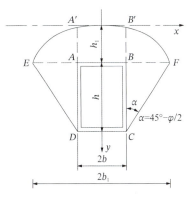

图3-5 普氏理论计算原理示意图

太沙基理论是指将岩体视为有一定黏结力的松散介质，基于应力传递的概念，假定开挖矩形硐室土体间产生不均匀的位移，考虑发生相对位移时摩阻力的作用，从而可求解出在硐室侧壁稳定及不稳定情况下的硐顶竖向土压力，如图3-6和图3-7所示。由此可见，在松弛荷载理论中，结构受力简单，没有结构与围岩之间的变形协调和过程控制概念。

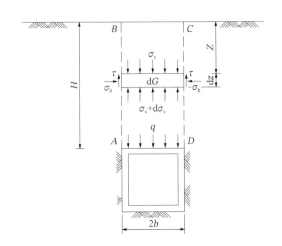 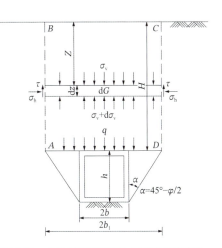

图3-6 太沙基理论原理（侧壁稳定） 　　图3-7 太沙基理论原理（侧壁不稳定）

（2）岩承理论

岩承理论是指地下硐室在设计施工中，考虑到要合理"发挥围岩的自承载能力"并能够基本"维持围岩初始应力状态"，确保地下硐室支护结构与其围岩两者在共同作用的情况下通过变形协调达到平衡，如图3-8所示。新奥法、新意法以及特征曲线法等现代地下结构施工方法均属于岩承理论。岩承理论主要思想为围岩在地下硐室施工中具有自承力，施工中需要对其加以利用。

在实际工程的支护结构设计中，基于类似工程的相关经验进行设计，结合施工过程中对硐室周边围岩变形及结构受力的监控量测，然后通过分析监控量测数据，将分析结果作为支护结构设计动态调整的主要依据。根据围岩变形监控量测数据对支护结构参数进行动态调整的支护结构设计方法具有一定的灵活性和经济性，因此广泛应用于山岭环境下煤矿巷道和水电地下厂房的修建。

（3）平衡稳定理论

平衡稳定理论是由朱汉华在基于大量工程实践和试验工作之后总结提出的。该理论揭示了地下工程有效承载结构层与围岩荷载转移规律之间的关联性。平衡稳定支护理论以地下空间平衡稳定及变形协调控制理念为基础，将传统松弛荷载理论及现代岩承理论基本内容进行有机结合，提出"稳定平衡及变形协调"的概念，具体内容是地下空间围岩在维持稳定的状态下，围岩间、围岩与支护结构体系间共同作用产生的应力会形成合理的转移路径，使得支护结构产生的抗力尽可能小，该概念的力学模型示意图如图3-9所示。

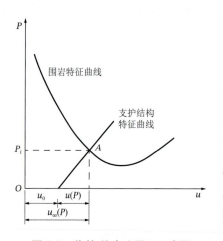 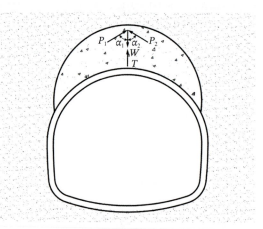

图 3-8　收敛-约束法原理示意图　　图 3-9　"稳定平衡及变形协调"概念力学模型

图中P_1、P_2表示围岩自承力，T表示支护抗力，W表示围岩重力。将"稳定平衡及变形协调"概念概括后如式(3-1)所示。

$$P_1\cos\alpha_1 + P_2\cos\alpha_2 + T = W \tag{3-1}$$

由式(3-1)可以看出，对于某一特定的地下空间工程，围岩重力W为固定值，若让支护抗力T尽可能小，需尽可能提高围岩自承力P_1、P_2，从而基于"稳定平衡及变形协调"概念提出了地下空间平衡稳定支护理论。为了更直观地描述和体现地下空间平衡稳定支护理论，引入预支护力F的概念，来表达设计的支护结构体系对于结构稳定产生的作用，包括提高围岩自承能力及提供支护能力这两方面，用公式形式表述，见式(3-2)。

$$F = T + P \tag{3-2}$$

式中：P——围岩自承力。

地下空间平衡稳定支护理论力学模型由图 3-9 所示的力学模型抽象凝练而来，如图 3-10 所示。图中 P_0 表示围岩原始压力。

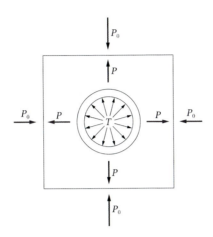

图 3-10　地下空间平衡稳定支护理论力学模型

基于此力学模型，提出地下空间支护结构体系保持地下空间平衡稳定的基本要求，用公式形式表达，见式(3-3)。

$$F > P_0 \tag{3-3}$$

由式(3-3)可以看出，若满足地下空间保持平衡稳定的要求，设计地下空间支护结构体系提供的预支护力 F 要大于围岩原始压力 P_0。该支护理论可应用于任一条件下地下空间支护结构体系的设计，对于安全要求严格的城市深部超大跨度地下空间同样适用。

（4）支护理论对比分析

城市环境相对于山岭更为复杂，人口及建筑密集。同时，对于城市深部超大跨度地下工程而言，变形控制要求十分严格。因此，需要综合对比地下空间支护理论体系，以便选用更适合城市深部地下工程的支护理论，对比结果见表 3-3。

地下空间支护理论体系对比　　表 3-3

理论体系	松弛荷载理论	岩承理论	平衡稳定理论
理论特征	忽视支护结构与围岩的相互作用和围岩的承载能力，支护结构承担开挖室上方松散体的荷载	强调充分发挥围岩自承能力	强调合理发挥围岩的自承能力，以稳定平衡与变形协调控制方法作为设计和施工原则
适用范围	松散破碎围岩	适用于完整性较好的岩层、软岩和土体，不适用于破碎的围岩	适用于各类围岩
工程措施	棚架式或混凝土支护结构	光面爆破、锚喷支护、监控量测	光面爆破、锚喷支护、监控量测与强预支护技术、施工变形控制技术的联合应用
优缺点	对于围岩偏差或偏好的情况存在工程风险和支护过度的情况，不完全适用现代地下空间建设	在不良地质条件下，很难控制围岩与支护共同受力平衡状态的稳定性，往往发生安全事故，不适用于安全要求较为严格的地下空间建设	对应于稳定平衡与变形协调控制，能够消除风险隐患，围岩支护体系处于安全状态，施工中便于控制；但该理论尚未纳入相关地下空间建设标准，实际工程案例较为不足

由表 3-3 中各支护理论对比分析可知，地下空间平衡稳定支护理论吸纳了松弛荷载理论与岩承理论的核心内容，并进行了更深层次的优化研究，在现代地下空间工程开挖环境愈发复杂、开挖难度愈发增大的趋势下应运而生，具有指导意义强、适用范围广的优点，基于该支护理论指导设计的支护结构，可以满足任意围岩条件下地下空间的施工安全要求。但地下空间平衡稳定支护理论对于城市深部超大跨度地下空间，仍需要采取一定的研究手段，将预支护力与围岩自承力具象化来进行分析，使设计的支护结构体系更为合理，从而满足城市深部超大跨度地下空间严格的平衡稳定及变形控制要求。因此，城市深部超大跨度地下空间宜采用平衡稳定支护理论。

3.1.3 硐室开挖后的围岩力学行为

1）硐室开挖后围岩力学行为解析解

地下硐室开挖前，围岩处于初始应力状态，称之为一次应力状态；在硐室开挖后，围岩产生应力重分布，此时围岩处于二次应力状态，且二次应力状态受多重因素（如施工开挖方式和方法、硐室的埋深和尺寸等）影响。原则上，如果硐室围岩二次应力满足稳定性要求，可以不加支护结构；如果硐室无法自稳，则必须施加支护结构保证硐室稳定，这就是三次应力状态，其受施工支护结构时机和支护结构等相关参数影响。硐室开挖围岩力学状态演化过程如图 3-11 所示。

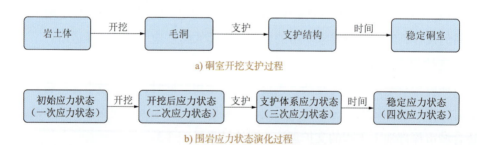

a) 硐室开挖支护过程

b) 围岩应力状态演化过程

图 3-11 硐室开挖支护、围岩应力学状态演化过程

（1）二次应力状态

硐室开挖后周围岩体中的应力、位移，视围岩强度（单轴抗压强度）可分为两种情况：一种是开挖的围岩仍处于弹性状态，此时，硐室围岩除产生少许由爆破造成的松弛外，是稳定的；另一种是开挖后的应力状态超过围岩的单轴抗压强度，此时，硐室围岩的一部分处于塑性甚至松弛状态，将产生塑性滑移、松弛或破坏。

硐室开挖后的简化力学模型如图 3-12 所示，在围岩中开挖半径为 a 的圆形硐室后，其二次应力状态可近似用下列公式表达。

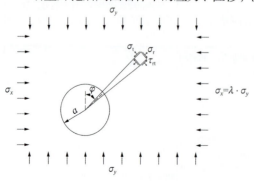

图 3-12 简化后力学模型

径向应力 σ_r：

$$\sigma_r = \frac{\sigma_y}{2}[(1-\alpha^2)(1+\lambda) + (1-4\alpha^2+3\alpha^4)(1-\lambda)\cos 2\varphi] \tag{3-4}$$

切向应力 σ_t：

$$\sigma_t = \frac{\sigma_y}{2}[(1+\alpha^2)(1+\lambda) + (1+3\alpha^4)(1-\lambda)\cos 2\varphi] \tag{3-5}$$

剪应力 τ_{rt}：

$$\tau_{rt} = -\frac{\sigma_y}{2}(1-\lambda)(1+2\alpha^2-3\alpha^4)\sin 2\varphi \tag{3-6}$$

$$\lambda = \frac{\sigma_x}{\sigma_y}$$

$$\alpha = \frac{a}{r}$$

式中：σ_y——竖向应力；

σ_x——水平应力；

λ——侧压力系数；

φ——内摩擦角。

当 $r=a$，即 $\alpha=1$ 时，径向应力：

$$\sigma_r = 0 \tag{3-7}$$

切向应力：

$$\sigma_t = \sigma_y[(1-2\cos 2\varphi) + \lambda(1+2\cos 2\varphi)] \tag{3-8}$$

沿硐室周边只存在切向应力 σ_t，径向应力 $\sigma_r = 0$。这说明硐室开挖使硐室周边围岩从二向（或三向）应力状态变成单向（或二向）应力状态，沿硐室周边的应力值及其分布情况主要取决于 λ 值。不同侧压力条件下的硐周切向应力分布如图 3-13 所示。

当 $\lambda=0$ 时，拱顶范围出现 $\sigma_t<0$，即出现拉应力；当 $\lambda=1/3$ 时，拱顶范围出现 $\sigma_t=0$，此时刚好拱顶切向应力处于拉应力与压应力的临界状态。随着侧压力系数 λ 增大，拱顶中点的压应力逐渐增大，侧壁中点的压应力逐渐减小；当 $\lambda=1$ 时，硐周切应力处处相等，$\sigma_t=2\sigma_y$，此时，相对于其他状态对圆形硐室稳定是非常有利的。

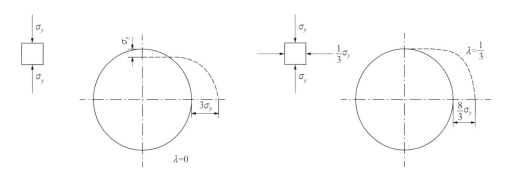

图 3-13

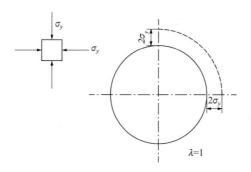

图 3-13　圆形硐室周边切向应力 σ_t 分布

根据式(3-4)～式(3-6)，绘制 $\lambda=1$ 时硐室围岩沿水平轴和竖直轴径向应力与切向应力的分布曲线，如图 3-14 所示。以上的应力状态都是针对围岩处于弹性阶段，即围岩各向同性，且为均匀介质。

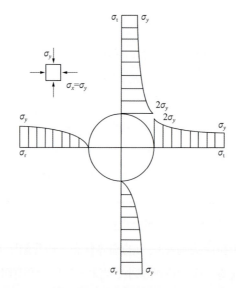

图 3-14　圆形硐室水平和竖直轴上应力分布图

当上述的应力状态超过围岩的抗压强度时，围岩可能发生脆性破坏或进入塑性状态，发生塑性剪切滑移或塑性流动。假定发生塑性条件的应力圆包络线是一条直线。它取决于围岩单轴抗压强度 R_c 与内摩擦角 φ。

$$\sigma_{rp} - N_\varphi \sigma_{tp} - R_c = 0 \tag{3-9}$$

$$N_\varphi = \frac{1+\sin\varphi}{1-\sin\varphi} \tag{3-10}$$

式中：σ_{rp}——塑性区的径向应力；

σ_{tp}——塑性区的切向应力。

式(3-9)即可表示塑性破坏准则。

围岩单元体的受力状态如图 3-15 所示。

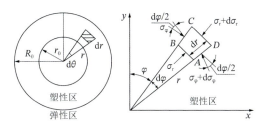

图 3-15　围岩单元体的受力状态

在不考虑体力时，平衡方程如下：

$$\sigma_{tp} - \sigma_{rp} = r \frac{d\sigma_{rp}}{dr} \tag{3-11}$$

将式(3-9)代入式(3-11)，并引入硐周的边界条件 $r = a$ 和 $\sigma_{rp} = 0$（无支护抗力），即可求解出塑性区内应力状态。

$$\sigma_{rp} = \frac{R_c}{N_\varphi - 1} \left[\left(\frac{r}{a} \right)^{(N_\varphi - 1)} - 1 \right] \tag{3-12}$$

$$\sigma_{tp} = \frac{R_c}{N_\varphi - 1} \left[\left(\frac{r}{a} \right)^{(N_\varphi - 1)} N_\varphi - 1 \right] \tag{3-13}$$

假定塑性区半径为 r_0，即在 $r = r_0$ 位置为弹塑性边界；此时有 $\sigma_{te} = \sigma_{tp}$，$\sigma_{r_0} = \sigma_{re} = \sigma_{rp}$，由此可以得出塑性区半径：

$$r_0 = a \left[\frac{2}{N_\varphi + 1} \frac{\sigma_y (N_\varphi - 1) + R_c}{R_c} \right]^{\frac{1}{N_\varphi - 1}} \tag{3-14}$$

（2）三次应力状态

硐室修筑衬砌后，支护结构与围岩共同作用，这种应力状态称之为三次应力状态。支护结构发挥作用相当于在硐室周边施加一阻止硐室围岩变形的阻力，从而改变了围岩的二次应力状态。为了便于分析，假定支护阻力 T 是沿硐室周边均匀分布的径向力，且 $\lambda = 1$，$\sigma_x = \sigma_y$（图 3-16），硐室开挖后立即发挥作用。

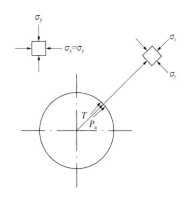

图 3-16　周边作用有支护力的圆形硐室

在弹性应力状态下，当硐室周边有径向阻力T时，周边应力σ_r和σ_t的表达式由两部分组成：

$$\sigma_r = \sigma_y(1-\alpha^2) + T\alpha^2 \tag{3-15}$$

$$\sigma_t = \sigma_y(1+\alpha^2) - T\alpha^2 \tag{3-16}$$

当$r = a$，即$\alpha = 1$。在硐周有径向应力σ_r为：

$$\sigma_r = T \tag{3-17}$$

切向应力σ_t为：

$$\sigma_t = 2\sigma_y - T \tag{3-18}$$

由此可见，支护阻力T的存在使硐室周边的径向应力σ_r增大，切向应力σ_t减小。本质上是使硐室周边围岩从单向（或二向）变成二向（或三向）应力状态，因而提高了岩石的承载力。

在塑性状态下，由$r = a$时的边界条件$\sigma_{rp} = T$，可得到：

$$\sigma_{rp} = \frac{R_c}{N_\varphi + 1}\left[\left(\frac{r}{a}\right)^{N_\varphi - 1} - 1\right] + \left(\frac{r}{a}\right)^{N_\varphi - 1} T \tag{3-19}$$

$$\sigma_{tp} = \frac{R_c}{N_\varphi + 1}\left[N_\varphi\left(\frac{r}{a}\right)^{N_\varphi - 1} - 1\right] + N_\varphi\left(\frac{r}{a}\right)^{N_\varphi - 1} T \tag{3-20}$$

塑性区半径r_0为：

$$r_0 = a\left[\frac{2}{N_\varphi + 1} \cdot \frac{\sigma_y(N_\varphi - 1) + R_c}{T(N_\varphi - 1) + R_c}\right]^{\frac{1}{N_\varphi - 1}} \tag{3-21}$$

2）硐室开挖后围岩力学行为数值解

（1）数值模型

由上文硐室开挖后围岩应力状态的理论解可知，该理论解是在多重假设前提下推导而来；为了便于公式推导，将硐室周边围岩边界条件进行了简化。本节为初步探讨在城市深部修建大断面硐室，围岩应力分布形式及大小与简化的理论解之间的区别，主要从建立数值模型改变硐室围岩边界条件出发，分析岩层、砂土层和黏土层，以及硐室开挖后的围岩力学行为。

根据专题研究内容，本节采用拟开挖圆形断面硐室半径$R = 9m$，上部覆土厚度50m；全断面方式非爆破一次性开挖。借助有限差分数值软件，建立二维数值模型。模型采用边界条件为：底部边界约束竖向位移，两侧约束水平位移，上边界为自由表面。考虑开挖影响范围，建立的模型尺寸为水平180m、竖向160m。数值模型及网格划分见图3-17，模型至少含有3318个单元和6800个网格节点，计算时仅考虑自重应力场。在本节中，定义应力比为硐室开挖后的围岩应力与硐室开挖前的初始应力的比值。

依据《公路隧道设计规范 第一册 土建工

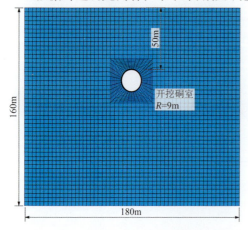

图3-17 数值模型尺寸及网格划分

程》(JTG 3370.1—2018)和《铁路隧道设计规范》(TB 10003—2016)选取岩层、砂质土层、黏质土层的围岩物理力学参数，见表3-4。

围岩物理力学参数　　　　　　　　　表3-4

地层	重度γ（kN/m³）	弹性模量E（GPa）	泊松比ν	黏聚力c（kPa）	内摩擦角φ（°）
岩层	23.17	2.87	0.30	366.67	31.00
砂质土层	19.00	0.045	0.31	24.00	40.00
黏质土层	23.33	0.035	0.33	123.33	35.00

采用莫尔-库仑（Mohr-Coulomb）模型来模拟围岩土体的塑性流动特性。在(σ_1, σ_3)平面内表示莫尔-库仑强度准则，其中令压应力为负值，$\sigma_1 \leq \sigma_2 \leq \sigma_3$。失稳包络线$f(\sigma_1, \sigma_3) = 0$，包含剪切失稳$f^s$和拉伸失稳$f^t$两部分，定义分别为：

$$f^s = -\sigma_1 + \sigma_3 N_\varphi - 2c\sqrt{N_\varphi} \tag{3-22}$$

$$f^t = \sigma_3 - \sigma^t \tag{3-23}$$

$$N_\varphi = \frac{1 + \sin\varphi}{1 - \sin\varphi} \tag{3-24}$$

式中：c——黏聚力（kPa）；
φ——内摩擦角（°）；
σ^t——抗拉强度（kPa）；
f^s——剪切失稳应力（kPa）；
f^t——拉伸失稳应力（kPa）。

势函数g^s和g^t分别表示剪切塑性流动和拉伸塑性流动。g^s符合非关联流动法则，g^t符合关联流动法，表达形式如下：

$$g^s = \sigma_3 N_\psi - \sigma_1 \tag{3-25}$$

$$N_\psi = \frac{1 + \sin\psi}{1 - \sin\psi} \tag{3-26}$$

$$g^t = f^t = \sigma_3 - \sigma^t \tag{3-27}$$

式中：ψ——剪胀角（°）。

如图3-18所示，当应力点落在区域①时，即表示该点处于剪切屈服状态，并且适用于势函数g^s推导的剪切流动法则，即应力点满足$f^s = 0$。当应力点落在区域②时，即表示该点处于拉伸屈服状态，新的应力点适用于势函数g^t推导的拉伸流动法则，满足$f^t = 0$。

（2）岩层围岩力学状态分析

在岩层进行硐室开挖后，硐室周边围岩的

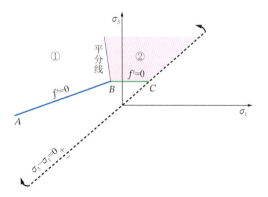

图3-18 莫尔-库仑模型（塑性流动法则）

应力比云图如图 3-19 所示。通过设置云图显示，图中白色应力比为 1.0 分界线，即表示该位置围岩竖向（水平）应力与初始值相等。

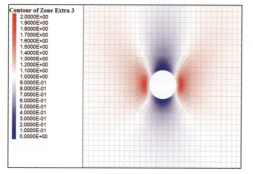
a) 竖向应力比

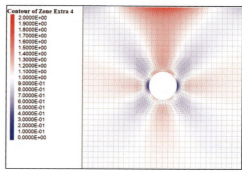
b) 水平应力比

图 3-19　岩层硐室围岩应力比云图

图 3-19a) 为硐室开挖后的围岩竖向应力比，从图中可以看出，在硐室上下方围岩部分均为竖向应力比小于 1 区域，且随着与硐周的距离增大竖向应力比逐渐增大；而在硐室左右两侧围岩部分，竖向应力比大于 1，竖向应力比最大值出现在硐周附近位置，在远离硐周时，竖向应力比逐渐减小。

图 3-19b) 为硐室开挖后的围岩水平应力比，从图中可以看出，在岩层硐室开挖后，其水平应力比在硐室上下方均大于 1，说明水平应力大于初始值；在硐室左右两侧，硐周位置水平应力比较小，且随着与硐周的距离增大，水平应力比先增大后减小；然而在硐室拱肩和拱脚位置（硐室斜上和斜下方）围岩的水平应力比均小于 1，即小于初始值。

提取图 3-19 中硐室在竖直轴和水平轴上的应力比，绘制硐周围岩径向应力比与切向应力比曲线，如图 3-20 和图 3-21 所示。

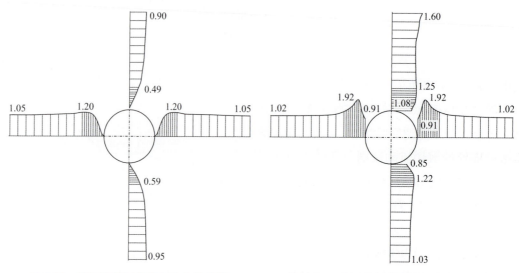

图 3-20　岩层硐周围岩径向应力比曲线　　图 3-21　岩层硐周围岩切向应力比曲线

从图 3-20 中可以看出，在硐室开挖后，径向应力比在硐周处为 0，在远离隧道硐室位置逐渐趋于 1。其中在硐室竖直轴上，径向应力比随着远离硐室逐渐增大，在硐室上方和下方距离硐周 0.5 倍硐径位置处，径向应力比分别为 0.49 和 0.59；在水平轴上，径向应力比随着与硐周距离的增大，先增大后减小，最大值为 1.20，最大值出现在距离硐周 0.5 倍硐径内。

从图 3-21 中可以看出，硐室开挖后，切向应力比在硐周处接近于 1，在硐周水平切向应力比为 0.91，在拱顶切向应力比最大（1.08），仰拱位置切向应力比最小（0.85）；硐周在水平方向以及在硐室竖直下方切向应力比随远离隧道硐室均呈现先增大后减小的状态，在 0.5 倍硐径范围内应力比变化较大，超出该范围后应力比值变化趋于平稳，最终趋向于 1，其中在水平轴上的径向应力比最大为 1.92；在竖直轴上的切向应力比随着远离硐室逐渐增大。

在岩层硐室开挖后，其隧道硐周径向应力比与切向应力比的变化差异很大，且在硐周切向应力比分布中，隧道硐室左右的应力分布一致，上下位置的应力值有一定差异；而在径向应力比分布中，隧道硐室上下、左右位置的应力呈对称分布。

（3）砂土层围岩力学状态分析

在砂质土层进行硐室开挖后，其硐室周边围岩的应力比云图如图 3-22 所示。

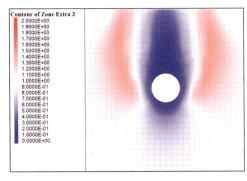

a) 竖向应力比　　　　　　　　　b) 水平应力比

图 3-22　砂质土层硐室围岩应力比云图

图 3-22a）为硐室开挖后的围岩竖向应力比云图，从图中可以看出，在硐室上下方围岩竖向应力比随着与硐周的距离增大而逐渐增大；在硐室正上方围岩出现约为 2 倍硐径宽度范围竖向应力比小于 1 的区域。对于硐室左右两侧围岩部分，在硐周处竖向应力比小于 1；在超出 0.5 倍硐径范围，竖向应力比大于 1；在更远处，竖向应力比逐渐趋于 1。

图 3-22b）为硐室开挖后的围岩水平应力比，从图中可以看出，在砂性土层开挖硐室后，其水平应力比在硐室周边均小于 1，说明水平应力小于初始值；随着与硐周的距离增大，水平应力逐渐增大。

提取图 3-22 中硐室在竖直和水平轴上的应力比，绘制硐周围岩径向应力比与切向应力比曲线，如图 3-23 和图 3-24 所示。

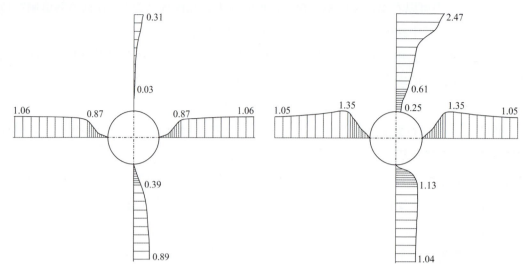

图 3-23 硐周围岩径向应力比曲线　　图 3-24 硐周围岩切向应力比曲线

从图 3-23 可以看出，在硐室开挖后，径向应力比在硐周处为 0，径向应力比随着与硐室距离增大而增大；其中在硐室上方径向应力比偏小，其最大值为 0.31；在硐室左右两侧，径向应力比在 0.5 倍硐径范围内迅速增大至 0.87，在更远处则趋于 1。

从图 3-24 可以看出，硐室在砂质土层中开挖后，在硐周处其围岩切向应力比接近于 0，仅在硐顶处为 0.25；在硐室竖直轴上方，围岩切向应力比随着与硐室距离增大而增大；硐周在水平方向以及在硐室竖直下方切向应力比随远离隧道硐室，均呈现先增大后减小，在 0.5 倍硐径范围内应力比变化较大，在水平轴和竖直轴的硐室下方，切向应力比最大值分别达到 1.35 和 1.13；在超出 0.5 倍硐径范围后切应力比值逐渐减小至平稳，最终趋于 1。

（4）黏质土层围岩力学状态分析

在黏质土层进行硐室开挖后，其硐室周边围岩的应力比云图如图 3-25 所示。

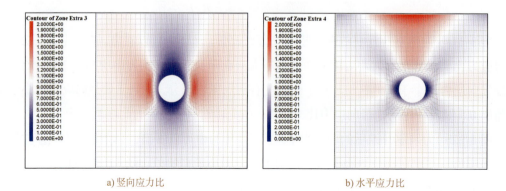

a）竖向应力比　　　　　　　　　　b）水平应力比

图 3-25　黏质土层硐室围岩应力比云图

图 3-25a）为硐室开挖后的围岩竖向应力比云图，呈现了关于硐室水平轴和竖直轴近似

对称的情况。从图中可以看出：硐室围岩正上下方部分均为竖向应力比小于 1 的区域，且在拱顶和仰拱处竖向应力比最小，随着与硐周的距离增大，竖向应力比逐渐增大；对于硐室左右两侧围岩部分，硐周附近的围岩竖向应力比小于 1，后随着与硐周的距离增大竖向应力比逐渐趋于 1，即接近初始值。

图 3-25b）为硐室开挖后的围岩水平应力比。从图中可以看出：在黏质土层开挖硐室后，在硐周附近形成一个扁状椭圆形区域水平应力比小于 1；然而在硐室拱肩和拱脚位置（硐室斜上和斜下方）围岩的水平应力比均小于 1，即小于初始值。在硐室上方围岩水平应力比偏大，且明显大于 1；在硐室左右两侧，硐周位置水平应力比较小，且随着与硐周的距离增大，水平应力比先增大后减小。

提取图 3-25 中硐室在竖直和水平轴上的应力比，绘制硐周围岩径向应力比与切向应力比曲线，分别如图 3-26 和图 3-27 所示。

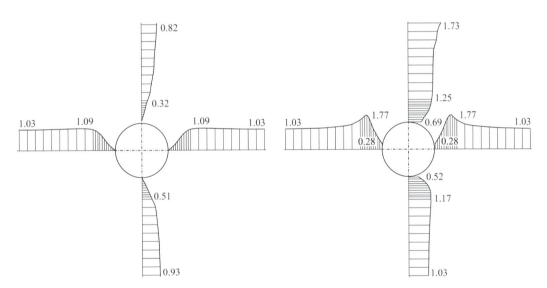

图 3-26　黏质土层围岩硐周径向应力比曲线　　图 3-27　黏质土层围岩硐周切向应力比曲线

由图 3-26 可以看出：在硐室开挖后，径向应力比在硐周处为 0，在远离隧道硐室位置处趋于 1。其中，在硐室竖直轴上，径向应力比在远离硐室方向逐渐增大，在距离硐周 0.5 倍硐径位置处，径向应力比分别为 0.32 和 0.51；在水平轴上，径向应力比随着与硐周距离的增大，先增大后减小，最大值为 1.09，出现在距离硐周略大于 0.5 倍硐径位置。

由图 3-27 可以看出：在硐室开挖后，切向应力比在硐周处接近于远小于 1 且不为 0；在硐周水平切向应力比最小（0.28），小于在仰拱位置切向应力比（0.52），而拱顶切向应力比最大为 0.69。硐周在水平方向以及在硐室竖直下方切向应力比随远离隧道硐室，均呈现先增大后减小的状态，在 0.5 倍硐径范围内应力比变化较大，超出该范围后应力比值变化趋于平稳，最终趋向于 1，其中在水平轴上的径向应力比最大为 1.77；在硐室上方，竖直轴上的切向应力比随着远离硐室逐渐增大。

综上所述，在岩层、砂质土层和黏质土层中进行圆形硐室开挖数值模拟计算，仅由于地质条件的不同，硐室开挖后的围岩应力状态差异很大。其中，在岩层的硐室竖直和水平轴上的围岩径向应力比和切向应力比的分布与理论解相似，但是数值大小存在明显差异，而在黏质土层和砂质土层，围岩径向应力比和切向应力比的分布与大小均有所不同。

3.1.4 围岩稳定性的地质参数敏感性

地下硐室施工引起围岩发展状态受到工程初始地应力场、地下水渗流、围岩构造及地质材料参数等多种因素的影响。

基于上节对不同地质条件下，硐室开挖后围岩应力状态的分析可以看出，地质参数对围岩的影响不可忽略。因工程地质条件不同，地下硐室围岩物理力学参数不可避免地存在不确定性。因此，本节采用灰关联分析法，基于弹塑性有限差分的数值模拟计算，分析地质参数对硐室围岩稳定性的影响，以便在不同地质条件下，为保证硐室围岩的稳定提供有效的施工措施。

根据专题研究内容，本节采用与3.1.3节相同的数值模型，详见图3-17。以塑性区面积S为考核指标，分析大断面硐室围岩稳定性对主要地质参数弹性模量、泊松比、黏聚力、内摩擦角的敏感性。

1）灰关联分析的基本原理和方法

灰色关联分析的优点在于，可以根据有限的数据资料，相对较为精确地分析各变化因素之间的关联性；通过对比较矩阵和参考矩阵进行无量纲处理，使得各参数之间具有直接的可比性，规避了常规敏感性分析受到各参数的数量级差异影响的局限性。

目前，常用的灰色关联度计算方法主要有邓氏关联度、灰色速度关联度、斜率关联度、灰色B型关联度、C型关联度、绝对关联度、T型关联度等。邓氏灰色关联度是最典型的关联度计算方法，本书采用邓氏灰色关联度方法针对围岩稳定的地质参数敏感性开展研究工作。

邓氏灰色关联度分析：设$X_i = \{x_i(1), x_i(2), x_i(3), \cdots, x_i(n)\}^T$，$(1 \leqslant i \leqslant m, m \in N)$为待比较序列，$m$为带比较序列个数；$X_0 = \{x_0(1), x_0(2), x_0(3), \cdots, x_0(n)\}^T$为参考序列，其中有比较序列和参考序列的长度相同均为n。则待比较序列X_i对参考序列X_0的关联度$\gamma(X_0, X_i)$计算公式如下：

$$\gamma[x_0(k), x_i(k)] = \frac{\min_i\min_k|x_0(k) - x_i(k)| + \rho\max_i\max_k|x_0(k) - x_i(k)|}{|x_0(k) - x_i(k)| + \rho\max_k|x_0(k) - x_i(k)|} \tag{3-28}$$

$$\gamma(X_0, X_i) = \frac{1}{n}\sum_{k=1}^{n}\gamma[x_0(k), x_i(k)] \tag{3-29}$$

将邓氏关联度分析应用于地下隧道硐室工程稳定敏感性分析,具体分析步骤如下:

(1)确定比较数据矩阵与参考矩阵

以围岩主要物理力学参数(弹性模量、泊松比、黏聚力等)建立比较数据矩阵X,$X = \{X_1, X_2, X_3, \cdots, X_m\}^T$;用相应的各个考核指标建立参考矩阵$Y$,$Y = \{Y_1, Y_2, Y_3, \cdots, Y_m\}^T$。对于比较数据矩阵中的因素$X_i$以及参考数据矩阵中的因素$Y_j$均有多个取值,具体表示见式(3-30)和式(3-31)。

$$X = \begin{Bmatrix} X_1 \\ X_2 \\ X_3 \\ \vdots \\ X_m \end{Bmatrix} = \begin{bmatrix} x_{11} & x_{12} & x_{13} & \cdots & x_{1n} \\ x_{21} & x_{22} & x_{23} & \cdots & x_{2n} \\ x_{31} & x_{32} & x_{33} & \cdots & x_{3n} \\ \vdots & \vdots & \vdots & \ddots & \vdots \\ x_{m1} & x_{m2} & x_{m3} & \cdots & x_{mn} \end{bmatrix} \tag{3-30}$$

$$Y = \begin{Bmatrix} Y_1 \\ Y_2 \\ Y_3 \\ \vdots \\ Y_m \end{Bmatrix} = \begin{bmatrix} y_{11} & y_{12} & y_{13} & \cdots & y_{1n} \\ y_{21} & y_{22} & y_{23} & \cdots & y_{2n} \\ y_{31} & y_{32} & y_{33} & \cdots & y_{3n} \\ \vdots & \vdots & \vdots & \ddots & \vdots \\ y_{m1} & y_{m2} & y_{m3} & \cdots & y_{mn} \end{bmatrix} \tag{3-31}$$

(2)对数据矩阵进行无量纲化处理

通过对因素取值区间进行相对化,即可对比较数据矩阵X和参考数据矩阵Y变换处理,得到无量纲化数据矩阵X'和Y'。

$$X' = \begin{Bmatrix} X'_1 \\ X'_2 \\ X'_3 \\ \vdots \\ X'_l \end{Bmatrix} = \begin{bmatrix} x'_{11} & x'_{12} & x'_{13} & \cdots & x'_{1n} \\ x'_{21} & x'_{22} & x'_{23} & \cdots & x'_{2n} \\ x'_{31} & x'_{32} & x'_{33} & \cdots & x'_{3n} \\ \vdots & \vdots & \vdots & \ddots & \vdots \\ x'_{l1} & x'_{l2} & x'_{l3} & \cdots & x'_{ln} \end{bmatrix} \tag{3-32}$$

$$Y' = \begin{Bmatrix} Y'_1 \\ Y'_2 \\ Y'_3 \\ \vdots \\ Y'_m \end{Bmatrix} = \begin{bmatrix} y'_{11} & y'_{12} & y'_{13} & \cdots & y'_{1n} \\ y'_{21} & y'_{22} & y'_{23} & \cdots & y'_{2n} \\ y'_{31} & y'_{32} & y'_{33} & \cdots & y'_{3n} \\ \vdots & \vdots & \vdots & \ddots & \vdots \\ y'_{m1} & y'_{m2} & y'_{m3} & \cdots & y'_{mn} \end{bmatrix} \tag{3-33}$$

$$x'_{ij} = \frac{x_{ij} - \min\limits_{j} x_{ij}}{\max\limits_{j} x_{ij} - \min\limits_{j} x_{ij}} \quad (i = 1,2,3,\cdots,m;\ j = 1,2,3,\cdots,n) \tag{3-34}$$

$$y'_{ij} = \frac{y_{ij} - \min\limits_{j} y_{ij}}{\max\limits_{j} y_{ij} - \min\limits_{j} y_{ij}} \quad (i = 1,2,3,\cdots,m;\ j = 1,2,3,\cdots,n) \tag{3-35}$$

其中,有$i = 1,2,3,\cdots,m$;$j = 1,2,3,\cdots,n$。

(3)确定灰关联差异空间

差异信息Δ_{ij}计算见式(3-36),并求取差异矩阵Δ的最大因素值$\Delta_{\max}$和最小因素值$\Delta_{\min}$。

$$\Delta_{ij} = |y'_{ij} - x'_{ij}| \quad (i = 1,2,3,\cdots,m;\ j = 1,2,3,\cdots,n) \tag{3-36}$$

$$\Delta_{\max} = \max \Delta_{ij} \tag{3-37}$$

$$\Delta_{\min} = \min \Delta_{ij} \tag{3-38}$$

(4) 求取关联系数矩阵

首先找到比较点与参考点之间的距离，然后再通过整体分析，找出各因素之间的差异与相关性。以关联系数表示比较因素与参考因素之间的相关性，关联系数 ζ_{ij} 可用下式求出：

$$\zeta_{ij} = \frac{\Delta_{\min} + \eta \Delta_{\max}}{\Delta_{ij} + \eta \Delta_{\max}} \tag{3-39}$$

式中：η——分辨系数，其作用是提高关联系数之间的差异显著性，其取值满足 $\eta \in [0,1]$，一般情况下可取为 0.5。

(5) 求解关联度

由于关联系数的个数较多，信息比较分散，不便于比较，因此常求其平均值作为关联度，作为影响因素关联性的比较。关联度 A_i 可用下式求得：

$$A_i = \frac{1}{n} \sum_{j=1}^{n} \zeta_{ij} \tag{3-40}$$

关联度取值范围为 $A_i \in [0,1]$，其值大小只是因子间相互作用影响的外在表现，关联分析中，数列处理方法不同，其关联度也会发生变化，但关联度的排列次序却不会变化。关联度是衡量因素间关联程度大小的量化指标，其值介于 0 到 1 之间，其中值越大表示因素与参考因素（或称为母序列）之间的相关性越强。关联度反映了因素对系统发展的影响程度，是评估因素重要性的重要依据。

影响因素的关联度值 A_i 越大，说明该影响因素对边坡稳定安全系数影响越大，即其敏感性越大；反之，则越不敏感。

2）地质参数常规敏感性分析

依据《公路隧道设计规范 第一册 土建工程》（JTG 3370.1—2018）和《铁路隧道设计规范》（TB 10003—2016）选取V级围岩物理力学参数，见表3-5。

V级围岩物理力学参数　　　　　　　　　　表 3-5

围岩级别	重度 γ（kN/m³）	弹性模量 E（GPa）	泊松比 ν	黏聚力 c（kPa）	内摩擦角 φ（°）
V	17.0~22.5	0.8~1.3	0.35~0.45	50~200	20~27

通过改变围岩重度、弹性模量、泊松比、黏聚力、内摩擦角对塑性区面积进行围岩稳定性参数敏感性分析。即在分析某一个敏感性参数（例如重度）时，可令其他敏感性参数取基准值且保持固定不变，而令重度在其可能范围内变动。取各参数基准值为变化区间中点值。通过计算可以得到各个影响参数对围岩塑性区影响的敏感性分析结果。因篇幅限制，此处仅示意重度变化时围岩塑性区，如图3-28所示。影响参数变化时，围岩塑性区面积计算结果见表3-6~表3-10，其随区间内参数变化曲线如图3-29所示。

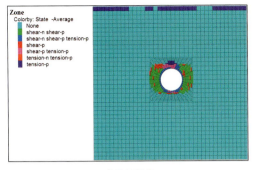
a) 参数区间为 0

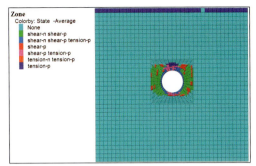
b) 参数区间为 0.25

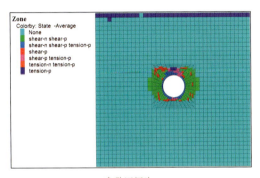
c) 参数区间为 0.5

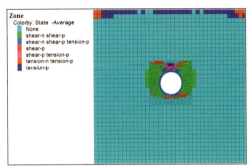
d) 参数区间为 0.75

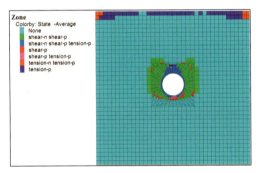
e) 参数区间为 1.0

图 3-28　V级围岩重度参数区间内的围岩塑性区

围岩塑性区面积随重度取值变化范围　　　　　　　　　　表 3-6

V级围岩参数区间	0	0.25	0.5	0.75	1.0
重度（kN/m³）	17.00	18.38	19.75	21.13	22.50
塑性区面积（m²）	1170.77	1364.10	1523.70	1803.60	1958.93

围岩塑性区面积随弹性模量取值变化范围　　　　　　　　表 3-7

V级围岩参数区间	0	0.25	0.5	0.75	1.0
弹性模量（GPa）	0.80	0.93	1.05	1.18	1.30
塑性区面积（m²）	1478.15	1536.56	1523.70	1561.58	1544.34

围岩塑性区面积随泊松比取值变化范围　　　　　　　　　表 3-8

V级围岩参数区间	0	0.25	0.5	0.75	1.0
泊松比	0.35	0.38	0.40	0.43	0.45
塑性区面积（m²）	1858.84	1609.72	1523.70	1285.70	1224.30

围岩塑性区面积随黏聚力取值变化范围　　　　　　　　　表 3-9

V级围岩参数区间	0	0.25	0.5	0.75	1.0
黏聚力（kPa）	50.00	87.50	125.00	162.50	200.00
塑性区面积（m²）	6069.83	2847.96	1523.70	1030.14	891.34

围岩塑性区面积随内摩擦角取值变化范围　　　　　　　　表 3-10

V级围岩参数区间	0	0.25	0.5	0.75	1.0
内摩擦角（°）	20.00	21.75	23.50	25.25	27.00
塑性区面积（m²）	2181.83	1869.72	1523.70	1225.91	114.29

从图 3-29 及表 3-6～表 3-10 可以看出，对于V级围岩塑性区面积与围岩参数区间取值有极大关系。其中，重度和弹性模量与塑性区面积为正相关；泊松比、内摩擦角以及黏聚力与塑性区面积呈现负相关。其中，在参数区间不同取值（例如内摩擦角和黏聚力），以及正负相关性不同（例如弹性模量和泊松比），采用常规敏感性分析时，各参数对围岩稳定性影响的敏感性排序不一致。因为硐室开挖后的围岩稳定性是围岩参数（重度、弹性模量、泊松比、内摩擦角以及黏聚力）共同影响的结果，因此，分析各个参数对围岩稳定性的灵敏度时需要综合考虑。

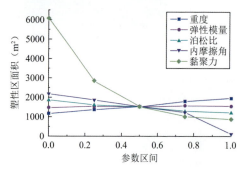

图 3-29　围岩塑性区面积与影响参数区间取值关系

3）地质参数敏感性灰关联分析

根据上述计算结果，选取各个围岩影响因素建立比较矩阵 X，以及对应的塑性区面积比较矩阵 Y。

$$X = \begin{Bmatrix} X_1 \\ X_2 \\ X_3 \\ X_4 \\ X_5 \end{Bmatrix} = \begin{bmatrix} 17.00 & 18.38 & 19.75 & 21.13 & 22.50 \\ 0.80 & 0.93 & 1.05 & 1.18 & 1.30 \\ 0.35 & 0.38 & 0.40 & 0.43 & 0.45 \\ 20.00 & 21.75 & 23.50 & 25.25 & 27.00 \\ 50.00 & 87.50 & 125.00 & 162.50 & 200.00 \end{bmatrix} \quad (3-41)$$

$$Y = \begin{Bmatrix} Y_1 \\ Y_2 \\ Y_3 \\ Y_4 \\ Y_5 \end{Bmatrix} = \begin{bmatrix} 1170.77 & 1364.10 & 1523.70 & 1803.60 & 1958.93 \\ 1478.15 & 1536.56 & 1523.70 & 1561.58 & 1544.34 \\ 1858.84 & 1609.72 & 1523.70 & 1258.70 & 1224.30 \\ 2181.83 & 1869.72 & 1523.70 & 1225.91 & 114.29 \\ 6069.83 & 2847.96 & 1523.70 & 1030.14 & 891.34 \end{bmatrix} \quad (3-42)$$

基于常规敏感性分析可知，V级塑性区面积与重度和弹性模量与塑性区面积为正相关；泊松比、内摩擦角、黏聚力与塑性区面积呈负相关。为了同时分析各参数的敏感性，并以参数区间中点为基准值，采用式(3-43)对参数区间进行无量纲化矩阵$\boldsymbol{X}'$，为整体分析各参数影响，采用式(3-44)对参数区间进行无量纲化矩阵$\boldsymbol{Y}'$。

$$x'_{ij} = \left| \frac{x_{ij} - x_{i0}}{\max_j x_{ij} - \min_j x_{ij}} \right| \quad (i=1,2,3,4,5；\ j=1,2,3,4,5) \tag{3-43}$$

$$y'_{ij} = \left| \frac{y_{ij} - y_{i0}}{\max_j y_{ij} - \min_j y_{ij}} \right| \quad (i=1,2,3,4,5；\ j=1,2,3,4,5) \tag{3-44}$$

由此可得$\boldsymbol{X}'$和$\boldsymbol{Y}'$：

$$\boldsymbol{X}' = \begin{Bmatrix} \boldsymbol{X}'_1 \\ \boldsymbol{X}'_2 \\ \boldsymbol{X}'_3 \\ \boldsymbol{X}'_4 \\ \boldsymbol{X}'_5 \end{Bmatrix} = \begin{bmatrix} 0.50 & 0.25 & 0.00 & 0.25 & 0.50 \\ 0.50 & 0.25 & 0.00 & 0.25 & 0.50 \\ 0.50 & 0.25 & 0.00 & 0.25 & 0.50 \\ 0.50 & 0.25 & 0.00 & 0.25 & 0.50 \\ 0.50 & 0.25 & 0.00 & 0.25 & 0.50 \end{bmatrix} \tag{3-45}$$

$$\boldsymbol{Y}' = \begin{Bmatrix} \boldsymbol{Y}'_1 \\ \boldsymbol{Y}'_2 \\ \boldsymbol{Y}'_3 \\ \boldsymbol{Y}'_4 \\ \boldsymbol{Y}'_5 \end{Bmatrix} = \begin{bmatrix} 0.059 & 0.027 & 0.000 & 0.047 & 0.073 \\ 0.008 & 0.002 & 0.000 & 0.006 & 0.003 \\ 0.056 & 0.014 & 0.000 & 0.040 & 0.050 \\ 0.111 & 0.058 & 0.000 & 0.050 & 0.237 \\ 0.763 & 0.222 & 0.000 & 0.083 & 0.106 \end{bmatrix} \tag{3-46}$$

求得差异空间矩阵Δ_{ij}：

$$\boldsymbol{\Delta} = \begin{bmatrix} 0.441 & 0.223 & 0.000 & 0.203 & 0.427 \\ 0.492 & 0.248 & 0.000 & 0.244 & 0.497 \\ 0.444 & 0.236 & 0.000 & 0.210 & 0.450 \\ 0.389 & 0.192 & 0.000 & 0.200 & 0.263 \\ 0.263 & 0.028 & 0.000 & 0.167 & 0.394 \end{bmatrix} \tag{3-47}$$

取分辨系数$\eta = 0.5$，计算得关联系数矩阵$\boldsymbol{\zeta}$：

$$\boldsymbol{\zeta} = \begin{bmatrix} 0.360 & 0.527 & 1.000 & 0.550 & 0.368 \\ 0.335 & 0.500 & 1.000 & 0.505 & 0.333 \\ 0.359 & 0.513 & 1.000 & 0.542 & 0.356 \\ 0.389 & 0.564 & 1.000 & 0.554 & 0.485 \\ 0.485 & 0.900 & 1.000 & 0.598 & 0.387 \end{bmatrix} \tag{3-48}$$

最终求得围岩参数重度γ、弹性模量E、泊松比ν、内摩擦角φ、黏聚力c的关联度A_i为：

$$A_i = \frac{1}{5} \sum_{j=1}^{5} \zeta_{ij} \tag{3-49}$$

由式(3-49)计算可得关联度$\boldsymbol{A} = [0.561\ \ 0.535\ \ 0.554\ \ 0.598\ \ 0.674]^\mathrm{T}$，围岩稳定性关联顺序为$c > \varphi > \gamma > \nu > E$。可见，影响硐室开挖后围岩稳定性的几个围岩参数中，围岩稳定性的影响受黏聚力和内摩擦角的影响最为敏感，重度次之，受围岩泊松比的影响较小，而对弹性模量的敏感性最弱。

3.2 大硐室非爆破施工围岩力学演化规律分析

本部分以地下空间围岩变形机制为出发点,基于依托工程建立数值模拟计算模型,分析不同开挖工法下围岩变形规律,以变形控制效果为依据给出推荐开挖工法,并结合围岩变形控制原则,形成以支护方案优化为核心形成城市深部超大跨度地下空间施工构建技术。

3.2.1 大硐室施工过程数值模型

1)工程概况

歇台子站为重庆轨道交通 18 号线工程由北向南的第 2 座车站,位于虎歇路与渝州路交口处北侧,与轨道交通 1 号线(运营)和轨道交通 5 号线(在建)采用通道换乘。车站结构外包总长度 220.7m,车站范围线路设计坡度为 2‰。车站小里程端和大里程端分别连接矿山法暗挖区间和采用扩大断面连接 TBM 区间。车站位于虎歇路与渝州路交口处北侧,车站上方及两侧建筑物密集。车站主体下穿及侧穿房屋多处,其中有教学楼、住宅、酒店以及办公楼,其平面位置如图 3-30 所示。

歇台子站为 14m 岛式站台车站,结构形式为单拱双层结构,采用复合式衬砌,其中深埋段的开挖宽度 25.3m、高度 21.8m,结构断面形式如图 3-31 所示。结构采用的支护形式为:拱部 120°范围内采用 ϕ25mm 的中空注浆锚杆,其余部分采用 ϕ22mm 的砂浆锚杆,锚杆长 L = 4.5m,梅花形布置,间距为 1.2m(环向)× 1.0m(纵向);喷射 300mm 厚的 C25 早强混凝土,二次衬砌结构采用 800mm 厚的钢筋混凝土,混凝土强度等级为 C40;初期支护和二次衬砌间预留 150mm 的变形量。

图 3-30 车站平面位置

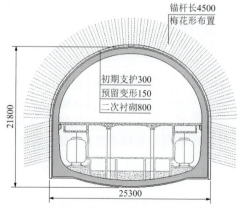

图 3-31 深埋段车站结构横断面
(尺寸单位:mm)

车站位于为侏罗系中统沙溪庙组(J_{2s})中风化砂质泥岩(以紫红色为主,主要矿物成分为黏土矿物，粉砂泥质结构，中厚层状构造）与中风化砂岩（灰色～灰白色，局部黄灰色，细～中粒结构，厚层状构造；主要矿物成分为石英、长石，含少量云母及黏土矿物，多为钙质胶结）之间，拱顶埋深19.65～40.38m，其中上覆土层厚度0.33～10.73m，上覆岩层厚度9.08～37.36m，由小里程向大里程方向，车站主体依次为浅埋、超浅埋、浅埋和深埋结构，车站所处地层如图3-32所示。地层特征参数以及地层物理力学参数分别见表3-11和表3-12。

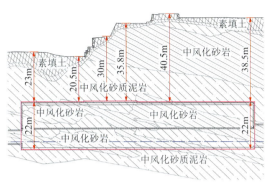

图3-32 车站地质纵断面

地层岩性特征 表3-11

时代成因	地层编号	岩土名称		岩性描述
Q_4^{ml}	①$_1$	素填土		由黏性土夹砂岩、泥岩碎（块）石等组成
Q_4^{el+dl}	②$_{22}$	粉质黏土	可塑	灰褐色，多呈可塑状，无摇振反应，干强度中等，韧性中等
J_{2s}侏罗系中统沙溪庙组	⑤$_{13}$	砂质泥岩	强风化	以紫红色为主，主要矿物成分为黏土矿物，粉砂泥质结构，中厚层状构造
	⑤$_{12}$		中风化	
	⑤$_{23}$	砂岩	强风化	灰色，局部呈紫灰色，细～中粒结构，厚层状构造；主要矿物成分为石英、长石，含少量云母及黏土矿物，多为钙质胶结
	⑤$_{22}$		中风化	

围岩物理力学参数 表3-12

地层种类	重度（kN/m³）	黏聚力（kPa）	内摩擦角（°）	水平基床系数（MPa/m）	垂直基床系数（MPa/m）
粉质黏土	19.6	25	8	18	15
砂岩	24.8	2277	42.6	220	250
砂质泥岩	25.6	552	32.4	200	220

2）建立数值模型

根据工程实际条件，采用歇台子站工程深埋段（DK12+671.703～DK12+783.703）作为研究对象。为了探讨城市深埋条件下施工方法对周边环境的影响，主要以围岩变形和应力为分析对象，采用有限差分软件建立数值模型。

取车站埋置深度为50m，沿车站纵向开挖长度为100m，车站横断面开挖跨度为25.3m，开挖高度为21.8m。考虑开挖影响范围，模型水平方向取至两边墙外侧3倍开挖跨度，竖直向下取至仰拱外侧3倍开挖高度，向上取至地表为模型边界。对计算模型参数尺寸参数适当简化，建立的三维计算模型尺寸为x（宽）×y（长）×z（高）=177.1m×100m×137.2m，计算模型尺寸参数如图3-33所示。

计算模型均采取8节点的6面体实体计算模型单元，模型共计包含220700个单元和231336个节点，可以满足计算精度的要求。模型的左右边界约束水平位移，底部边界约束竖向位移，顶部边界施加对应于其上方围岩重量的应力。

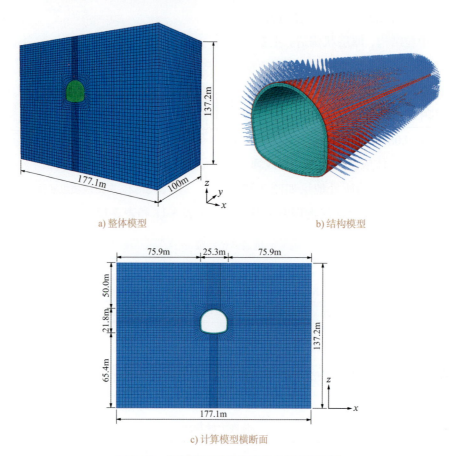

a) 整体模型　　　　　　　　　　b) 结构模型

c) 计算模型横断面

图 3-33　数值模拟计算模型尺寸参数示意图

3）计算参数及监测点

（1）围岩计算参数

歇台子站深埋段周边围岩主要为中风化砂质泥岩，为Ⅳ级围岩。围岩采用莫尔-库仑模型进行模拟，选取数值模拟计算模型围岩物理力学参数，见表3-13。

歇台子站深埋段围岩物理计算参数　　　　　　　　　　　表3-13

重度γ（kN/m³）	黏聚力c（kPa）	内摩擦角φ（°）	侧压力系数k	弹性模量E（MPa）	体积模量K（MPa）	剪切模量G（MPa）	泊松比ν	抗拉强度f_t（kPa）
25.5	648	33	0.30	1300	1667	475	0.37	140

其中，围岩体积模量K和剪切模量G计算方式见式(3-50)、式(3-51)。

$$K = \frac{E}{3(1-2\mu)} \tag{3-50}$$

$$G = \frac{E}{2(1+\mu)} \tag{3-51}$$

采取表 3-13 中围岩物理力学参数计算所得初始地应力场如图 3-34 所示。

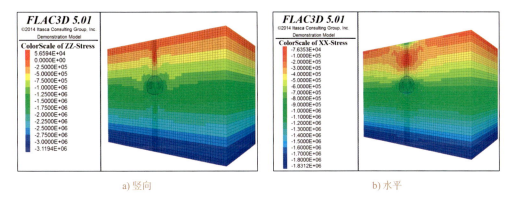

a) 竖向　　　　　　　　　　　　　　b) 水平

图 3-34　围岩初始地应力场云图（单位：Pa）

由图 3-34 可知围岩初始地应力场分布规律：随着深度的增加，初始竖向及水平初始地应力也随之增加，在同一深度下，初始竖向地应力普遍大于初始水平地应力，与歇台子站周身围岩侧压力系数小于 1 的情况相吻合。

（2）支护结构计算参数

歇台子站深埋段工程支护结构体系由锚杆、喷射混凝土组成的初期支护和二次衬砌组成，均采用表 3-14 中的支护参数。歇台子站深埋段工程各支护结构物理力学参数见表 3-15。

歇台子站深埋段支护结构体系优化参数一览表　　　　表 3-14

初期支护		二次衬砌
锚杆	喷射混凝土	
（1）梅花形布置； （2）拱顶 120°采用ϕ25mm 中空注浆锚杆，其余为ϕ25mm 砂浆锚杆； （3）锚杆长度 4.5m； （4）锚杆间距 1.2m（环向）×1.0m（纵向）	（1）C25 早强喷射混凝土（P6）； （2）喷射厚度 300mm； （3）预留变形量 150mm	（1）C40 混凝土（P12）； （2）厚度 800mm

歇台子站深埋段支护结构物理力学计算参数一览表　　　　表 3-15

支护结构	弹性模量E（GPa）	泊松比ν	重度γ（kN/m³）	尺寸参数（mm）
锚杆	200	0.3	78.5	长度 4500
喷射混凝土	23	0.2	22	厚度 150
二次衬砌	32.5	0.2	25	厚度 800
临时支护	23	0.2	22	厚度 150

（3）监测点布置

选取断面里程为 50m（$Y=50$m）的模型断面为目标监测断面，在目标监测断面共布置 8 个监测点，其中包括位于拱顶及仰拱的 2 个竖向变形监测点及位于边墙上、中、下位置的 3 条水平收敛测线，如图 3-35 所示。

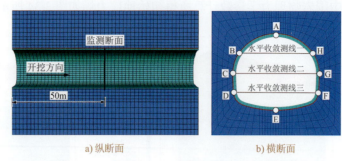

a) 纵断面　　　　　　　　b) 横断面

图 3-35　目标监测断面及断面监测点示意图

3.2.2　大硐室施工工法比选

歇台子站深埋段数值模拟计算模型主要依据不同开挖工法来进行工况设定。地下空间开挖方法对围岩应力释放具有直接影响，不同的开挖方法会导致不同的围岩压力释放途径及最终释放程度，从而造成不同的围岩变形控制效果。为了能够很好地控制围岩变形、保证施工安全，符合社会经济需求，保证施工工期，严格遵循"管超前、严注浆、短开挖、强支护、早封闭、勤量测"十八字方针。

根据歇台子站周边地质条件，结合现场资料及类似工程经验，初步拟定 4 种分部开挖工法进行比选。分部开挖工法按照是否采用临时支护分为两类：一类是不采用临时支护品字形开挖法；另一类是采用临时支护的 CRD 法、超前导洞法、双侧壁导坑法以及改进双侧壁导坑的初期支护拱盖法等。共设计 8 种工况，如图 3-36 所示。

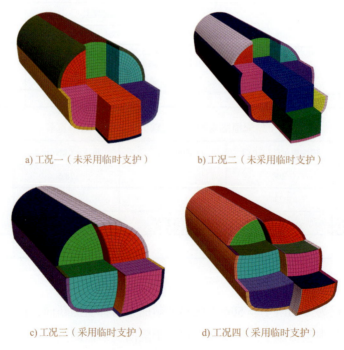

a) 工况一（未采用临时支护）　　　　b) 工况二（未采用临时支护）

c) 工况三（采用临时支护）　　　　d) 工况四（采用临时支护）

图 3-36

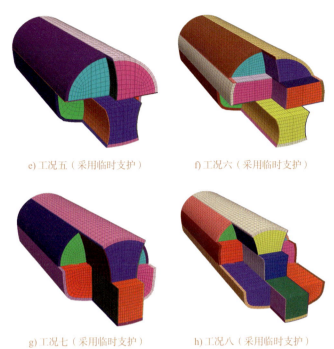

e) 工况五（采用临时支护）　　　f) 工况六（采用临时支护）

g) 工况七（采用临时支护）　　　h) 工况八（采用临时支护）

图 3-36　施工工况汇总

1）隧道硐室围岩塑性区体积分析

各工况围岩塑性区分布及发展状况与第 3.1.4 节所述基本相同，因此仅针对各工况围岩最终塑性区体积进行分析，见表 3-16。

各工况围岩最终塑性区体积　　　　　　表 3-16

工况	未采用临时支护		采用临时支护					
	工况一	工况二	工况三	工况四	工况五	工况六	工况七	工况八
最终塑性区体积（m³）	6490	8265	4592	4234	3789	3335	4737	4203

由表 3-16 可以得出如下结论：

（1）在未采用临时支护的前 2 组工况中，工况二围岩最终塑性区体积相比工况一增长 21%，说明未采用临时支护时，增加开挖层数会增大围岩塑性区体积，不利于围岩维持稳定性，这是因为随着开挖层数增加，围岩受到扰动次数也会增多，进而降低了围岩的稳定性。在采用临时支护的后 6 组工况中，工况四围岩最终塑性区体积相比工况三降低 8%，工况六围岩最终塑性区体积相比工况五降低 12%，工况八围岩最终塑性区体积相比工况七降低 11%。说明采用设置临时支护工法时，增加开挖层数会降低围岩塑性区体积，利于围岩维持稳定性，这是由于增加临时支护后有利于各开挖分部支护结构尽快封闭，将围岩受扰动后产生的变形降低到一定程度，而且开挖层数增多会导致各开挖分部面积相对降低，其尺寸效应对围岩稳定性产生的影响越小，因此增加开挖层数反而更利于围岩稳定性。

（2）各工况围岩最终塑性区体积均小于10000m³，更进一步说明设置合理的支护结构体系可有效降低围岩最终塑性区体积，使围岩更有利于维持稳定。其中，未采用临时支护工况围岩最终塑性区体积均大于5000m³，采用临时支护工况围岩最终塑性区体积均小于5000m³，说明采用临时支护更有利于控制围岩塑性区体积发展，并有效降低围岩最终塑性区体积。

2）围岩变形时程演化分析

（1）拱顶下沉

目标监测断面拱顶下沉随施工步变化曲线如图3-37所示。

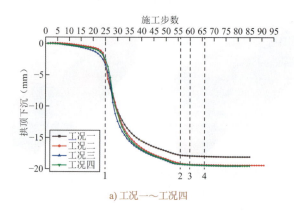

a) 工况一～工况四

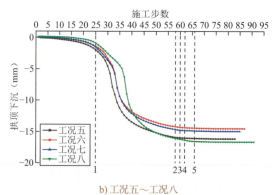

b) 工况五～工况八

图3-37 各工况拱顶下沉随施工步变化曲线

a）图：1-各工况开挖至监测断面；2-工况三开挖贯通；3-工况一与工况四开挖贯通；4-工况二开挖贯通
b）图：1-各工况开挖至监测断面；2-工况五开挖贯通；3-工况七开挖贯通；4-工况六开挖贯通；5-工况八开挖贯通
（注：以下图中注释相同）

各工况拱顶最终下沉量见表3-17。

各工况拱顶最终变形量　　　　　　　　　　　表3-17

工况	工况一	工况二	工况三	工况四	工况五	工况六	工况七	工况八
拱顶变形量（mm）	−18.03	−19.39	−19.51	−19.50	−16.12	−14.48	−14.92	−16.61

注：变形量负值为下沉。

由图3-37及表3-17可以得出如下结论：

①各工况目标断面各监测点拱顶下沉随施工步变化规律基本相同，即在掌子面未开挖至目标断面时监测点拱顶下沉绝对值已经开始增长，且变形速率随着开挖进程逐渐增大，开挖至目标断面时拱顶下沉绝对值为1/6～1/5最终值，开挖至目标断面后变形速率达到峰值，拱顶下沉绝对值急速增长，但随着掌子面对目标端面逐渐远离，变形速率逐渐下降，在地下空间贯通时，监测点拱顶下沉绝对值趋于稳定，不再增长。

②对采用同一种开挖工法的两工况拱顶下沉最终绝对值进行比较，除超前导洞法外，3层开挖工况拱顶最终下沉绝对值略高于2层开挖工况，因此，开挖层数的增加会略微增大围岩的拱顶沉降。

③对采用不同开挖工法下同一开挖层数工况拱顶下沉变化速率及拱顶最终下沉绝对值进行对比，发现超前导洞法与双侧壁导坑法拱顶下沉变形速率及拱顶最终下沉绝对值明显小于其他两种开挖工法，这说明这两种开挖工法对围岩拱顶下沉变形控制效果优势较为明显。

④开挖掌子面达到监测断面时，各工况围岩拱顶下沉增加速率：工况八＜工况七≈工况六＜工况五＜工况三＜工况四＜工况一≈工况二，其中工况八拱顶最终下沉量虽略大于工况五至工况七，但在前期施工进程中围岩拱顶下沉控制效果最好，说明若对城市深部超大跨度地下空间施工前期围岩拱顶下沉控制要求较为严格，并兼顾施工后期对拱顶沉降的控制效果，采取3层开挖的双侧壁导坑法最为合理。

（2）仰拱隆起

目标监测断面仰拱隆起随施工步变化曲线如图3-38所示。

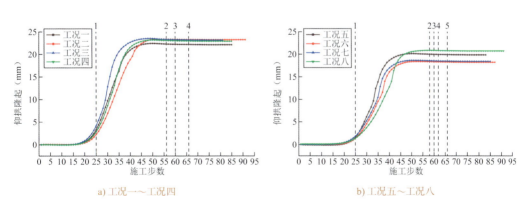

图3-38　各工况仰拱隆起随施工步变化曲线

各工况仰拱最终变形量　　　　　　　　　　　　　　　表3-18

工况	工况一	工况二	工况三	工况四	工况五	工况六	工况七	工况八
仰拱变形量（mm）	22.16	23.27	23.18	22.92	19.86	18.22	18.44	20.73

注：变形量正值为隆起。

由图3-38和表3-18可以得出如下结论：

①各工况目标监测断面各监测点仰拱隆起随施工步变化规律与拱顶沉降绝对值随施工步变化规律基本一致，在此不再赘述。

②对采用同一种开挖工法的两工况仰拱最终隆起值进行比较,除超前导洞法外,3层开挖工况仰拱最终隆起值略高于2层开挖工况。

③各工况目标断面各监测点拱顶下沉随施工步变化规律基本相同,即在掌子面未开挖至目标断面时监测点拱顶下沉绝对值已经开始增长,且变形速率随着开挖进程逐渐增大,开挖至目标断面时拱顶下沉绝对值为1/6~1/5最终值,开挖至目标断面后变形速率达到峰值,拱顶下沉绝对值急速增长,但随着掌子面对目标端面逐渐远离,变形速率逐渐下降,在地下空间贯通时,监测点拱顶下沉绝对值趋于稳定,不再增长。

④对采用不同开挖工法下同一开挖层数工况仰拱隆起变化速率及仰拱最终隆起值进行对比,发现超前导洞法与双侧壁导坑法仰拱隆起变化速率及仰拱最终隆起值明显小于其他两种开挖工法,这说明这两种开挖工法对围岩拱顶下沉变形控制效果优势较为明显。综合来看,超前导洞法与双侧壁导坑法对围岩竖向位移变形控制效果明显优于其他两种方法,在城市深部超大跨度地下空间实际工程中若对围岩竖向变形控制要求较高,可以优先考虑超前导洞法与双侧壁导坑法。

⑤开挖掌子面达到监测断面时,各工况围岩仰拱隆起增加速率为工况八＜工况七≈工况六＜工况五＜工况二＜工况四＜工况一＜工况三,结合拱顶沉降相关分析。由此可以看出,若对城市深部超大跨度地下空间施工前期围岩竖向变形控制要求较为严格,并兼顾施工后期对拱顶沉降的控制效果,3层开挖的双侧壁导坑法最为合理。

(3) 水平收敛

目标监测断面水平收敛随施工步变化曲线如图3-39~图3-41所示。

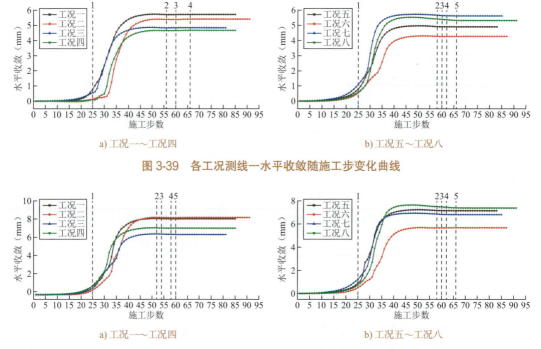

a) 工况一~工况四

b) 工况五~工况八

图3-39 各工况测线一水平收敛随施工步变化曲线

a) 工况一~工况四

b) 工况五~工况八

图3-40 各工况测线二水平收敛随施工步变化曲线

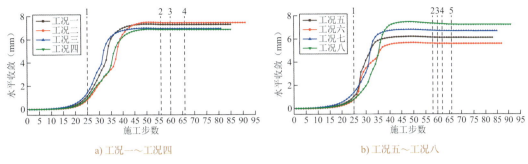

a) 工况一~工况四   b) 工况五~工况八

图 3-41 各工况测线三水平收敛随施工步变化曲线

各工况拱顶最终下沉变形量见表 3-19 所示。

各工况水平最终收敛变形量　　　　　表 3-19

工况	工况一	工况二	工况三	工况四	工况五	工况六	工况七	工况八
测线一（mm）	5.71	5.41	4.84	4.67	4.90	4.27	5.62	5.32
测线二（mm）	7.30	7.45	6.41	7.08	7.16	5.67	6.80	7.39
测线三（mm）	8.08	7.91	6.95	6.87	6.11	5.58	6.69	6.55

由图 3-39~图 3-41 及表 3-19 可以得出如下结论：

①各工况目标监测断面 3 条测线水平收敛随施工步变化规律与拱顶沉降绝对值、仰拱隆起随施工步变化规律基本一致，不再赘述。

②对同一工况的 3 条测线水平最终收敛值进行对比，发现测线二、测线三水平最终收敛值均明显大于测线一水平收敛值，不同工况测线二、测线三水平最终收敛值虽大小却相差不大，说明各工况水平收敛峰值主要出现在边墙中、下区域，与图 3-48 揭示的各工况水平位移等值线分布规律一致。

③对采用同一种开挖工法两种工况的 3 条测线水平最终收敛值进行比较，除超前导洞法外，其余 6 种开挖工况的 3 层开挖工况测线一及测线三水平最终收敛值较 2 层开挖工况均有降低，3 层开挖工况测线二水平最终收敛值较 2 层开挖工况均有增加。超前导洞法 3 层开挖工况 3 条测线水平最终收敛值较 2 层开挖层数工况均有降低，这是由于 3 层开挖工况较 2 层开挖工况多施作一块横隔板，这块横隔板能有效控制水平收敛。

④对采用不同开挖工法下同一开挖层数工况的 3 条测线水平收敛变化速率及水平最终收敛值进行对比，发现 4 种工法 3 条测线水平收敛变化速率及水平最终收敛值相差不大，其中采用超前导洞法 3 层开挖工况水平收敛变化速率及水平最终收敛值最小。在城市深部超大跨度地下空间实际工程中，4 种开挖工法均可满足围岩水平变形控制要求，采用超前导洞法能够最大程度地实现对围岩水平变形的有效控制。

⑤开挖掌子面达到监测断面时，工况八围岩各测线水平收敛增加速率与拱顶下沉、仰拱隆起一致，与其他工况相比均处于较小的位置，说明3层开挖的双侧壁导坑法对于施工初期围岩水平收敛控制与竖向变形一样具有较好的效果。

3）隧道硐室纵向围岩变形演化分析

选取城市深部超大断面地下空间掌子面开挖至目标断面（$Y=50m$）时，对此时刻围岩变形随开挖里程变化规律进行分析，得出各工况围岩变形随开挖里程的变化曲线，如图3-42~图3-46所示。

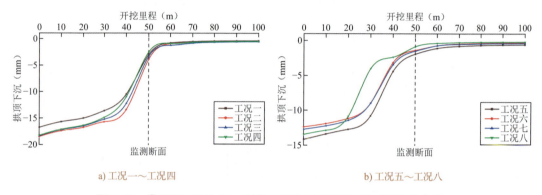

图3-42 掌子面里程为50m时各工况拱顶下沉随开挖里程变化曲线

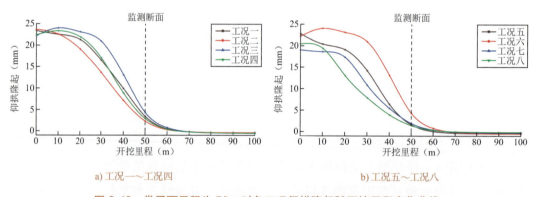

图3-43 掌子面里程为50m时各工况仰拱隆起随开挖里程变化曲线

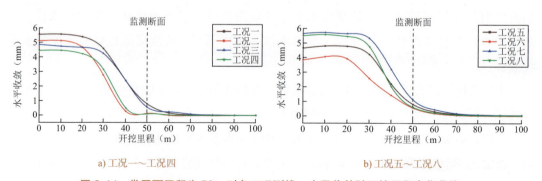

图3-44 掌子面里程为50m时各工况测线一水平收敛随开挖里程变化曲线

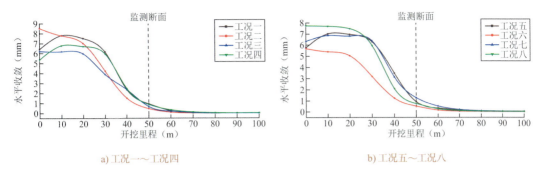

图 3-45 掌子面里程为 50m 时各工况测线二水平收敛随开挖里程变化曲线

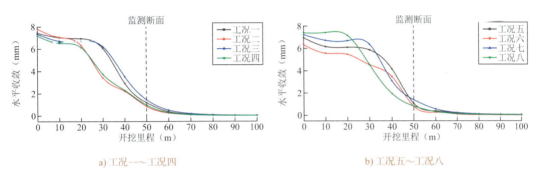

图 3-46 掌子面里程为 50m 时各工况测线三水平收敛随开挖里程变化曲线

由图 3-42～图 3-46 可以得出以下结论：

①当掌子面开挖至目标监测断面（$Y=50\text{m}$）时，各工况围岩变形随开挖里程变化曲线趋势基本一致。掌子面前方 20m 以内围岩受到开挖扰动影响发生变形，距离掌子面越近围岩变形量越大，掌子面后方围岩变形较掌子面前方更大，且距离掌子面越远围岩变形越大。掌子面后方距离掌子面 30m 处直至目标断面，围岩变形速率随里程增大先增加后减小，掌子面后方 30～50m 处围岩变形值最大且趋于稳定。这说明围岩变形具有一定的时空效应。

②当掌子面开挖至目标监测断面（$Y=50\text{m}$）时，在开挖掌子面前后各 20m 范围内相比其他工况而言，工况八围岩竖向变形随里程增大的变化曲线趋势最为平缓，水平收敛随里程增大的变化曲线平缓程度仅次于工况六，更加说明 3 层开挖的双侧壁导坑法对于城市深部超大跨度地下空间施工初期围岩变形控制综合效果最佳。

4）围岩位移场分布形态

由于围岩变形随施工步变化是一个累计增长的过程，围岩变形值在施工完成时达到最大，因此仅需要通过围岩最终位移等值线云图对各工况目标断面围岩位移场分布进行分析，各工况目标断面最终竖向及水平位移等值线云图如图 3-47、图 3-48 所示。

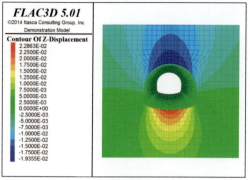
a) 工况一

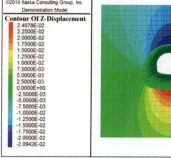
b) 工况二

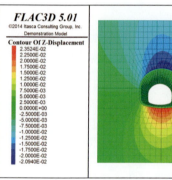
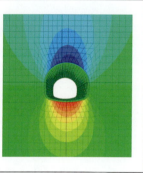
c) 工况三

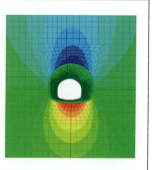
d) 工况四

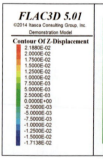
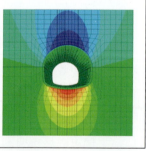
e) 工况五

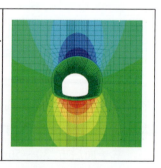
f) 工况六

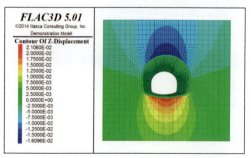
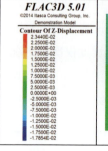
g) 工况七

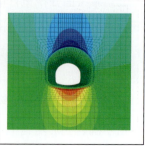
h) 工况八

图 3-47　各工况目标断面最终竖向位移等值线云图（单位：m）

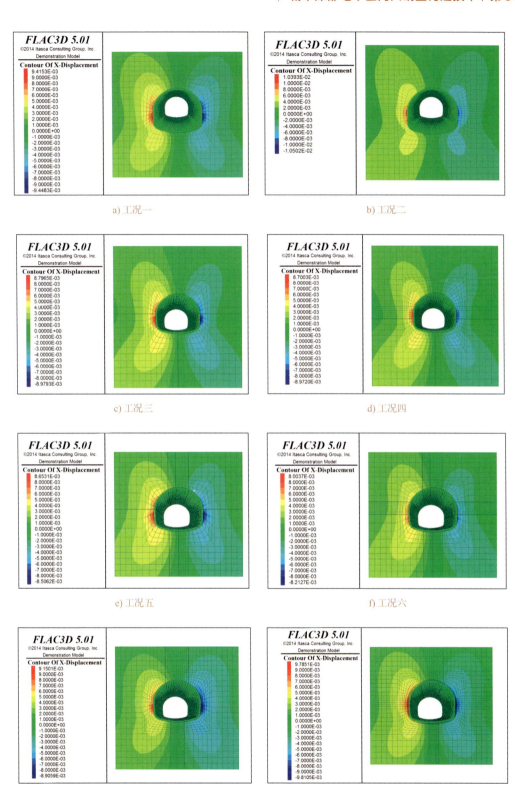

图 3-48 各工况目标断面最终水平位移等值线云图（单位：m）

由图 3-47、图 3-48 可以得出如下结论：

①各工况最终竖向位移等值线云图分布基本相同，竖向位移最大值出现在仰拱，最小值出现在拱顶，这表明围岩变形最大下沉位置位于拱顶，最大隆起位置位于仰拱，除超前导洞法外。各开挖方法中 3 层开挖工况拱顶沉降及仰拱隆起绝对值均大于 2 层开挖工况，这是由于 3 层开挖工况较 2 层开挖工况工序多，围岩累计拱顶沉降和仰拱隆起便会增大；而 3 层开挖超前导洞法由于较 2 层开挖时多施作一层横隔板，利于上方开挖部分支护结构迅速封闭，因此拱顶沉降及仰拱隆起较 2 层不增反减。

②各工况最终水平位移等值线云图外部形状基本相同，在地下空间开挖轮廓周围分布情况略有不同：2 层开挖工况水平位移峰值区分别出现于边墙上、下两处，而 3 层开挖工况水平位移峰值区出现在边墙中间一处，且 3 层开挖工况水平位移最大值较 2 层开挖工况增大幅度小。因此可以说明增加开挖层数可以适度改善地下空间开挖轮廓周边水平位移分布情况，避免拱墙部位出现多处水平位移峰值区域。

3.2.3 支护方案优化设计

歇台子站深埋段支护结构体系设计基于围岩变形控制原则，结合基于双侧壁导坑改进的初期支护拱盖法施工，共包括超前支护、初期支护、二次衬砌及临时中隔墙支护 4 个部分组成。其中，初期支护及二次衬砌支护尺寸参数基于地下空间平衡稳定支护理论及围岩承载拱原理确定，经安全系数验算及围岩塑性区体积降低效果验证，可完全满足承担围岩受开挖扰动释放荷载的任务。因此，基于围岩变形控制原则进行支护结构优化主要从超前支护方案、临时中隔壁支护拆除时机、二次衬砌施作时机三方面着手，通过采用有限元分析软件进行数值模拟的方式，对采用 3 层开挖层数初期支护拱盖法开挖的城市深部超大跨度地下空间支护优化效果进行分析。其中模型尺寸、围岩及支护物理力学参数均采用第 3.2.1 节的设置内容，优化结果均以第 3.2.2 节工况八为参照进行对比分析。

（1）超前支护方案优化

对于稳定性较差的围岩，超前支护的主要作用是改良加固区域内围岩，改善围岩黏聚力及内摩擦角等一系列参数，提高超前支护区域内围岩的质量。超前支护的主要形式有超前小导管注浆加固及管棚加固等。对于歇台子站深埋段工程来说，更适合应用超前小导管注浆加固的超前支护形式。超前小导管注浆加固的主要原理是在地下空间开挖掌子面前方围岩轮廓线外形成加固区，加固区具有均匀、高强度、等厚度的特点，这既能提高围岩的质量，又能作为支护结构与初期支护共同作用，以承担围岩开挖释放的荷载。在数值模拟中，通常采用等效提高加固区围岩物理力学参数的方式来进行超前支护作用的模拟。分别设置加固区厚度为 0.2m、0.4m、0.6m 作为工况拟定，超前小导管注浆加固区域设置为拱顶 60°范围内，模型加固区围岩计算参数见表 3-20。

歇台子站深埋段围岩加固区物理计算参数一览表　　　　表 3-20

重度γ （kN/m³）	黏聚力c （kPa）	内摩擦角φ （°）	侧压力系数k	弹性模量E （GPa）	体积模量K （GPa）	剪切模量G （GPa）	泊松比ν	抗拉强度f_t （kPa）
27.67	2580	19.6	0.3	10.8	9	4.15	0.3	2215

在歇台子站深埋段数值模拟计算模型中围岩加固区示意图如图 3-49 所示。

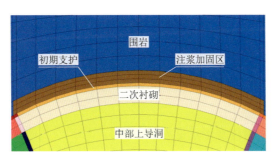

图 3-49　歇台子站深埋段围岩加固区数值模拟示意图

设置目标监测断面及断面各监测点与第 3.2.1 节一致，得出不同超前支护方案下围岩随施工步变形曲线如图 3-50 所示。

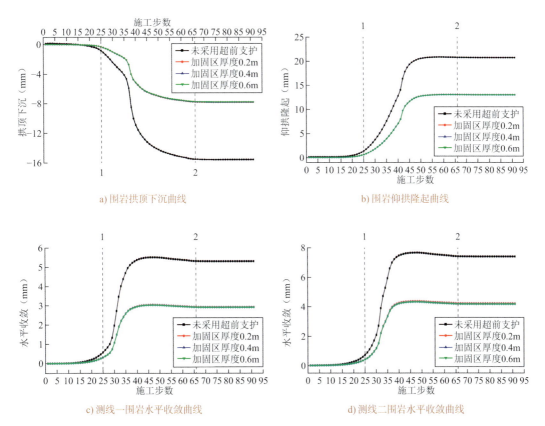

a) 围岩拱顶下沉曲线　　　　b) 围岩仰拱隆起曲线

c) 测线一围岩水平收敛曲线　　　　d) 测线二围岩水平收敛曲线

图 3-50

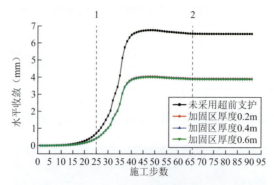

e）测线三围岩水平收敛曲线

图 3-50　采用不同超前支护方案下围岩随施工步变形曲线

1-开挖至监测断面；2-开挖贯通

各超前支护方案围岩最终变形量见表 3-21。

各超前支护方案围岩最终变形量　　　　　　　　　表 3-21

超前支护方案	拱顶变形量（mm）	仰拱变形量（mm）	水平收敛（mm）		
			测线一	测线二	测线三
无超前支护	−15.61	20.73	5.32	7.39	6.55
加固区厚度 0.2m	−7.85	13.01	2.94	4.21	3.93
加固区厚度 0.4m	−7.82	13.00	2.93	4.17	3.91
加固区厚度 0.6m	−7.79	12.99	2.92	4.13	3.89

注：变形量正值为隆起，负值为下沉。以下表同。

由图 3-50 及表 3-21 可以看出，设置超前小导管注浆加固围岩的超前支护方式对城市深部超大跨度地下空间围岩具有一定的变形控制效果，效果大小取决于各部位距离加固区的远近，距离加固区最近的拱顶变形降低幅度＞测线一＞测线二＞测线三＞距离加固区最远的仰拱，其降低幅度值分别为 49.7%、44.7%、43.1%、40.0%、37.2%。而不同加固区厚度超前支护方案围岩变形值相差不大，说明增加加固区的厚度对围岩变形降低作用较小。因此，仅需要将加固区 0.2m 超前小导管注浆的超前支护方案作为优化超前支护方案，应用于城市深部超大跨度地下空间围岩变形控制中，便可取得较好效果。

（2）临时中隔壁支护拆除时机优化

设置临时中隔壁支护的主要作用是使各开挖分部支护结构尽快进入封闭状态，对围岩竖向位移控制效果明显。临时中隔壁支护随左右各导洞开挖进行设置，随中部各导洞开挖完成进行拆除，形成最终的地下空间断面。临时中隔壁支护对围岩变形控制具有一定程度的积极作用，临时中隔壁支护拆除时机也必然影响围岩最终的变形情况。因此，有必要对临时支护拆除时机进行研究并进行拆除方案优化，将各方案产生变形结果进行对比分析。临时支护拆除方案优化信息见表 3-22。

临时支护拆除方案优化信息一览表 表 3-22

方案	临时支护拆除时机	方案	临时支护拆除时机
方案一	随中部各导洞开挖分部拆除	方案三	随左侧下层导洞开挖整体拆除
方案二	随中部第二层导洞开挖拆除	方案四	随左右侧下层边导洞开挖分部拆除

采用数值模拟的方式实现临时中隔壁支护拆除方案时机优化示意图如图 3-51 所示。

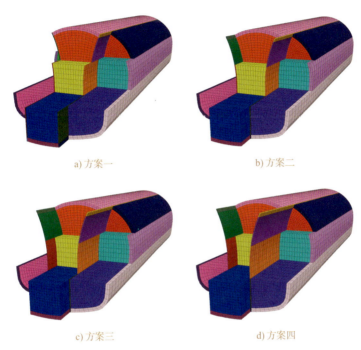

a) 方案一 b) 方案二

c) 方案三 d) 方案四

图 3-51 临时支护拆除时机优化方案示意图

由超前支护各优化方案围岩变形随施工步变化曲线分析得知，采用同一种开挖工法条件下，支护方案优化并不影响围岩变形随施工步变化规律，因此仅以围岩最终变形量为标准进行分析，各临时支护拆除方案围岩最终变形量见表 3-23。

各临时支护拆除方案围岩最终变形量 表 3-23

临时支护拆除方案	拱顶变形量（mm）	仰拱变形量（mm）	水平收敛（mm）		
			测线一	测线二	测线三
方案一	−17.52	23.12	6.87	9.42	8.79
方案二	−15.61	20.73	5.32	7.39	6.55
方案三	−13.95	18.85	4.89	6.08	5.27
方案四	−12.77	17.62	4.03	5.59	4.80

由表 3-23 可以看出，临时支护在中部下导洞开挖后整体拆除方案较中部各导洞开挖分部拆除方案而言对围岩变形控制效果增加得更为明显；临时支护拆除时机越晚，围岩变形越

小，反之则会增大，但随着临时支护距中部下导洞开挖断面拆除距离的进一步增加，围岩变形降低幅度会下降。因此，综合变形控制效果及临时支护拆除的方便性，采取方案四作为城市深部超大跨度地下空间临时支护拆除优化方案，即可满足围岩变形控制效果的优化需求。

（3）二次衬砌施作时机优化

对于歇台子站深埋段隧道硐室，二次衬砌施作时机对围岩变形具有一定程度的影响。因此，有必要对二次衬砌施作时机进行优化研究。分别设置二次衬砌距初期支护闭合端分别为30m、40m及60m施作的支护方案拟定工况，与二次衬砌距初期支护闭合端50m施作的原方案采用数值模拟的方式进行对比分析，各方案围岩最终变形量见表3-24。

各方案二次衬砌施作时机方案围岩最终变形量 表3-24

二次衬砌距初期支护闭合端距离（m）	拱顶变形量（mm）	仰拱变形量（mm）	水平收敛（mm）		
			测线一	测线二	测线三
30	−15.50	20.58	5.28	7.34	6.50
40	−15.54	20.64	5.30	7.36	6.52
50	−15.61	20.73	5.32	7.39	6.55
60	−15.65	20.78	5.33	7.41	6.57

由表3-24可以看出：二次衬砌距初期支护闭合端越近施作，围岩变形就越小；反之则会增大；但随着二次衬砌距初期支护闭合端距离进一步增加，围岩变形增大幅度会逐渐减小。综上所述，尽早施作二次衬砌会对围岩控制变形作用带来积极影响。

二次衬砌施作时机虽然对地下空间围岩变形具有一定影响，但相对于超前支护及临时支护拆除时机对围岩变形影响较小，这是由于围岩开挖释放主要荷载已由超前支护及初期支护承担。因此，结合歇台子站深埋段的实际情况，选择二次衬砌距初期支护闭合端40m施作的支护方案作为优化方案，足以满足优化需求。

综上所述，设置超前支护对于围岩条件较差的城市深部地下空间围岩变形控制效果最为显著，所有部位最终变形值均出现大幅下降，且各部位离加固区越近，变形下降幅度越大，变形控制效果越好；对临时支护拆除方案及二次衬砌施作方案进行优化虽然也起到增强围岩变形控制的效果，但由于二次衬砌未承担围岩开挖释放荷载的主要部分，所以变形控制效果较设置超前支护方案及临时支护拆除时机优化方案来说相对小很多，在实际工程应用中可以不做考虑。

（4）优化支护方案变形控制效果验证

根据超前支护、临时中隔壁支护拆除时机及二次衬砌施作时机三个方面，进行支护方案优化结果的对比分析，确定以加固区厚度为0.2m的超前小导管注浆的超前支护方案、临时中隔壁支护距中部下导洞开挖断面10m整体拆除方案及二次衬砌距初期支护闭合端40m施作的二次衬砌施作相结合作为最终优化方案。围岩最终变形量优化前后对比见表3-25。

方案优化前后围岩最终变形量 表3-25

优化情况	拱顶变形量（mm）	仰拱变形量（mm）	水平收敛（mm）		
			测线一	测线二	测线三
原方案	−15.61	20.73	5.32	7.39	6.55
方案优化后	−7.03	12.23	2.82	4.07	3.80
方案优化后变形降幅	55.0%	41.2%	47.1%	44.9%	42.0%

由表 3-25 可以看出，采用上述支护结构优化方案后，围岩最终变形量较优化前原方案来说大幅度降低，降幅达到 41.2%～55.0%，说明采用上述支护结构优化方案能大幅降低围岩各部位最终变形量，达到围岩变形控制的目的。因此，可以从超前支护方案优化、临时中隔壁支护拆除时机方案优化、二次衬砌施作时机优化三个方面，将支护方案优化为核心的城市深部超大跨度地下空间变形控制技术，用以大幅降低地下空间开挖过程中围岩变形量，以保障施工的安全性。

在实际工程应用中，1mm 以内变形量下降对于实际工程而言影响微小，对于二次衬砌施作时机优化意义不大，因此对于实际工程应用而言，仅采用设置超前支护及临时中隔壁支护拆除时机优化方案便可达到围岩变形控制的最大效果，对于二次衬砌施作时机优化多以方便施工的角度进行考量。

3.3　大硐室微振爆破技术及振动响应规律研究

爆破技术对交通、建筑、水利、采矿等行业的建设发展至关重要，在城市地下空间建设工程中由于钻爆法具备方法灵活、施工简便、成本低廉等众多优点，因此在很多城市地铁建设工程，特别是以岩层为主的地铁建设工程中得到一定程度的应用。然而，在隧道硐室爆破开挖过程中，爆破振动引起的动力响应会对围岩环境和周围建筑结构产生不利影响。为了减少爆破振动造成的危害及不利影响，关于爆破振动衰减机理的研究备受关注，其中爆破振动强度的预测和控制至关重要。因此，本节依托重庆轨道交通 18 号线地铁工程，考虑爆破施工过程中自由面的影响因素，结合统计学中的 t（分布变量）分布，提出改进的爆破振速峰值预测公式；研究城市地下空间大断面地铁车站不同爆破施工方法在地表及围岩产生的振动效应及振速峰值衰减规律，并依据爆破振动安全标准和围岩损伤程度确定大跨岩层隧道硐室推荐施工方法。

3.3.1　城市地铁隧道硐室爆破振动强度预测研究

在爆破工程中，峰值质点振动速度是反映爆破振动强度的代表性参数，爆破振动速度是估计结构振动损伤程度的最佳判据之一。预测爆破引发的峰值质点峰值振动速度是用来评价爆破振动危害效应并制定相应控制措施的常用方法。因此，准确预测爆破引发的质点振动速度，是保证爆破工程安全平稳运行、控制爆破振动危害的重要手段。众所周知，爆心距和最大装药量都是影响爆破振速峰值大小的主要影响因素，而对岩体爆破中自由面的影响同样起了关键作用。自由面越小，岩体的夹制作用越强，爆破振动速度也就越强，反之越弱。因此在考虑自由面的条件下如何精确地预测爆破振速极为重要。

基于爆破工作者丰富的工程经验和理论研究，国内外专家提出了许多不同的爆破振动速度经验公式。然而，经验公式的预测精度是爆破行业一直以来关注的问题。目前，由萨道夫斯基（Sadovski）提出的爆破振动峰值速度经验预测公式，是我国爆破行业应用最广泛的经验公式（萨道夫斯基公式），数学表达式如下：

$$v = K(Q^{1/3}/R)^{\alpha} \tag{3-52}$$

式中：v——爆破的振动速度（cm/s）；

Q——单段最大装药量（kg）；

R——爆心距（m）；

K、α——地质、地貌相关系数。

萨道夫斯基公式引入了单段的最大装药量、爆心距、地质地貌系数等影响因素，可以较好地预测爆破产生的振速峰值。而在隧道硐室爆破施工过程中，自由面的数量与大小也是影响振动强度的重要因素，随着自由表面积与自由面数目的增加，岩体对爆破的夹制作用也就越小，反之岩石夹制作用变强，使得爆破产生更强的振动能量，因此即使单段装药量与爆心距等取值相同，若爆破时自由面条件不同，产生的爆破振速也可能不同，从而影响预测精度。然而用萨道夫斯基公式所计算出的爆破振速置信度与实际数据相比有时并不是完全满足要求的，而且实际的爆破振速值也总是在预测值的两侧以某特殊方式随机分布，关于这种现象，可以运用统计学理论对其加以研究。另外，在现场实测时，由于受到现场条件的影响，测试数据大都属于有限样本空间中的不知道方差事件，由统计学原理可以得出：正态分布比较适合于无限样本空间中的不知道方差事件，而 t 分布则比较适合于有限样本空间中的不知道方差的事件，所以也比较适合于分析现场爆破的实测数据。因此，本节将自由面对爆破振动速度的影响规律引入萨道夫斯基公式，并通过 t 分布方法对其加以了优化，以达到提高预测精度的目的。选择自由表面面积 S_r、自由表面数量系数 m 以及自由表面指数 β 来表征爆破自由面的特征，并纳入萨道夫斯基公式，其数学表达式如下：

$$v = K(Q^{1/3}/R)^{\alpha}\left(\frac{S_r}{mR^2}\right)^{\beta} \tag{3-53}$$

式中：S_r——自由表面积，即岩体介质与空气的接触面积（m²）；

m——自由面数量系数；

β——自由表面指数；

v——爆破振速（cm/s）；

Q——单段最大装药量（kg）；

R——与爆源的距离（m）；

K、α——地质、地貌相关系数。

式(3-53)反映了振速v与比例药量（$\lambda = Q^{1/3}/R$）和自由面参数（S_r/mR^2）之间的关系，在具体的爆破施工过程中，通过确定最大单段药量Q和与爆心的距离R以及自由面面积S_r和自由面数量系数m就可以计算得到考虑自由面影响的场地爆破振速v。

本节采用t分布对式(3-53)进行优化，根据统计学原理，标准正态分布$x \sim N(0,1)$的概率密度函数数学表达式如下：

$$\phi(x) = \frac{1}{2\pi} \int_{-\infty}^{x} e^{-\frac{x^2}{2}} dx \tag{3-54}$$

t分布的概率密度函数数学表达式如下：

$$f(t) = \frac{\Gamma[(n+1)/2]}{\sqrt{n\pi}\Gamma(n/2)}(1+t^2/n)^{-\frac{n+1}{2}} \tag{3-55}$$

式中：t——分布变量；

n——样本容量；

Γ——伽马函数，数学表达式如下：

$$\Gamma(z) = \int_{0}^{\infty} x^{z-1} e^{-x} dx \tag{3-56}$$

式中：z——大于零的实数。

爆破现场实测的振速数据都属于统计学中的小样本事件，样本总体的均值也可通过对小样本的均值采用t分布推算得出。但相对于标准正态分布，t分布则引进了自由度df。df的值越大，t概率分布的曲线与标准正态分布曲线也将越近似。于是当t分布的df趋于无穷大的时候，t分布的有限样本空间与正态分布无限样本空间将越近似。

选取由无限样本组成的事件M来表示理想情况下的无限组爆破振速实测数据，因此，根据统计学原理，事件M服从正态分布特征，其数学式表达式如下：

$$M \sim N(\mu, \sigma^2) \tag{3-57}$$

式中：μ——爆破振速期望值；

σ^2——爆破振速方差。

在事件M中，取n个有限样本以组成事件G，代表场地爆破振速测试值，而依据中心极限定理可知，伴随样本量n的增大，事件G样本均值的分布也将愈加满足正态分布，事件G表达式如下：

$$G \sim N(\bar{x}, \sigma^2/n) \tag{3-58}$$

式中：$\bar{x}$——样本平均值；

n——样本容量。

由于事件G的真实标准差σ往往未知，所以一般采用样本标准差S来表示实际标准差σ，再对其进行t分布变化，数学表达式如下：

$$t = \frac{\overline{x} - \mu}{S/\sqrt{n}} \tag{3-59}$$

对爆破振速进行可靠性计算，并假设式(3-59)服从于$\mathrm{d}f$为$n-1$的t分布，则式(3-59)可表达如下：

$$t = \frac{\overline{x} - \mu}{S/\sqrt{n}} \sim t(n-1) \tag{3-60}$$

根据式(3-60)即可以确定爆破振速预测值的置信区间，置信度取单侧值，再结合自由度$\mathrm{d}f$，可以计算出爆破振速预测值置信水平$1-\varphi$，那么此事件发生的可靠性概率数学表达式如下：

$$P\left[\frac{\overline{x} - \mu}{S/\sqrt{n}} \leqslant t_\varphi(n-1)\right] = 1 - \varphi \tag{3-61}$$

式中：$1-\varphi$——置信水平；

P——置信度。

根据式(3-60)即可以计算出对应的t值，现假设隧道硐室爆破施工引发地表质点振速的置信概率为$1-\varphi$，结合式(3-53)即可得到采用t分布修正的爆破振速预测公式，其数学表达式如下：

$$v_\mathrm{t} = \mu - t\frac{S}{\sqrt{n}} \tag{3-62}$$

式中：μ——爆破振速期望值（cm/s），可按式(3-57)计算；

S——样本标准差；

n——样本容量。

将式(3-52)代入式(3-62)即可得到考虑自由面参数影响的并采用t分布修正的爆破振速预测公式，即本书改进公式，其数学表达式如下：

$$v_\mathrm{t} = K(Q^{1/3}/R)^\alpha \left(\frac{S_\mathrm{r}}{mR^2}\right)^\beta - t\frac{S}{\sqrt{n}} \tag{3-63}$$

将式(3-63)代入萨道夫斯基爆破装药量安全计算公式(3-52)，还可得到考虑自由面参数影响的并采用t分布修正的爆破安全装药量计算公式：

$$Q_\mathrm{t} = R^3 \left(\frac{v_\mathrm{t}}{K}\right)^{3/\alpha} \tag{3-64}$$

式中：Q_t——考虑自由面参数影响的并采用t分布修正的安全药量（kg）；

v_t——基于自由面参数的并采用t分布修正的安全振速（cm/s）；

K、α——与地形、地貌相关的参数。

由式(3-63)即可得到考虑自由面参数影响，并采用t分布修正的且置信度较高的爆破振速预测值。由式(3-64)则可计算出考虑自由面参数影响，并采用t分布修正的且置信度较高的爆破用药量。

3.3.2 隧道硐室计算模型及工况设计

根据第 3.3.1 节的研究可知,与原萨道夫斯基公式相比,本书所提爆破振速峰值预测改进公式对爆破振速峰值预测具有较高的精度,但所研究的背景仅为城市小跨度地铁隧道硐室。因此,为了进一步将其推广应用到城市大跨度地铁隧道硐室爆破工程,本章依托重庆轨道交通 18 号线歇台子地铁车站地下空间工程,研究不同爆破施工方法在大跨岩层隧道硐室爆破工程中的爆破振动响应规律、爆破荷载引发的围岩损伤影响以及施工方法的适用性。利用有限差分计算软件构建相应的三维仿真模型,对不同爆破施工方法的爆破开挖过程进行计算模拟。

在爆破施工过程中,爆炸产生的能量以地震波的形式传至地表,特别是城市内部,可能导致地面建筑物产生一定程度的影响,且岩层作为一种脆性材料,本身存在一定数量的微裂隙、微裂缝,爆破作用有可能激活、扩展这些微裂纹导致围岩损伤。

本节依托重庆轨道交通 18 号线歇台子地铁车站以歇台子地铁车站超浅埋段作为研究对象,隧道硐室横断面如图 3-52 所示,开展对城市深部空间大硐室爆破振速衰减规律研究、爆破荷载作用下围岩损伤程度及位移判据研究以及爆破施工方法适应性研究。

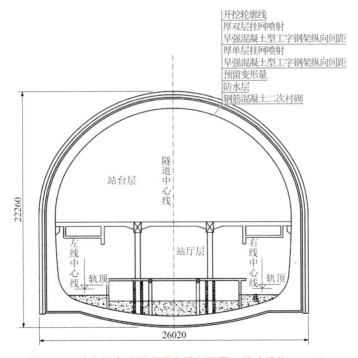

图 3-52 歇台子车站隧道硐室横断面图(尺寸单位:mm)

1)计算工况拟定

隧道硐室爆破的施工方式对周围结构振动响应、围岩位移变化和损伤程度将产生直接的影响,不同的施工方法有着不同的爆破应力波传播途径及不同的地震波振动强度,并由此产生不同的围岩损伤效果，对附近建筑造成不同程度的危害。结合城市轨道交通隧道硐室爆破施工案例，常用施工方式主要包括全断面法和分部开挖法。其中，全断面法虽具有工序简单、施工效率高的优点，但由于超大跨度地下空间断面尺寸过大，导致装药量过大、变形及振速控制要求严格，以现有爆破施工技术在满足爆破安全规范的条件下难以实现超大面积全断面开挖。因此全断面方法不被考虑采用，分部开挖便成为城市深部地下岩层大跨度隧道硐室开挖的主要施工方法。根据歇台子站周边地质条件，结合现场设计资料及类似工程经验，采用爆破开挖或机械开挖加爆破开挖的方式，单段最大装药量实际控制值不超过 7.5kg，本节选取单段最大药量的上限值即 7.5kg 来计算数值模拟的等效爆破荷载，以探究在最大段装药量相同的前提条件下各工况的爆破振动响应强度及规律。初步拟定 4 种分部开挖法工况进行研究。4 种开挖法工况分别如下：

（1）工况一，采用双侧壁导坑九部爆破施工方法，爆破开挖顺序如图 3-53 所示，炮孔布置如图 3-54 示。

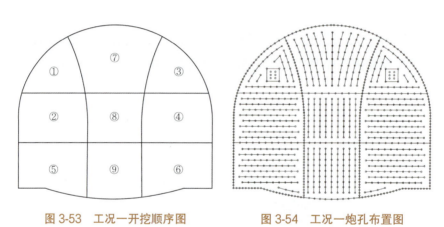

图 3-53　工况一开挖顺序图　　　　图 3-54　工况一炮孔布置图

（2）工况二，采用爆破开挖辅以机械开挖的施工方法，其中左导坑上台阶与右导坑上台阶采用机械开挖，其余断面采用爆破开挖，爆破开挖顺序如图 3-55 所示，炮孔布置如图 3-56 所示。

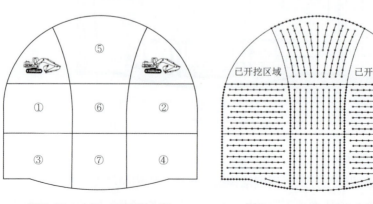

图 3-55　工况二开挖顺序图　　　　图 3-56　工况二炮孔布置图

（3）工况三，采用爆破开挖辅以机械开挖的施工方法，其中左导坑上台阶、右导坑上台阶和中间断面上台阶采用机械开挖，其余断面采用爆破开挖，爆破开挖顺序如图3-57所示，炮孔布置如图3-58所示。

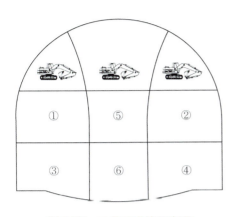

图3-57 工况三开挖顺序图

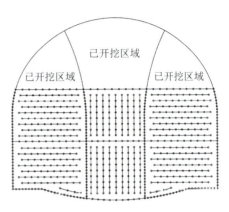

图3-58 工况三炮孔布置图

（4）工况四，采用爆破开挖辅以机械开挖的施工方法，其中左导坑上台阶、左导坑中台阶、右导坑上台阶、右导坑中台阶和中间断面上台阶采用机械开挖，其余断面采用爆破开挖，爆破开挖顺序如图3-59所示，炮孔布置如图3-60所示。

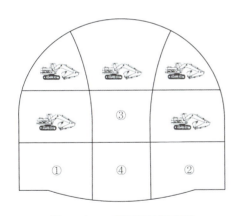

图3-59 工况四开挖顺序图

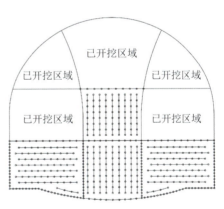

图3-60 工况四炮孔布置图

2）车站计算模型建立及参数设置

根据歇台子地铁车站的实际工况，充分考虑所需的条件计算的准确性，采用数值仿真计算方法。如图3-61所示，建立四种开挖工况的数值计算模型，其中，X轴为水平垂直隧道硐室掘进方向，Y轴为隧道硐室掌子面前进方向，Z轴为竖直方向，计算模型长100m（Y方向），宽178.5m（X方向），高108m（Z方向），仿真模型的隧道硐室顶部与地面距离和实际情况相同，取20.0m，模型其余边界满足与隧道硐室净距均大于等于3倍硐径的要求。

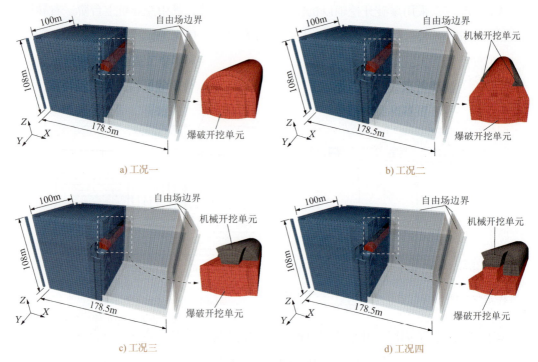

图 3-61　各工况数值模型图

本节建模中静态计算的自由边界设定如下：约束在模型的底部施加竖向的固定约束，在模型与隧道硐室前进方向水平正交方向模型边界施加法向的固定约束；在隧道硐室前进方向模型边界施加约束施加法向的固定约束；模型顶部不施加约束。在动态计算过程中，除了模型顶部外，另外的边界面均设置为自由边界以吸收入射波，使得地震波仅在地表发生反射。在动力学分析中，使用了瑞利阻尼，最小临界阻尼比为 0.1，最小中心频率为 10Hz。

为了使数值模拟结果更加精确且提高数值计算的效率，对掌子面及其周围的网格尺寸进行了细化，网格大小取 0.25m，其他网格大小取 1.0m。数值计算中，岩土体介质单元采用莫尔-库仑弹塑性本构模型进行仿真，衬砌单元采用弹性本构模型进行模拟，雷管延时设置与爆破荷载模拟方法与第 3 章相同，此处不再赘述，围岩与支护的物理力学参数见表 3-26。

数值计算物理力学参数表　　　　　　　　表 3-26

材料	ρ（kg/m³）	ν	C（kPa）	φ（°）	E（MPa）	抗拉强度（kPa）
围岩	2550	0.37	648	33	1300	140
支护	2200	0.2	—	—	2.3×10^4	—

3.3.3　特大跨地铁车站爆破施工振速衰减规律研究

1）爆破速度波传播规律分析

为了研究爆破振速场在介质中的分布情况以及爆破地震波在介质单元中的传播规律，

对左导坑上台阶爆破模型断面进行了切取,以获取爆破断面的地层剖面图,并观测爆破时形成的速度云图,如图 3-62 所示。

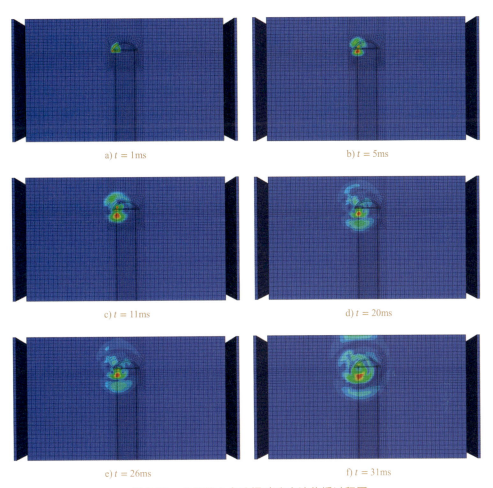

图 3-62 左导坑上台阶爆破速度波传播过程图

由图 3-62 可知,爆破速度波由开挖断面开始逐渐向周围传播;在 $t = 1\mathrm{ms}$ 时,在上台阶开挖轮廓面附近围岩首先出现振速,如图 3-62a)所示。观察图 3-62b)、c)、d)可知,随着爆破的持续进行,爆破速度波作用范围逐渐扩大,速度波云图由最初的类似三角形逐步变成类似圆形。在 $t = 11\mathrm{ms}$ 时,爆破速度波云图最终变成类似圆柱形,并到达下台阶底部区域;在 $t = 20\mathrm{ms}$ 时,波阵面竖向长度开始大于横向长度,说明速度波在竖向的传播快于水平向;在 $t = 26\mathrm{ms}$ 时,由于爆破速度波抵达地表自由面,且地表附近速度波云图颜色较浅,爆源附近颜色较深,因此振速随着与爆源距离的增加而降低,表明在爆破作用下,速度波从爆源周围向远处传播时振速和能量逐步分散扩大,在岩土介质阻尼影响下,振速和能量也不断下降;在 $t = 31\mathrm{ms}$ 时,可以发现爆破速度波向上扩散抵达地表自由面并在地表发生反射,形成的反射波速波阵面逐渐增大进而继续向下传播。

综上所述可知,爆破速度波波阵面在初始阶段由三角形逐渐发展为圆柱面;爆破荷载产生的速度波从爆源开始逐渐向外扩展,在介质阻尼的作用下,振速随着传播距离逐渐变小。

2)地表质点振动速度分析

(1)工况一爆破施工

左导坑上台阶为工况一的第一个爆破断面,仅有一个爆破自由面,岩石夹制作用强,且与地表距离较近,爆破振动对地表产地的影响较大,而中间断面上台阶同样距离地表较近,但其爆破自由面面积大,岩石夹制作用小,因此为了减少不必要的工作量,仅对工况一中振动响应最大的第①部爆破施工引发的振动速度进行研究,记为工况一。为了便于观察地表质点振速及其变化规律,在计算模型上表面中设置13个地表监测点,从爆破断面正上方开始记为监测点1,相邻两个监测点之间沿垂直隧道硐室掘进方向间隔5m,从左到右依次记为监测点 1~13,如图 3-63 所示。通过爆破动力计算,得到各监测点X、Y、Z三个方向的质点振动速度。

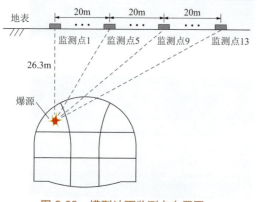

图 3-63 模型地面监测点布置图

分别提取间距为 20m 的地面 1、5、9、13 监测点速度响应时程曲线,速度时间过程曲线如图 3-64 所示。

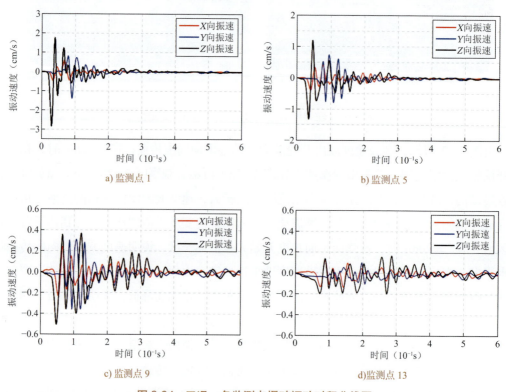

a) 监测点 1 b) 监测点 5

c) 监测点 9 d) 监测点 13

图 3-64 工况一各监测点爆破振动时程曲线图

由1、5、9、13号监测点振动速度响应时程曲线可以观察出，工况一爆破引发各测点的竖向振速振幅大于水平向振速振幅。在监测点1和监测点5的Z向振速振幅显著高于X、Y方向的振幅，而在监测点9和监测点13的振速响应曲线中X、Y、Z三个方向的振幅差别不再显著，表明在距爆源水平距离较近区域地表监测点振动速度在Z方向的分速度最大。但随着水平距离的增加，在距爆源更远区域X、Y、Z三个方向的分速度差别减小；监测点1与监测点5振速响应曲线中首个波峰出现在20~40ms之间，在监测点9首个波峰出现在40~60ms之间，监测点13首个波峰出现在60~80ms之内，表明由于监测点距离的增加速度波传播距离增加导致振动速度达到第一个峰值的时间也随之增加。由各监测点振速时程曲线还可以看出，各监测点在较短时间内随着爆破的持续进行迅速达到振速峰值，随后各振速响应曲线振幅开始衰减，最终在280ms之后即爆破荷载作用结束后逐渐趋于0。各监测点振速峰值几乎都出现在第一个波峰即掏槽爆破产生，而其余波峰同样对应于较大的振速峰值，说明辅助眼与周边眼爆破同样产生了较大的能量，因此在关注掏槽爆破的同时也应重视辅助眼、周边眼爆破所产生的影响。观察各监测点振速响应曲线还可以看出，地表质点振速峰值受监测点水平距离的影响显著。根据速度响应时程曲线，确定地面各监测点X、Y、Z三个方向的质点振动峰值速度，见表3-27。各监测点振速峰值随水平距离变化曲线如图3-65所示。

地面监测点爆破峰值振动速度（单位：cm/s）　　　表3-27

监测点	1	5	9	13
X向峰值振速	0.56	0.39	0.23	0.14
Y向峰值振速	1.18	0.78	0.35	0.10
Z向峰值振速	2.72	1.15	0.48	0.19

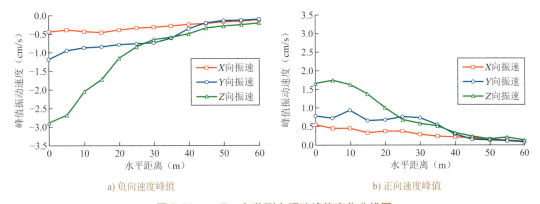

a) 负向速度峰值　　　　　　　　　b) 正向速度峰值

图3-65　工况一各监测点振速峰值变化曲线图

由图3-65可知，在爆破荷载作用下地表质点振动速度峰值随爆源水平距离变化显著，随着水平距离的增加，振速峰值总体呈下降趋势，且负向振速峰值绝对值总体上大于正向振速峰值，地表振动响应最大值也为负向振速，说明在工况一条件下地表建筑物受负向振速影响最大。由表3-27可以看出各监测点Z方向的振速峰值均大于X、Y方向的振速峰值，其中监测点 1 处Z向振速峰值为X、Y向的 4.8 倍与 2.3 倍，说明爆破作用下地表结构主要受Z方向振动速度的影响。由三向振速峰值变化曲线可以看出，在距爆源水平距离 0～25m 范围内，Z向振速明显大于其他方向，随着距离增加Z向振速衰减；在水平距离大于 25m 后各向振速峰值差距逐渐变小，在 25～35m 范围内Y向振速甚至超过Z向振速。由此说明在关注Z向振速的同时还应重视水平方向的振速影响，才能更好地保证爆破施工的安全进行。

（2）工况二爆破施工

在工况二中，左右导坑上台阶均采用机械开挖，为其他断面爆破增加了自由面面积，减小了岩体的约束作用，能在一定程度上减小爆破振动。中间断面上台阶与地表近接，爆破振动对地表产地的影响较大，因此为了减少不必要的工作量，仅对工况二中第⑤部爆破施工引发的振动速度进行研究，记为工况二。为了便于观察地表质点振速及其变化规律，在计算模型上表面中设置 13 个地表监测点，从爆破断面正上方开始记为监测点 1，相邻两个监测点之间沿垂直隧道硐室掘进方向间隔 5m，从左到右依次记为监测点 1～13，监测点具体布置方式与图 3-63 类似，此处不再赘述。

分别提取间距为 20m 的地面 1、5、9、13 监测点速度响应时程曲线，速度时间过程曲线如图 3-66 所示。

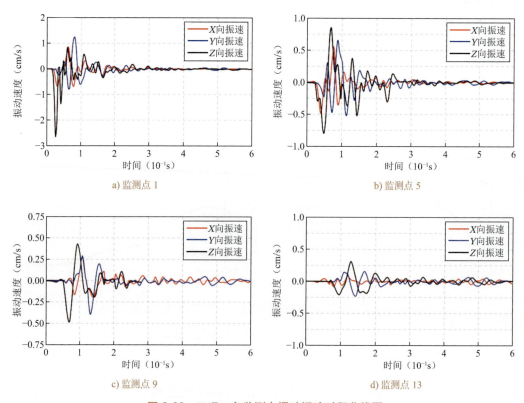

图 3-66 工况二各监测点爆破振动时程曲线图

由图 3-66 可以看出，监测点 1 振速响应曲线中Z向振速振幅明显大于X、Y向的振幅，而在 5、9、13 监测点振速响应曲线中各向速度振幅差异不再明显，说明在距爆源水平距离较近区域地表监测点振动速度在 Z 方向的分速度最大，而在距爆源较远区域 X、Y、Z 三方向的分速度差异变小，这是因为在爆源正上方附近监测点纵波的传播方向与 Z 方向平行或呈小角度相交，所以 Z 方向的振速分速度较大。由各监测点振速时程曲线还可以看出，各监测点在较短时间内随着爆破的持续进行迅速达到振速峰值，随后各振速响应曲线振幅开始衰减，最终在 320ms 之后即爆破荷载作用结束后逐渐趋于 0，除各监测点振速曲线第一个波峰外，其余波峰也同样对应于较大的振速峰值，说明辅助眼与周边眼爆破同样产生了较大的振动能量。因此，在爆破施工中也应重视辅助眼与周边眼爆破所产生的影响。

观察各监测点振速响应曲线可以看出地表质点振速峰值受监测点水平距离的影响显著，根据速度响应时程曲线确定地面各监测点 X、Y、Z 三方向的质点振动峰值速度，见表 3-28，各监测点振速峰值随水平距离变化曲线如图 3-67 所示。

地面各监测点爆破峰值振动速度（单位：cm/s） 表 3-28

监测点	1	5	9	13
X 向峰值振速	0.84	0.50	0.28	0.08
Y 向峰值振速	1.22	0.63	0.39	0.23
Z 向峰值振速	2.63	0.83	0.49	0.29

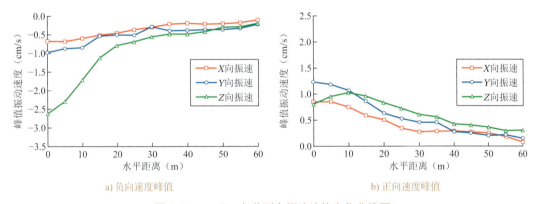

a) 负向速度峰值　　　　　　b) 正向速度峰值

图 3-67 工况二各监测点振速峰值变化曲线图

由图 3-67 可看出，爆源水平距离对地表质点振动速度峰值影响显著，随着水平距离的增加，振速峰值总体呈下降趋势，且负向振速峰值中 Z 方向振速曲线最陡峭下降速度最快，在 0~25m 范围内由 2.63cm/s 衰减至 0.71cm/s，减小了 73%。由表 3-28 可以看出各监测点 Z 方向的振速峰值均大于 X、Y 方向的振速峰值，其中监测点 1 处 Z 方向振速峰值为 X、Y 方向的 3.1 倍与 2.2 倍，说明爆破作用下地表结构主要受 Z 方向振动速度的影响。由三方向振速峰值变化曲线可以看出，在距爆源水平距离 0~25m 范围内 Z 方向振速明显大于其他方向，随着距离增加、Z 向振速衰减。在水平距离大于 25m 后三方向的振速峰值差距逐渐变小，在 25~35m 范围内 Y 向振速甚至超过 Z 方向振速，说明在关注 Z 方向振速的同时还应重视水平方向的振速影响，才能更好地保证爆破施工安全。

（3）工况三爆破施工

在工况三中上台阶断面均采用机械开挖，为中台阶与下台阶爆破提供了大量临空面，使中台阶与下台阶不与拱顶上方围岩直接接触，减小了爆破振动对地表的影响，左、右导坑中台阶与其余爆破断面相比，爆破自由面较少，且与地表距离较近，因此爆破振动对地表的影响相对较大，因此为了减少不必要的工作量，仅对工况三中振动响应最大的第①部爆破施工引发的振动速度进行研究，记为工况三。为了便于观察地表质点振速及其变化规律，在计算模型上表面中设置 13 个地表监测点，从爆破断面正上方开始记为监测点 1，相邻两个监测点之间沿垂直隧道硐室掘进方向间隔 5m，从左到右依次记为监测点 1～13，监测点具体布置方式与图 3-63 类似，此处不再赘述。

分别提取间距为 20m 的地面 1、5、9、13 监测点速度响应时程曲线，速度时程曲线如图 3-68 所示。

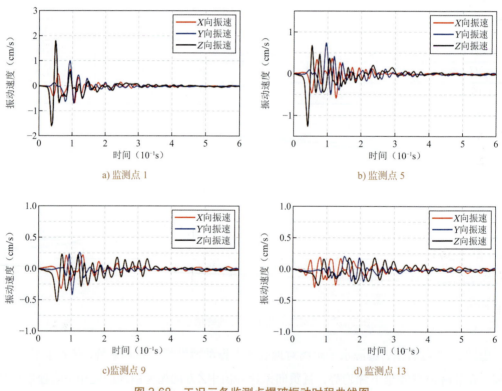

图 3-68　工况三各监测点爆破振动时程曲线图

由工况三 1、5、9 监测点振动速度响应时程曲线可以看出，各监测点的竖向振速振幅均大于水平向振速振幅，在监测点 1 和监测点 5 的 Z 方向振速振幅明显大于 X、Y 方向的振幅，而在监测点 9 和监测点 13 振速响应曲线中 X、Y、Z 三方向的振幅差异不再明显，且监测点 13 的振幅在 X 方向的数值超过了 Z 方向，说明在距爆源水平距离较近区域地表监测点振动速度在 Z 方向的分速度最大；随着水平距离的增加，在距爆源较远区域 X、Y 方向的分速度占比变大；由各监测点振速时程曲线还可以看出，各监测点在较短时间内随着爆破的持续进行迅速达到振速峰值，随后各振速响应曲线振幅开始衰减，最终在300ms之后即爆破荷载作用结束后逐渐趋于0；监测点1与监测点5的振速响应曲线第一个波峰出现在20～40ms之间，而监测点9与监测点13的第一个波峰出现在50～60ms之间，说明随着监测点距离的增加速度波传播距离增加导致振动速度达到第一个峰值的时间也随之增加。

观察各监测点振速响应曲线可以看出地表质点振速峰值受监测点水平距离的影响显著，根据速度响应时程曲线确定地面各监测点X、Y、Z三方向的质点振动峰值速度，见表3-29。各监测点振速峰值随水平距离变化曲线如图3-69所示。

地面监测点爆破峰值振动速度（单位：cm/s） 表3-29

监测点	1	5	9	13
X向峰值振速	0.67	0.58	0.30	0.25
Y向峰值振速	1.00	0.73	0.39	0.20
Z向峰值振速	1.77	1.18	0.52	0.26

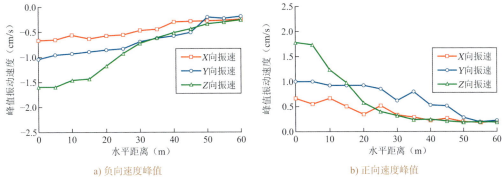

a) 负向速度峰值　　　　b) 正向速度峰值

图3-69　工况三各监测点振速峰值变化曲线图

由图3-69可知，爆破作用下地表质点振动速度峰值随爆源水平距离变化显著，随着水平距离的增加，振速峰值总体呈下降趋势，且在水平距离0～15m范围内Z向振速＞Y向振速＞X向振速，随着距离的增加Z向振速迅速下降，X、Y方向振速占比逐渐变大，说明在爆破近区Z向振速占比最大，在爆破远区振动速度在三向分速度占比差异不再明显；由表3-29可以看出各监测点Z方向的振速峰值均大于X、Y方向的振速峰值，其中监测点1处Z方向振速峰值为X、Y方向的2.6倍与1.8倍，说明爆破作用下地表结构主要受Z方向振动速度的影响。因此在关注各监测点地表振速的同时更应重视Z方向振速的影响，才能更好地保证爆破施工安全。

（4）工况四爆破施工

工况四上台阶与左、右导坑中台阶均采用机械开挖，为其余断面爆破提供了大量临空面，使中台阶与下台阶不与拱顶上方围岩直接接触，减小了爆破振动对地表的影响，在采用爆破开挖的断面中，中间断面中台阶距离地表最近，产生的爆破影响较大，左、右导坑下台阶距地表较远但自由面数量相对较少，产生的爆破影响较大，中间断面下台阶自由面面积最大且距离地表最远，因此爆破产生的影响相对较小，为了减少不必要的工作量，仅对工况四中振动响应相对较大的第①部与第③部爆破施工引发的振动速度进行研究，分别记为工况四、工况五。为了便于观察地表质点振速及其变化规律，在各计算模型上表面中设置13个地表监测点，从各爆破断面正上方开始记为监测点1，相邻两个监测点之间沿垂直隧道硐室掘进方向间隔5m，从左到右依次记为监测点1~13，通过爆破动力计算，得到各监测点X、Y、Z三个方向的质点振动速度，监测点具体布置方式与图3-63类似，此处不再赘述。

分别提取间距为20m的地面1、5、9、13监测点速度响应时程曲线，其中第①部爆破速度时间过程曲线如图3-70所示，第③部爆破速度时间过程曲线如图3-71所示。

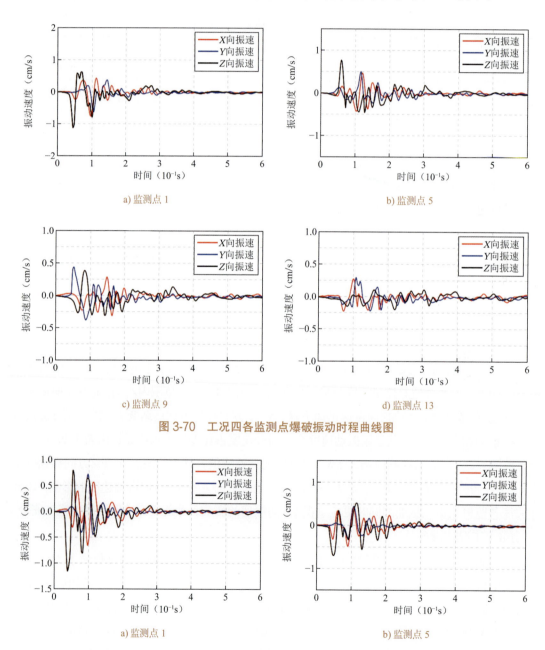

a) 监测点1　　　　　　　　　　　b) 监测点5

c) 监测点9　　　　　　　　　　　d) 监测点13

图3-70　工况四各监测点爆破振动时程曲线图

a) 监测点1　　　　　　　　　　　b) 监测点5

图　3-71

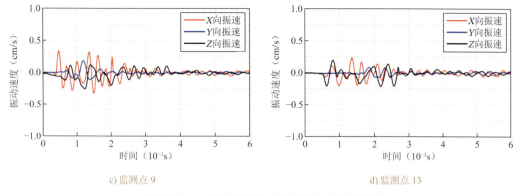

c) 监测点 9 　　　　　　　　　　　　d) 监测点 13

图 3-71　工况五各监测点爆破振动时程曲线图

由图 3-70、图 3-71 可知，工况四与工况五爆破引发地表振动在监测点 1 与监测点 5 处 Z 方向振速曲线振幅均大于 X、Y 向，而在监测点 9 与监测点 13 处 X、Y 方向曲线振幅超过了 Z 方向，说明在距爆源水平距离较近区域地表监测点振动速度在 Z 方向的分速度最大；随着水平距离的增加，在距爆源较远区域 X、Y、Z 三个方向的分速度差异变小，X、Y 方向分速度占比逐渐变大。由各监测点振速时程曲线还可以看出，各监测点在较短时间内随着爆破的持续进行迅速达到振速峰值，随后各振速响应曲线振幅开始衰减，最终在 300ms 之后即爆破荷载作用结束后逐渐趋于 0，虽然各监测点振速峰值几乎都出现在第一个波峰即第一段炸药爆破产生，但其余波峰同样也对应于较大的振速峰值，说明这几段波峰所对应的起爆药量相当，辅助眼与周边眼爆破同样能够产生较大的振动能量。因此，在爆破施工中，也应重视辅助眼与周边眼爆破所产生的影响。

观察各监测点振速响应曲线还可以看出地表质点振速峰值受监测点水平距离的影响显著。根据速度响应时程曲线确定地面各监测点 X、Y、Z 三个方向的质点振动峰值速度，工况四与工况五爆破振速峰值分别见表 3-30、表 3-31，各监测点振速峰值随水平距离变化曲线分别如图 3-72、图 3-73 所示。

工况四地面监测点爆破峰值振动速度（单位：cm/s）　　　表 3-30

监测点	1	5	9	13
X 向峰值振速	0.75	0.46	0.31	0.27
Y 向峰值振速	0.63	0.50	0.44	0.30
Z 向峰值振速	1.12	0.75	0.39	0.20

工况五地面监测点爆破峰值振动速度（单位：cm/s）　　　表 3-31

监测点	1	5	9	13
X 向峰值振速	0.66	0.48	0.34	0.22
Y 向峰值振速	0.72	0.43	0.18	0.08
Z 向峰值振速	1.14	0.70	0.26	0.21

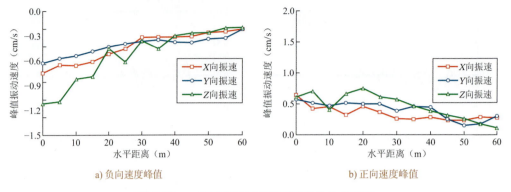

a) 负向速度峰值　　　　　　　　b) 正向速度峰值

图3-72　工况四各监测点振速峰值变化曲线图

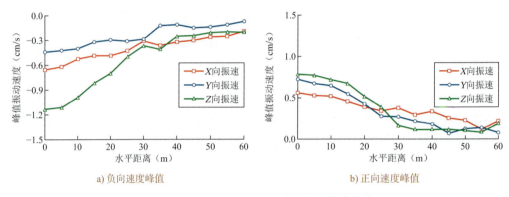

a) 负向速度峰值　　　　　　　　b) 正向速度峰值

图3-73　工况五各监测点振速峰值变化曲线图

由图3-72、图3-73可知，爆破作用下地表质点振动速度峰值随爆源水平距离变化显著，随着水平距离的增加，振速峰值总体呈下降趋势，且负向振速峰值绝对值总体上大于正向振速峰值，地表振动响应最大值也为负向振速，说明在爆破施工中地表结构物受负向振速影响较大。由表3-30、表3-31可以看出：监测点1与监测点5的Z方向振速峰值均大于X、Y方向的振速峰值，而在监测点9与监测点13处X、Y方向振速峰值大于Z方向的振速峰值，说明爆破作用下在水平距离0~20m范围内地表结构主要受Z方向振动速度的影响；在40~60m范围内X、Y方向振速影响变大，说明在关注Z方向振速的同时还应重视水平方向的振速影响，才能更好地保证爆破施工安全。工况四与工况五爆破施工产生的振速峰值最大值均出现在监测点1处，分别为1.12cm/s与1.14cm/s。由峰值振速最大值可以看出，上述两断面在最大段装药量相同的情况下，虽然至地表的距离不一样，但爆破产生的振速峰值却基本一致，说明除了爆心距以外，爆破自由面对爆破振动强度大小也起着至关重要的影响。

3）峰值振速衰减规律研究

爆破作用引发地表振动速度一般在Z方向的分速度较大，因此本节选取监测点Z方向的振速进行分析，为研究工况一~工况五爆破引发地表爆破地震波峰值振速衰减规律，基于萨道夫斯基公式对地表监测点振速峰值进行回归分析，回归曲线如图3-74所示。各工况拟合曲线回归误差评估参数统计见表3-32。

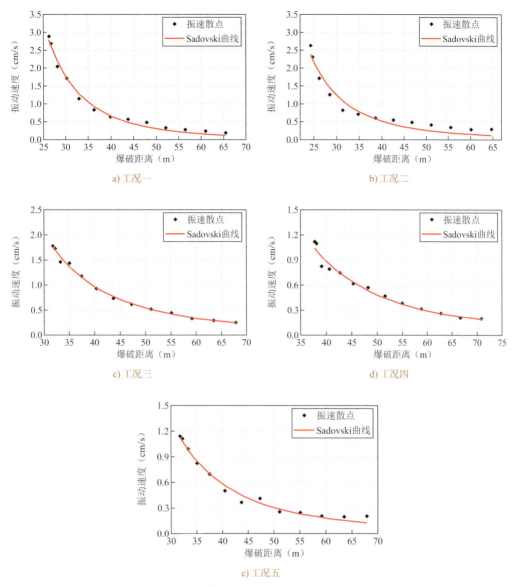

图 3-74 地表振速峰值 Sadovski 拟合曲线图

拟合误差评估参数　　　　　　　　　　　　　　　　表 3-32

工况	SSE	RMSE	R-square	Adjusted R-square
工况一	1.11×10^{-5}	4.13×10^{-4}	0.99	0.98
工况二	3.63×10^{-5}	7.47×10^{-4}	0.95	0.94
工况三	1.93×10^{-6}	1.72×10^{-4}	0.99	0.99
工况四	3.46×10^{-6}	2.31×10^{-4}	0.97	0.97
工况五	2.57×10^{-6}	1.99×10^{-4}	0.98	0.98

由图 3-74 可以看出，工况一～工况五振速峰值随爆心距增加均呈衰减趋势，各曲

线变化趋势基本一致，但各拟合曲线之间的差异却较为明显。由表 3-32 可以看出，采用萨道夫斯基公式分别对各工况振速峰值进行拟合时，各工况 SSE 值在 1.93×10^{-6}~3.63×10^{-5} 之间，RMSE 值在 1.72×10^{-4}~7.47×10^{-4} 之间，R-square 值高达 0.95~0.99，Adjusted R-square 高达 0.94~0.99，说明各工况的拟合曲线效果均较好。

现将工况一~工况五的峰值振速监测数据进行合并，将合并后的数据采用萨道夫斯基公式进行回归分析，拟合曲线如图 3-75 所示，拟合曲线回归误差评估参数统计情况见表 3-33。由图 3-75、表 3-33 可以看出，峰值振速监测数据分布散乱，拟合曲线效果较差；SSE 值为 3.63×10^{-4} 是分别拟合的 9~173 倍，RMSE 值为 2.27×10^{-3} 是分别拟合的 5~13 倍，R-square 值与 Adjusted R-square 值下降为 0.88，说明将五种工况的监测数据进行合并拟合时，采用原萨道夫斯基公式来预测爆破峰值振速的精度会有显著的下降。采用本书改进预测公式，即式(3-74)，对五种工况合并后的监测数据进行模拟，振速峰值拟合曲面如图 3-76 所示，拟合曲面回归误差评估参数统计情况见表 3-33。与原萨道夫斯基公式拟合曲线相比，各工况振速峰值监测数据散点在本书改进公式的拟合曲面上的分布更为均匀，可以明显看出拟合曲面较拟合曲线的拟合效果更好。本书改进公式的 SSE 值下降为 4.07×10^{-5}，RMSE 值下降为 7.91×10^{-4}，R-square 值与 Adjusted R-square 值分别上升为 0.95 与 0.94，较原萨道夫斯基公式的拟合精度有显著的提升。各项回归误差评估参数表明，考虑自由面参数的爆破振动速度预测公式显著提高了拟合精度，监测点峰值爆破振动速度拟合效果优于原萨道夫斯基公式。这表明本书所提改进公式可更广泛地用于预测各隧道硐室爆破产生的峰值振动速度，对于大跨岩层隧道硐室爆破施工地表振速衰减规律预测同样适用。

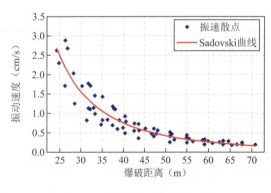

图 3-75 萨道夫斯基拟合曲线图

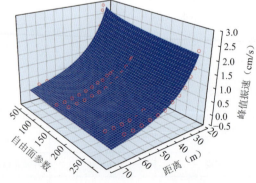

图 3-76 本书改进公式拟合曲面图

模型拟合误差评估参数　　　　　　　　　　表 3-33

预测公式	SSE	RMSE	R-square	Adjusted R-square
Sadovski	3.34×10^{-4}	2.27×10^{-3}	0.88	0.88
本书改进公式	4.07×10^{-5}	7.91×10^{-4}	0.95	0.94

3.3.4 特大跨地铁隧道硐室爆破振动围岩损伤程度及位移判据研究

在隧道硐室钻爆法施工过程中,炸药产生的巨大爆破冲击加剧了围岩的损伤,围岩中原本存在的微裂隙被进一步扩展,松动区范围增大,严重影响隧道施工安全。因此,研究围岩在爆破后的损伤变形特征是岩层隧道硐室开挖稳定性分析过程中的重点之一。本节采用数值计算的方法对大跨岩层隧道硐室的四种开挖工况进行了爆破动力计算,研究了爆破作用下围岩的位移特征,并依据 Mojitabai & Beattie(后文简称"M&B")判据分析了围岩的损伤程度,得到了围岩位移与损伤程度的对应关系。

(1)监测方案设计

为分析城市特大跨岩层隧道硐室爆破施工过程中,各工况中隧道硐室围岩变形特点和损伤程度,对爆破截面拱顶正上方围岩的振动速度和振动位移进行监测。根据相关的施工经验和理论,研究表明距掌子面 1 倍开挖硐跨范围内隧道硐室拱顶的沉降现象比较突出,对分析隧道硐室结构稳定性和研究隧道硐室施工过程中的安全性影响较大,所以分别选取了隧道硐室掌子面后方 1 倍爆破断面跨度 D(随爆破断面的不同而相应改变)的已开挖区、掌子面处、掌子面前方 1 倍爆破断面跨度的未施工区内至其正上方地表之间的围岩,并每隔 2m 布设 1 个监测点,依次记为第Ⅰ组监测点、第Ⅱ组监测点、第Ⅲ组监测点(图 3-77),记录了爆破过程中各监测点 Z 方向的振动速度峰值和振动位移峰值。

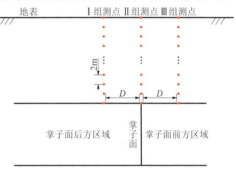

图 3-77 模型围岩监测点布置图

(2)特大跨地铁隧道硐室爆破振动围岩损伤程度研究

为了分析各种工况下爆破对围岩的损伤影响,在实际工程中往往依据质点振动的峰值速度,并采用萨道夫斯基安全判据和质点峰值振动速度(Peak Velocity of Particle Vibration,PPV)安全判据等半经验方法来确定爆破损伤范围。由于 PPV 判据方式定义清晰,操作简便,在爆破施工中作为监控爆破损伤的方式得到了大量的应用,该方式的关键特点是需要确立围岩中的质点峰值振动速度分布和爆破损伤的质点峰值振动速度。其中 M&B 围岩损伤判据所研究的岩体单轴饱和抗压强度为 30~55MPa,本书大跨岩层地铁车站爆破依托工程所在地岩体的单轴饱和抗压强度标准值为 31.2MPa,在该损伤判据抗压强度范围内,因此将 M&B 判据作为本节的围岩损伤判断标准。M&B 围岩损伤判据中按照围岩的质点振速峰值,将围岩损伤程度分为无损伤、轻度损伤、中度损伤和严重损伤 4 个等级,见表 3-34。

M&B 围岩损伤判据   表 3-34

损伤程度	质点峰值振动速度(cm/s)	损伤程度	质点峰值振动速度(cm/s)
无损伤	≤31.0	中度损伤	(47.0,170.0]
轻度损伤	(31.0,47.0]	严重损伤	>170.0

图 3-78 所示为工况一围岩各监测点振动速度峰值变化曲线。从图中可以看出，在工况一爆破作用下，随着监测点埋深减小，距爆源距离增加，质点振速负向与正向峰值不断衰减。在埋深 12～20m 范围内振速衰减速度最快，但随后的衰减速度逐渐变慢；在地表附近深度 0～4m 范围内，振速不再衰减而呈小幅度的增加，而在拱顶上方附近围岩监测点振速峰值较大主要是由于爆心距较小导致振动强度较大，在地表附近监测点振速峰值出现回升。这主要是由于地表自由面阻挡了爆破能量波的发散，将抵达自由面的应力波向下反射，形成质点运动方向与入射波质点运动方向相同的拉伸波，因此拉伸波与入射波的叠加效应使质点振动变大，而自由面的存在降低了地表周围岩土体的限制作用，更有利于质点振动，从而使得地表自由面附近振速峰值有小幅度增加。比较掌子面后方、掌子面、掌子面前方区域上方围岩监测点的振动速度变化规律，不难看出埋深相对于爆源较近的各监测点之间的振动速度峰值差别较大，隧道硐室开挖断面顶部监测点的振速峰值是掌子面后方监测点的 1.34 倍，而掌子面前方隧道硐室顶部处监测点振动速度是掌子面处的 0.29 倍，并且随着监测点距爆源距离增加，掌子面后方、掌子面和掌子面前方监测点围岩振速峰值间的差值也逐步减小。

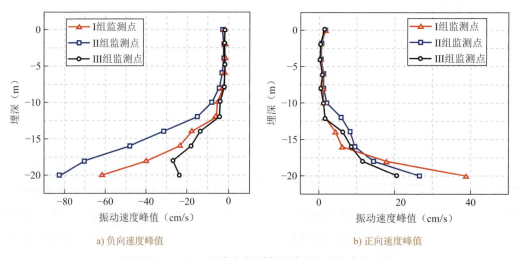

a) 负向速度峰值　　　　　　　　　b) 正向速度峰值

图 3-78　工况一围岩各监测点振动速度峰值变化曲线

由表 3-34 及图 3-78 可以看出，爆破荷载作用下围岩振速峰值最大值均小于 170cm/s 说明围岩并未出现严重损伤。在掌子面上方 4m 范围内监测点振速峰值超过 47cm/s，该区域围岩发生中度损伤；拱顶上方 6m 监测点峰值为 31.6cm/s，该区域围岩损伤程度为轻度损伤；埋深 0～12m 范围内监测点振速峰值基本小于 31cm/s，该区域围岩基本无损伤。掌子面后方拱顶处监测点振速峰值为 61.5cm/s，该区域围岩发生中度损伤；拱顶上方 2m 监测点振速峰值为 40.1cm/s，该区域围岩发生轻度损伤；埋深 0～16m 范围内监测点振速峰值基本小于 31cm/s，该区域围岩基本无损伤。掌子面前方各监测点振速峰值均小于 31cm/s，围岩无损伤。

图 3-79 为工况二爆破引发围岩各监测点振速峰值变化曲线。由图可以看出,随着监测点埋深减小,以及与爆源距离增的加,质点振速负向与正向峰值不断衰减。在埋深 12~20m 范围内,振速衰减最快,之后衰减速率变缓;在地表附近埋深 0~4m 范围内,振速不再衰减并有小幅度的上升,曲线变化趋势与工况一基本一致。围岩各监测点振速峰值最大值均小于 170cm/s,说明围岩并未出现严重损伤。在掌子面上方 4m 范围内监测点振速峰值超过 47cm/s,该区域围岩发生中度损伤;拱顶上方 6m 监测点峰值为 33.5cm/s,说明附近围岩损伤程度为轻度损伤;埋深 0~14m 范围内监测点振速峰值基本小于 31cm/s,围岩基本无损伤。掌子面后方拱顶处监测点振速峰值为 62.7cm/s,发生中度损伤;拱顶上方 4m 监测点振速峰值为 35.3cm/s,该处附近围岩发生轻度损伤;埋深 0~16 范围内监测点振速峰值基本小于 31cm/s,基本无损伤。掌子面前方各监测点振速峰值均小于 31cm/s,围岩无损伤。

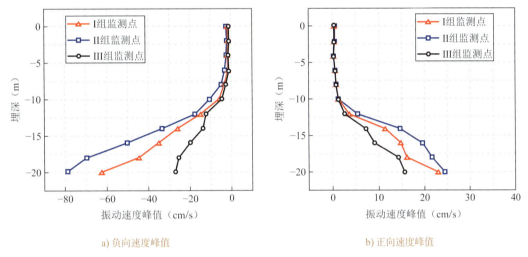

a) 负向速度峰值 b) 正向速度峰值

图 3-79 工况二围岩各监测点振动速度峰值变化图

图 3-80~图 3-82 为工况三~工况五围岩各监测点振速峰值变化曲线。与工况一、工况二相比可以看出:埋深 4m 至地表范围内监测点振速峰值呈上升趋势,与工况一、工况二规律一致;而在埋深 6~20m 范围内监测点与工况一、工况二相比振速峰值下降明显,振速峰值均在 5cm/s 以内,围岩未发生损伤。主要原因是工况三~工况五爆破施工与工况一、工况二相比爆破断面与拱顶围岩没有直接接触,上台阶采用机械开挖为中台阶、下台阶爆破提供了大量的自由面,自由面阻断了爆破应力波向上继续传播,将其全部向下反射回去形成拉伸波,两波叠加效应导致中台阶、与下台阶自由面处振动速度增大,而传递至拱顶及上方围岩的地震波能量减小,因此拱顶上方围岩振速峰值显著减小,不会使围岩造成损伤。

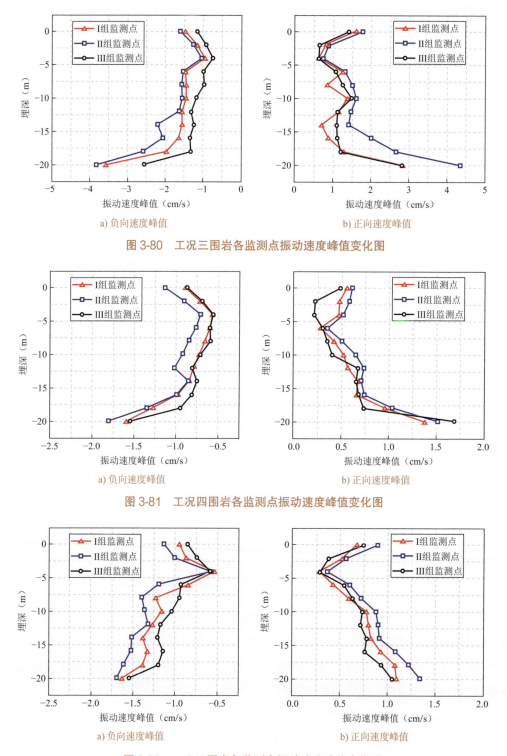

a) 负向速度峰值   b) 正向速度峰值

图 3-80 工况三围岩各监测点振动速度峰值变化图

a) 负向速度峰值   b) 正向速度峰值

图 3-81 工况四围岩各监测点振动速度峰值变化图

a) 负向速度峰值   b) 正向速度峰值

图 3-82 工况五围岩各监测点振动速度峰值变化图

综上所述可知：工况一～工况五爆破施工均不会引发围岩发生严重损伤；掌子面前方围岩及工况三～工况五爆破施工，围岩均不会发生损伤；工况一爆破施工掌子面拱顶上方

6m 范围内与掌子面后方拱顶上方 4m 范围内围岩出现轻度损伤与中度损伤；工况二爆破施工掌子面拱顶上方 6m 范围内与掌子面后方拱顶上方 4m 范围内，围岩出现轻度损伤与中度损伤。因此，若采用工况一与工况二爆破施工时应加强对上述区域的保护。

（3）爆破施工围岩位移特征分析

既有研究表明，围岩质点振动速度峰值并未充分地描述围岩的损伤程度。所以本节在深入研究围岩质点振动速度峰值的基础上，剖析相应的质点振动位移的变化规律，将使隧道硐室围岩振动位移成为特大跨岩层隧道硐室爆破导致围岩损伤程度的另一重要判定准则，进一步得到城市特大跨岩层隧道硐室爆破引发围岩损伤的位移判据。图 3-83 所示为各工况围岩各监测点爆破振动位移峰值变化曲线。

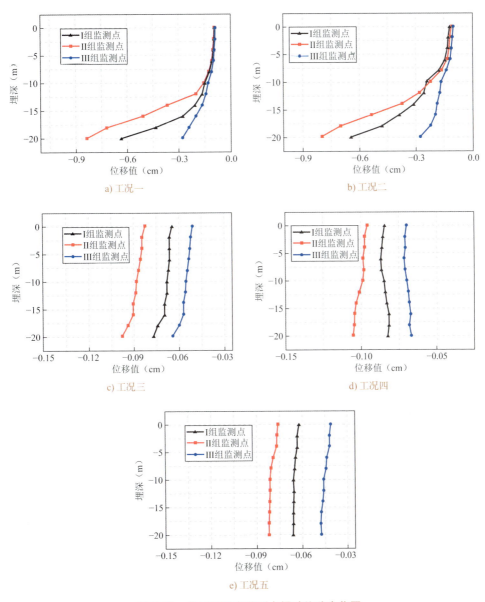

图 3-83 各工况围岩监测点爆破位移变化图

由图 3-83 可以看出，爆破荷载作用下拱顶围岩位移峰值均为负值，说明主要发生沉降位移。由工况一爆破可知：掌子面拱顶上方 4m 范围内围岩处于中度损伤，与之对应的围岩位移大于 0.51cm；拱顶上方 6m 处围岩处于轻度损伤，与之对应的围岩位移大于 0.36cm。由工况二爆破可知：掌子面拱顶上方 4m 范围内围岩处于中度损伤，与之对应的围岩位移大于 0.54cm；拱顶上方 6m 处围岩处于轻度损伤，与之对应的围岩位移大于 0.37cm。

综上所述，由围岩损伤程度与振动位移峰值的对应关系可知，围岩位移也可作为判断围岩损伤的判据。若围岩位移峰值超过 0.51cm，则可判断围岩的损伤程度为中度损伤；若围岩位移峰值位于 0.36~0.51cm 范围内，则可判断围岩的损伤程度为轻度损伤；若围岩位移峰值不超过 0.36cm，则可判断围岩的损伤程度为无损伤。由此提出了特大跨岩层隧道硐室爆破引发围岩损伤的位移安全判据。

3.3.5 特大跨地下岩层隧道硐室推荐爆破施工方法

本节以爆破荷载作用下地表振动速度峰值，以及围岩损伤程度来评价工况一~工况四爆破施工对本书依托工程的适应性，以提出适用于大跨岩层隧道硐室的最优施工方法，为类似工程提供一定程度的理论支撑。图 3-84 所示为各工况地表监测点振速峰值（取绝对值）随水平距离变化曲线图。由图可以看出，工况一施工地表 0~15m 范围内监测点爆破振速峰值均超过 1.5cm/s，工况二施工地表 0~10m 范围内监测点爆破振速峰值超过 1.5cm/s，工况三施工地表 0~5m 范围内监测点爆破振速超过 1.5cm/s，工况四施工地表各监测点爆破振速均未超过 1.5cm/s。由此可得各工况地表振速超过安全振速（1.5cm/s）范围大小排序为：工况一＞工况二＞工况三＞工况四。由表 3-35 监测点

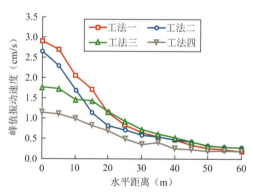

图 3-84 各工况地表峰值振动速度变化曲线图

振速峰值最大值可以看出，仅工况四爆破振速峰值最大值未超过 1.5cm/s 为 1.14cm/s 符合爆破安全标准，其余工况爆破振速峰值均超过 1.5cm/s，不满足爆破安全标准。因此，工况四可优先作为大跨岩层隧道硐室爆破施工推荐工况。

各工况振速最大峰值 表3-35

工况	工况一	工况二	工况三	工况四
最大峰值振速（cm/s）	2.89	2.63	1.77	1.14

表 3-36 为爆破荷载作用下围岩损伤程度汇总表。由表可以看出：工况一，爆破施工Ⅰ组监测点埋深 18~20m 范围内围岩发生轻微损伤与中等损伤，Ⅱ组监测点埋深 14~20m 范围内围岩发生轻微损伤与中等损伤，Ⅲ组监测点围岩无损伤；工况二，Ⅰ组监测点埋深 16~20m 范围

内围岩发生轻微损伤与中等损伤，II组监测点埋深14～20m范围内围岩发生轻微损伤与中等损伤，III组监测点围岩无损伤；工况三与工况四，I、II、III组监测点围岩均无损伤。因此可得各工况围岩损伤范围大小排序为工况一＞工况二＞工况三＝工况四。从爆破荷载作用下围岩损伤的角度出发，工况三与工况四可优先作为大跨岩层隧道硐室爆破施工推荐工况。

各工况损伤程度汇总 表3-36

埋深（m）	工况一			工况二		
	I	II	III	I	II	III
0	无损伤	无损伤	无损伤	无损伤	无损伤	无损伤
2	无损伤	无损伤	无损伤	无损伤	无损伤	无损伤
4	无损伤	无损伤	无损伤	无损伤	无损伤	无损伤
6	无损伤	无损伤	无损伤	无损伤	无损伤	无损伤
8	无损伤	无损伤	无损伤	无损伤	无损伤	无损伤
10	无损伤	无损伤	无损伤	无损伤	无损伤	无损伤
12	无损伤	无损伤	无损伤	无损伤	无损伤	无损伤
14	无损伤	轻微损伤	无损伤	无损伤	轻微损伤	无损伤
16	无损伤	中等损伤	无损伤	轻微损伤	中等损伤	无损伤
18	轻微损伤	中等损伤	无损伤	轻微损伤	中等损伤	无损伤
20	中等损伤	中等损伤	无损伤	中等损伤	中等损伤	无损伤
埋深（m）	工况三			工况四		
	I	II	III	I	II	III
0	无损伤	无损伤	无损伤	无损伤	无损伤	无损伤
2	无损伤	无损伤	无损伤	无损伤	无损伤	无损伤
4	无损伤	无损伤	无损伤	无损伤	无损伤	无损伤
6	无损伤	无损伤	无损伤	无损伤	无损伤	无损伤
8	无损伤	无损伤	无损伤	无损伤	无损伤	无损伤
10	无损伤	无损伤	无损伤	无损伤	无损伤	无损伤
12	无损伤	无损伤	无损伤	无损伤	无损伤	无损伤
14	无损伤	无损伤	无损伤	无损伤	无损伤	无损伤
16	无损伤	无损伤	无损伤	无损伤	无损伤	无损伤
18	无损伤	无损伤	无损伤	无损伤	无损伤	无损伤
20	无损伤	无损伤	无损伤	无损伤	无损伤	无损伤

综上所述可知，各工况地表振速峰值最大值大小排序为工况一＞工况二＞工况三＞工况四，且仅工况四爆破振速峰值未超过1.5cm/s，满足爆破安全标准。各工况围岩损伤范围大小排序为工况一＞工况二＞工况三＝工况四。因此，综合考虑地表振动速度峰值以及围岩损伤程度两个评价指标，工况四可优先作为特大跨岩层地铁隧道硐室的推荐施工方法。

3.4 城市深部大硐室施工围岩变形规律模型试验

地质力学模型试验是将特定的工程地质问题，基于相似原理，进行缩尺研究。从20世纪初，西欧国家开始进行结构模型试验并建立相似原理。至 Fumagalli E 等专家开创工程地质力学模型试验技术，试验研究的范围即由弹性阶段扩展至破坏阶段。在国内，自20世纪70年代开始，清华大学、长江科学院等众多科研单位先后开始在水利工程中开展地质力学模型试验，并取得大批的研究成果。随着国家经济发展，大型交通工程、国防工程、能源工程等越来越多，大量的科研及工程实践证明，地质力学模型试验是解决地下岩土工程问题的重要方法之一。地质力学模型试验直观性强，它可以研究岩体应力和应变变化规律，在研究岩体破坏机制方面具有显著的优势，这可弥补数值方法的不足，与数值计算相辅相成、相互补充和验证，两者相结合能够比较全面地分析复杂的地下工程地质问题。

本节依托歇台子车站深埋段，开展初期支护拱盖法地质力学试验研究，进行城市深部大断面硐室开挖支护全过程的大比尺三维地质力学模型试验。初期支护拱盖法对双侧壁导坑法进行了优化，在初期支护结构形成的拱盖保护下，进行最下层断面开挖施工。

3.4.1 模型试验相似理论

1）相似原理

模型试验的相似原理是指模型上重现的物理现象应与原型相似，即要求模型材料、模型形状和荷载等均须遵循一定的规律。这种模型试验既要研究在正常荷载作用下结构和岩体的变形及应力特性，又要研究超载情况下的变形和破坏特征，因而兼有线弹性应力模型试验和破坏模型试验的特点。概括而言，相似原理可表达为：若模型和原型为两个相似系统，则它们的几何特征和各物理量之间必然互相保持一定的比例关系（相似比尺），即可由模型系统的物理量推测原型的相应物理量。在进行模型试验设计时，必须满足以下三大定理。

（1）相似第一定理

相似系统的相似指标等于1或者相似判据相等，其是现象相似的必要条件。

（2）相似第二定理

相似第二定理是系统相似的必要条件，具体指一个含有n个物理量的物理系统，有k个基本量纲，则n个物理量可以表示为$(n-k)$个独立的相似判据$\pi_1, \pi_2, \cdots, \pi_{n-k}$之间的函数关系。

（3）相似第三定理

相似第三定理是现象相似的充分必要条件，即对于属于同类的物理现象，在单值条件相似下，且其组成的相似判据数值相等，则现象相似。

2）相似关系

基于量纲分析理论，根据原型（Prototype）和模型（Model）的平衡方程、几何方程、物理方程和边界条件可得出下列模型试验相似条件。相似比表达式为：

$$C_i = \frac{i_p}{i_m} \tag{3-65}$$

式中：i——长度L、应力σ、应变ε、位移x、弹性模量E、泊松比ν、重度γ、黏聚力c和内摩擦角φ等物理量。

（1）应力相似比尺C_σ、重度相似比尺C_γ和几何相似比尺C_L应遵循的相似条件为：

$$C_\sigma = C_\gamma C_L \tag{3-66}$$

（2）位移相似比尺C_δ、应变相似比尺C_ε和几何相似比尺C_L应遵循的相似条件为：

$$C_\delta = C_\varepsilon C_L \tag{3-67}$$

（3）应力相似比尺C_σ、弹性模量相似比尺C_E和应变相似比尺C_ε应遵循的相似条件为：

$$C_\sigma = C_E C_\varepsilon \tag{3-68}$$

（4）室内相似模型试验还要求所有无量纲物理量（如应变ε、内摩擦角φ、摩擦因数μ、泊松比ν等）的相似比尺等于1，相同量纲物理量的相似比尺相等，即：

$$C_\varepsilon = C_\nu = C_\varphi = 1 \tag{3-69}$$

$$C_\sigma = C_E = C_c = C_{\sigma t} = C_{\sigma c} \tag{3-70}$$

式中：C_ν、C_φ、C_c、$C_{\sigma t}$、$C_{\sigma c}$——泊松比ν、内摩擦角φ、黏聚力c、抗拉强度σ_t和抗压强度σ_c的相似比尺。

3）相似比

结合实际隧道硐室工程的开挖宽度为25.3m，开挖高度为21.8m，采用模型试验箱的尺寸为 1.0m×3.0m×1.8m。隧道硐室的轴线与模型箱长度方向一致，隧道硐室的截面方向与模型箱宽度方向一致。考虑到模型的边界效应，隧道硐室模型两侧的宽度应在2～3倍隧道硐室跨度以上，即确定几何相似比为：

$$C_L = \frac{L_p}{L_m} = 50 \tag{3-71}$$

参照以往学者经验，选取重度相似比为：

$$C_\gamma = \frac{\gamma_p}{\gamma_m} = 1 \tag{3-72}$$

据此可导出模型试验相似比，见表3-37。

模型试验相似比设计　　　　　　　　　　　　表 3-37

物理量	符号	质量系统量纲	绝对系统量纲	相似比
长度	L	L	L	50
重度	γ	$L^{-2}MT^{-2}$	FL^{-3}	1
应变	ε	1	1	1
泊松比	ν	1	1	1
内摩擦角	φ	1	1	1
角位移	q	1	1	1
黏聚力	C	$L^{-1}MT^{-2}$	FL^{-2}	50
弹性模量	E	$L^{-1}MT^{-2}$	FL^{-2}	50
强度	σ_c	$L^{-1}MT^{-2}$	FL^{-2}	50
应力	σ	$L^{-1}MT^{-2}$	FL^{-2}	50
线位移	x	L	L	50
面积	A	L^2	L^2	50^2
截面抵抗矩	W	L^3	L^3	50^3
惯性矩	I	L^4	L^4	50^4
抗拉刚度	EA	LMT^{-2}	F	50^3
抗弯刚度	EI	MT^{-2}	FL^2	50^5
力	F	LMT^{-2}	F	50^3
弯矩	M	L^2MT^{-2}	FL	50^4

3.4.2 模型试验相似材料

满足相似关系的相似材料是模型试验的关键所在，要找到完全相似的材料十分困难，因此，需要根据研究内容，采用满足主要参数的相似材料。

（1）模型土相似材料研制

基于前人研究及经验，研制模型土时，其原材料的选取原则为：①材料相互间不会发生化学反应；②材料安全且无毒害作用；③性能稳定且制作工艺简单易行；④原材料价格低廉，且最好可以重复利用；⑤改变材料的配比可使材料力学性质在一个较大范围内变化。围岩相似材料一般由骨料、胶结材料和辅助材料三类材料组成。目前，被广泛采用的原材料有石英砂、河砂、粉煤灰、废机油等。

本次模型试验选取的模型土原材料为：河砂、石英砂、粉煤灰、重晶石粉和废机油。这些材料性能稳定且各材料作用明确，其中河砂与石英砂作为骨料，并配合粉煤灰调节级配，重晶石粉用于调整模型土重度，废机油作为胶结剂。设计模型土材料配比见表 3-38。

模型围岩相似材料配合比 表3-38

组号	围岩材料				
	河砂	石英砂	粉煤灰	重晶石粉	废机油
1	27.00%	33.00%	19.00%	14.00%	7.00%
2	36.00%	24.00%	26.00%	5.00%	9.00%
3	25.49%	34.31%	17.65%	13.73%	8.82%
4	19.80%	21.78%	27.72%	21.78%	8.91%
5	35.64%	19.80%	27.72%	7.92%	8.91%
6	24.75%	32.67%	18.81%	15.84%	7.92%

由于试样不含有水分，模型土的内摩擦角、黏聚力采用直剪试验获得，弹性模量采用三轴压缩试验测定。试验照片如图3-85～图3-88所示，相似材料目标物理力学参数见表3-39。

图3-85 模型土直剪试验

图3-86 模型土直剪试验破坏试样

图3-87 模型土三轴试验

图3-88 模型土三轴试验破坏试样

围岩材料物理力学参数要求 表3-39

类型	重度（kN/m³）	弹性模量（MPa）	黏聚力（kPa）	内摩擦角（°）
原型	25.5	1300	648	33
模型	25.5	26	13.0	33

（2）支护材料选择

石膏因其具有制作简便、快速成型等特点，常作为隧道硐室衬砌的相似材料，是一种气体硬化矿物黏合剂，通过水化反应硬化，石膏适合模拟线弹性材料。因此，在本次模型试验中，石膏被选为隧道硐室衬砌的相似材料。最终设计的6组衬砌混凝土相似材料配合比见表3-40。

衬砌混凝土相似材料配合比　　　　　　表3-40

相似材料配合比	组号					
	1	2	3	4	5	6
水∶石膏	1∶1.7	1∶1.6	1∶1.5	1∶1.1	1∶1.05	1∶1

通过开展衬砌试样的单轴压缩试验（图3-89、图3-90），测试其弹性模量和单轴抗压强度。圆柱体衬砌试件直径为50mm，高为100mm。试件浇筑完成后在室温条件下养护7d，试件的轴向变形通过粘贴在两对侧面的应变片进行测定。衬砌相似材料目标参数见表3-41，最终选取水膏比分别为1∶1.05和1∶1作为二次衬砌和初期支护混凝土的相似材料。

图3-89　衬砌试样

图3-90　单轴压缩试验

衬砌相似材料参数　　　　　　表3-41

名称	C25 混凝土		C40 混凝土	
	原型	模型	原型	模型
弹性模量（GPa）	23.00	0.46	32.50	0.65
轴心抗压强度（MPa）	17.00	0.34	26.80	0.54
抗拉强度（MPa）	2.00	0.04	2.36	0.05
重度（kN/m³）	22.00	22.00	23.00	23.00

（3）支护结构设计及制作

二次衬砌隧道硐室结构采用预制衬砌，按照设计配比提前浇筑结构并加入铁丝网，在其烘干后，采用表面涂抹清漆以防止衬砌结构受潮。对于钢拱架以及锚杆的模拟，因为涉及力学参数较多，所以考虑其在结构中的作用，分别通过抗弯刚度EI和抗拉刚度EA相似来模拟。试验构件制作如图3-91～图3-93所示。

图3-91　提前制作试验构件

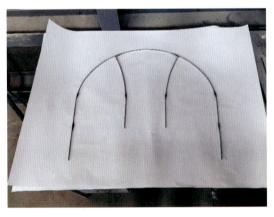

图3-92　试验钢拱架

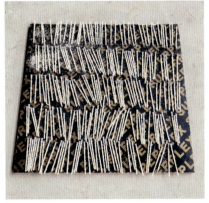

图3-93　试验锚杆

模型锚杆按照轴向抗拉刚度EA相似的原则进行选取，本次试验采用亚克力棒模拟锚杆。由于在原型锚杆分布的密集性（间距1.2m，排距1.0m），以及锚杆自身的直径较小，如果严格按照几何相似比要求，除锚杆长度可以等比例缩小外，锚杆的布置间距和直径等均无法在模型试验中按照确定的相似比进行缩小。经测试，亚克力棒的弹性模量约为2.8GPa。因此，试验中锚杆杆体采用边长2mm的矩形截面亚克力棒，拱部采用7根中空注浆锚杆换算为1根（模型中拱部共3根）；侧墙采用5根砂浆锚杆换算为1根（模型中每侧各2根）；沿隧道硐室纵向，2.5榀换算为1榀。模型钢拱架按照横截面抗弯刚度EI相似的原则选取，本次试验采用扁铝丝来模拟钢拱架。原型中钢拱架纵向间距为1.0m，试验中采用原型2.5榀换算为模型中1榀。试验前，按照设计制作试验钢拱架及锚杆。

3.4.3 模型试验设计及实施

1）试验整体设计

试验选取重庆歇台子车站深埋段隧道硐室为原型，为了开展超大断面硐室开挖、支护全过程模拟试验，采用三维大型地质力学模型试验系统，系统主要由三维模型试验装置、液压加载系统、多元信息监测系统组成。其中模型箱尺寸为 1.0m × 3.0m × 1.8m（长×宽×高），材料采用一定厚度的钢板，钢板上焊有一定密度的肋板，用于限制模型箱的侧向变形，保证不会影响试验结果。在模型箱的正面采用 0.8m × 0.7m（宽×高）的透明钢化玻璃，便于监测系统准确测得隧道硐室围岩全场位移及应变。试验模型箱如图 3-94 所示。

图 3-94 试验模型箱

为了满足隧道硐室分步开挖及模拟过程的要求，本次模型试验选取几何相似比尺为 1:50，重度相似比尺为 1:1，开挖支护方案严格按照设计方案缩尺实施。模型体相似材料的理论物理力学参数及配比设计详见第 3.4.2 节。

隧道硐室开挖施工完成后，按照设计安装预制的隧道硐室二次衬砌结构。为了使得加载期间初期支护结构能够与二次衬砌足够贴合、荷载传递均匀、结构受力合理，在初期支护与二次衬砌结构间隙注入与初期支护相同配比的石膏浆液。2h 后，待注入的石膏浆液基本凝固后，通过加载系统对衬砌支护体系进行加载，进一步分析城市深埋条件下隧道硐室复合式衬砌支护体系的承载能力以及内力分布特征。加载方案详见表 3-42。

模型试验加载方案　　表 3-42

加载等级	加载系统承载力（kN）	模型附加荷载（kPa）	加载等级	加载系统承载力（kN）	模型附加荷载（kPa）
1	5.6	1.87	11	61.6	20.53
2	11.2	3.73	12	67.2	22.40
3	16.8	5.60	13	72.8	24.27
4	22.4	7.47	14	78.4	26.13
5	28	9.33	15	84	28.00
6	33.6	11.20	16	89.6	29.87
7	39.2	13.07	17	95.2	31.73
8	44.8	14.93	18	100.8	33.60
9	50.4	16.80	19	106.4	35.47
10	56	18.67	20	112	37.33

2）监测方案设计

本次试验采用差动式数显位移计、微型土压力盒和电阻式应变片等监测元件，对隧道硐室施工过程中围岩变形、荷载释放以及结构内力演化过程进行信息监测与采集。

（1）支护体系内力监测

在目标监测断面，对初期支护钢拱架、（锁脚）锚杆布设监测点，初期支护钢拱架环向布设 9 个监测点，每个监测点设置 2 个应变片，分别对贴在铝条的内外侧；对监测断面的 5 根锚杆均设置监测点，每根锚杆设置 2 个监测点，沿锚杆长度方向设置；监测断面的锁脚锚杆设置 4 个监测点，每根锁脚锚杆设置 1 个监测点。对于预制二次衬砌隧道硐室结构，在目标监测断面布设 12 个监测点，每个监测点设置 2 片应变片，分别对贴于二次衬砌结构的内外两侧。监测点布置如图 3-95 所示。

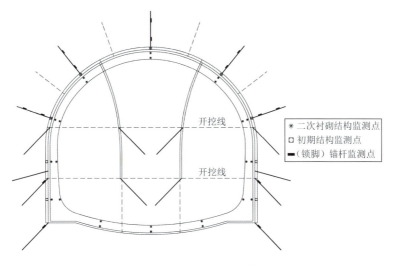

图 3-95 电阻应变片监测点布置

通过对初期支护钢拱架以及二次衬砌隧道硐室内外侧粘贴电阻式应变片，测得相应监测点位置的内外侧应变 ε_N 和 ε_W，然后根据混凝土材料本构关系以及矩形截面构件承载能力，最终可以转换通过式(3-73)和式(3-74)求解隧道硐室衬砌截面的内力。

$$N = \frac{1}{2}bhE(\varepsilon_N + \varepsilon_W) \tag{3-73}$$

$$M = \frac{bh^2}{12}E(\varepsilon_N - \varepsilon_W) \tag{3-74}$$

式中：N——隧道硐室衬砌截面内力（kN）；

M——隧道硐室衬砌截面弯矩（kN·m）；

b——隧道硐室衬砌截面宽度（m）；

h——隧道硐室衬砌截面高度（m）；

E——隧道硐室衬砌弹性模量（MPa）。

具体选用 2mm×3mm 泊式胶基电阻应变片，电阻值为 (120±0.5)Ω，灵敏度系数为 (2.08±1)%。布片前用环氧树脂对布片部位设基底，应变片布设经检查合格后做防潮处理。粘贴好应变片后，通过预先准备好的导线将其与采集仪连接并用欧姆表测其电阻，若其值稳定在 120Ω 左右，则连接无误。为了确保连接的牢靠稳定，连接后用硅胶覆盖。接收仪器选用静态电阻应变多通道数据采集仪，应变片采用半桥连接，并用 YX-1 型标准应变箱对试验用应变量测系统作测值系统误差标定。隧道硐室支护体系锚杆、初期支护钢拱架、预制二次衬砌粘贴应变片如图 3-96～图 3-98 所示。

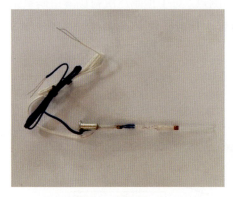

图 3-96　锚杆粘贴应变片

图 3-97　初期支护钢拱架粘贴应变片

图 3-98　二次衬砌粘贴应变片

（2）地中位移监测

地中位移采用差动式数显位移计测量，即围岩位移依次通过铜片、铅发丝线，经由预埋位移传导杆传递到模型箱外侧的百分表进行测量。预埋传导杆为空心钢管，以保证内部铅发丝线不受土体和开挖的影响。铅发丝线一端系有金属垫片，固定在距离隧道硐室较近的围岩中；另一端系在百分表上。当围岩发生位移时，可以通过没有弹性的铅发丝线将位移传至百分表，百分表通过磁力表座固定在模型箱上。百分表精度为 0.01mm。地中位移监测点布置及量测如图 3-99 和图 3-100 所示。完成隧道硐室结构施工后，在二次衬砌隧道硐室结构内部安装硐周位移监测点，采用磁力基座将百分表固定在模型箱上，监测隧道硐室施工完成后加载期间的隧道硐周变形。

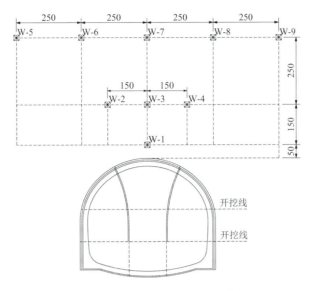

图 3-99 地中位移监测点布置（尺寸单位：cm）

图 3-100 地中位移量测系统

（3）土压力监测

当隧道硐室开挖到监测点位置时，在施作喷射混凝土层和模筑二次衬砌结构之前，将土压力盒埋在围岩与喷层之间，用于测定围岩与支护间的层间径向接触压力。土压力盒接入应变量测系统。微型土压力盒采用 JTM-Y2000 型号，其体积小、灵敏度高、结构简单，满足室内模型试验要求。微型土压力盒监测点布置如图 3-101 所示，微型土压力盒如图 3-102 所示。

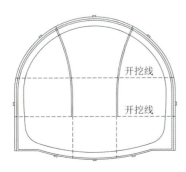 

图 3-101 微型土压力盒监测点布置　　图 3-102 微型土压力盒

（4）硐周变形监测

对于加载阶段隧道硐室衬砌结构的硐周变形，采用百分表监测。在隧道硐室拱顶和仰拱中点各设置一个监测点，用于监测加载期间隧道硐周的竖向变形；在隧道硐室左右侧墙中点各设置一个水平监测点，监控加载期间隧道硐室水平变形。硐周监测点布置及百分表安装如图 3-103 所示。

图 3-103　硐周变形监测点布置及百分表安装

3）开挖及支护施工设计

根据试验要求，采用分层填筑模型土，逐层夯实。试验前，模型土的填筑流程主要分为以下步骤：

（1）按照模型土相似材料设计配比，对原材料进行称取。

（2）将所有固体原料倒入搅拌机内，进行搅拌。

（3）加入液体原料（废机油）后，再次均匀搅拌。

（4）在模型箱内壁涂抹润滑剂以减小模型土与模型箱之间的摩擦力，从而消除边界效应。

（5）将搅拌好的模型土分层倒入模型箱内，摊铺均匀。

（6）对模型土逐层夯实，确保密实度相同。

（7）将模型土填筑到地中位移监测点设计高度后，进行监测元件埋设。

（8）填筑模型土直至设计高度后，自重应力场作用下静置 24h，然后进行开挖模拟。

本次模型试验硐室开挖及施工操作流程如图 3-104～图 3-106 所示。

图 3-104　分层夯实模型土　　　　图 3-105　模型试验开挖工具

图 3-106 开挖及支护施工流程

模型试验硐室开挖及施工操作步骤如下：

（1）开挖前，提前按照设计配合比称量好初期支护混凝土相似材料。

（2）按照开挖方案提前规划开挖轮廓。

（3）使用钢尺测量台阶尺寸以确保开挖精度，用油灰刀等工具开挖并分次清理土渣。

（4）沿提前规划的隧道硐室轮廓推进开挖施工。

（5）为确保衬砌厚度均匀，进行二次扩挖，扩挖厚度与衬砌设计厚度一致。

（6）开挖完成一次循环后，架设钢拱架。

（7）待钢拱架连接完毕后，进行模拟初期喷射混凝土施工，为保证石膏能够与土体紧密贴合，须先用稀石膏水浸润开挖隧道硐室周围土体，待围岩浸润后配制符合相似比的石膏，接近凝固时涂抹。

（8）待石膏凝固后，按照设计位置打设锚杆钻孔，插入涂抹石膏的锚杆。

（9）待锚杆施工完成后，本次循环结束，开始下一循环的开挖。

根据模拟施工设计，大断面隧道硐室采用初期支护拱盖法施工。每开挖循环完成一次，并在满足小断面掌子面纵向间距时，便可在下一开挖循环增加一个小断面。直至完成中上部小断面的全部开挖，便可组织拆除临时支护结构，继续下部分土体开挖，直至形成整个隧道硐室结构，最后放入预制二次衬砌结构，并注浆使初期支护和二次衬砌保持密贴。隧道硐室大断面由 9 部分小断面开挖扩展而成，施工流程如图 3-107 所示。

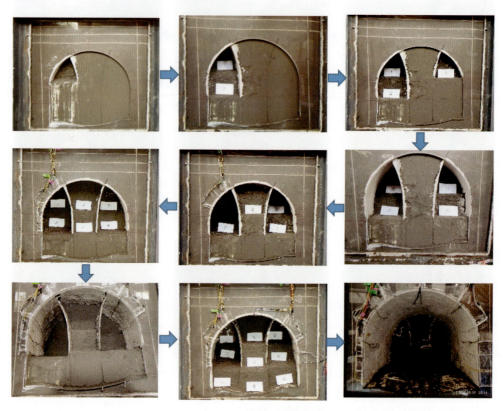

图 3-107　模拟小断面扩挖施工流程

在施工期间，当每个小断面的开挖进深到达监测断面时，即可安装相应的监测点传感器，如图 3-108 所示。

图 3-108　在目标断面安装传感器

3.4.4　模型试验结果分析

1）施工开挖围岩变形扩展规律分析

通过试验前在围岩中埋设的地中位移计，对整个试验过程围岩位移进行监测，绘制出围岩各个监测点的施工过程位移时程曲线。

（1）围岩变形竖向发展分析

拱顶正上方监测点（即水平位置 $x=0$）在整个试验施工过程中围岩位移时程曲线如图 3-109 所示，其中监测点 W-1、W-3 和 W-7 布设位置参见图 3-99。

从图中可以看出，整个施工过程中，各个监测点的竖向位移均在持续增长，且增长趋势大致相同。其中在距离硐室拱顶距离最近位置 W-1 的围岩竖向位移随施工推进，其值变化最大；在施工最初阶段（小断面 S1 施工至监测位置前），监测点竖向位移很小，直至 S1 推进

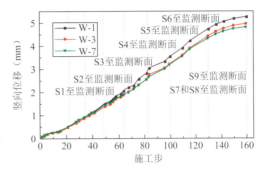

图 3-109　拱顶上方围岩竖向位移施工时程曲线

至监测断面处，W-1、W-3、W-7 的围岩竖向位移分别达到 0.49mm、0.45mm 和 0.49mm；直至 S4 推进至监测断面处，三个监测点围岩竖向位移的变化接近线性均匀增长，W-1、W-3、W-7 的围岩竖向位移分别增长至 2.04mm、1.88mm 和 1.89mm。

然而，在 S5 推进到监测断面处，可以看出此时距离拱顶最近的 W-1 监测点的竖向位移增量明显大于 W-3 和 W-7 监测点的竖向位移，此时三个监测点的竖向位移分别增至 2.80mm、2.52mm 和 2.53mm，即在该施工循环三个监测点的竖向位移增量分别为 0.76mm、0.64mm 和 0.64mm；继而在后续施工循环过程中，监测点 W-1 的竖向位移增长逐渐大于距离硐室相对较远的监测点 W-3 和 W-7。

在 S9 推进至监测断面位置后，即整个硐室施工均已通过监测断面，监测点竖向位移时程曲线逐渐趋于平缓。最终硐室施工完成后围岩竖向位移分别为：W-1 监测点 5.23mm，W-3 监测点 .93mm，W-7 监测点 4.79mm。

在各个小断面施工至监测断面时，统计监测点的竖向位移、围岩竖向位移变化率、位移增长率，详见表 3-43。围岩竖向位移变化率为当前时刻位移和最终施工完成后位移的比值；位移增长率为当前位移变化率与上一施工阶段位移变化率的差值。

监测断面施工完成后拱顶监测点 W-1、W-3、W-7 围岩竖向位移变化率　　表 3-43

至监测位置小断面编号	S1	S2	S3	S4	S5	S6	S7、S8	S9
施工步	22 步	34 步	48	64 步	82 步	100 步	116 步	130 步
W-1 竖向位移（mm）	0.49	0.88	1.41	2.04	2.80	3.51	4.20	4.70
位移变化率（%）	9.37	16.83	26.96	39.01	53.54	67.11	80.31	89.87
位移增长率（%）	9.37	7.46	10.13	12.05	14.53	13.58	13.19	9.56
W-3 竖向位移（mm）	0.45	0.81	1.29	1.85	2.52	3.21	3.87	4.40

续上表

位移变化率（%）	9.13	16.43	26.17	37.53	51.12	65.11	78.50	89.25
W-7竖向位移（mm）	0.49	0.87	1.37	1.89	2.53	3.17	3.84	4.30
位移变化率（%）	10.23	18.16	28.60	39.46	52.82	66.18	80.17	89.77
位移增长率（%）	10.23	7.93	10.44	10.86	13.36	13.36	13.99	9.60

从表3-43可以看出，随着施工推进，施工左上方小断面S1引起的围岩竖向位移明显大于左中位置小断面S2施工，但是随着开挖对围岩扰动次数增加，施工右侧小断面S3和S4时，围岩竖向变形相对左侧施工较大。在施工拱下方小断面S5时，引起围岩竖向位移所占比例最大，其中W-1监测点位移增长率最大为14.53%；随后，虽然硐室拱部开挖完及时施加支护结构，但是此时对围岩扰动影响最大，以至于后续施工各阶段（S6、S7和S8）围岩位移相对较大。直至初期支护完成后，在最终初期支护拱盖的保护下开挖S9时，引起的围岩竖向位移增量相对较小，W-1、W-3和W-7三个监测点的围岩在该阶段的增长率分别为9.56%、10.57%和9.60%；在硐室开挖断面全部通过监测位置后，三个监测点W-1、W-3和W-7围岩竖向位移分别达到最终位移的89.87%、89.25%和89.77%，即约为最终位移的90%。

（2）围岩变形横向发展分析

①地层中围岩竖向位移

硐室上方围岩同一水平高度的监测点W-2、W-3和W-4的水平投影分别位于左侧小断面S1、中间小断面S5、右侧小断面S3的跨度中点，具体测监点布设位置参见图3-99。绘制的整个试验施工过程中三点的围岩位移时程曲线如图3-110所示。

由图3-110可以看出，三个监测点的时程位移曲线在整个硐室开挖施工过程中变化趋势相同，均随着施工推进位移逐渐增加，直至S9推进至监测断面，即在监测位置处的硐室整个断面全部完成开挖施工；随后至硐室贯通阶段，位移增长趋于平缓，监测点W-2、W-3和W-4的最终位移分别为4.90mm、4.93mm和4.65mm。

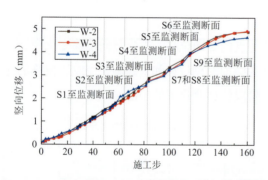

图3-110 开挖小断面上方围岩竖向位移施工时程曲线

由于监测点W-2水平投影位于左侧小断面S1（S2、S7）的跨度中点，从图3-110中可以看出：直至S2至监测断面位置之前，三个监测点位移基本相同，W-2位移略大；在S4至监测断面位置时，水平投影位于右侧小断面S3（S4、S8）跨度中点的监测点W-4位移突然增大明显；在S5和S6推进至监测断面的施工循环过程，监测点W-2和W-3的位移增量大于监测点W-4；在下层小断面S7和S8推进至监测断面阶段，监测点W-2和

W-4的位移增量要大于监测点W-3，即边跨围岩增量大于跨中；但是在最终S9施工至监测断面，直至大硐室贯通后，硐室上方围岩监测点W-2、W-3和W-4的竖向位移增长相较之前施工阶段较为平缓，且最终位于大硐室跨中正上方的监测点W-3的竖向位移最大值为4.93mm。

②地表围岩竖向位移

取硐室上方围岩接近地表同一高度处W-5~W-9共5个监测点的围岩竖向位移，绘制整个试验施工过程中地表围岩位移时程曲线，如图3-111所示。监测点具体布设位置参见图3-99。

图3-111显示在整个硐室施工过程中，地表每个监测点的围岩竖向位移时程曲线变化趋势基本相同，且与前文所述监测点位移变化保持一致，围岩竖向位移随开挖施工推进均匀增长，直至小断面S9至监测位置后，位移增长逐渐平缓。在施工步130时，监测点W-5、W-6、W-7、W-8、W-9的竖向位移分别为4.15mm、4.28mm、4.30mm、4.18mm和3.86mm；在硐

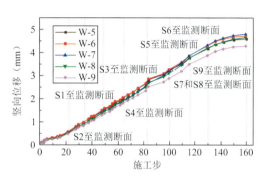

图3-111 地表围岩竖向位移施工时程曲线

室施工完成后，上述监测点的最终位移分别为4.58mm、4.71mm、4.79mm、4.64mm和4.27mm，可见水平投影在大硐室跨中监测点W-7的竖向位移最大；在硐室开挖断面全部通过监测位置时，上述监测点的地表围岩竖向位移变化率分别达到90.61%、90.87%、89.77%、90.09%和90.40%，与前文所述监测位置硐室断面施工引起的监测点W-1，W-3竖向位移变化率保持一致。

以上现象说明，大硐室上方围岩竖向位移受各个小断面开挖施工影响，小断面施工对其正上方围岩影响最大，且随小断面施工数量的增加，即围岩受到多次扰动，其竖向位移增长加快；但是在下层边部小断面施工完成，即初期支护的拱盖结构完成，再行开挖仰拱上方小断面对硐室上部围岩竖向位移影响相对较小。在硐室全部断面施工通过监测位置期间，引起的上部围岩竖向位移约为最终位移量的90%；且最终硐室上方围岩稳定后，跨中围岩竖向位移最大；横向呈现非对称分布，先开挖小断面一侧的上部围岩竖向位移大于后开挖小断面一侧。

2）加载围岩变形扩展规律分析

在大硐室开挖施工完成后，将预制好的二次衬砌结构放入隧道，并对各地中位移计进行清零，且在隧道硐内固定安装百分表，监控量测加载过程中隧道硐室结构及围岩的变形，分析其变形扩展规律。

（1）隧道硐室上方围岩变形分析

提取隧道硐内的拱顶监测点以及该点正上方围岩监测点W-1、W-3和W-7（即水平位

置 $x=0$）位移，绘制整个加载过程中的围岩位移时程曲线，如图 3-112 所示。其中加载等级及其对应荷载见表 3-42。

从图 3-112 中可以看出：在整个加载过程中，距离拱顶最近的监测点 W-1 与隧道硐内拱顶监测点竖向位移加载时程曲线基本重合，由此说明，隧道硐室拱顶处的二衬结构与围岩已很好贴合，且可以通过 W-1 监测点的竖向位移变化，反映出拱顶处围岩变化。在整个加载过程中监测点 W-3 和 W-7 的竖向位移变化基本保持平稳且曲线光滑，仅在第 11 级和第 12 级荷载条件下监测点 W-7 的围岩竖向位移增量偏差较大，这可能是试验过程读数失误引起的误差。

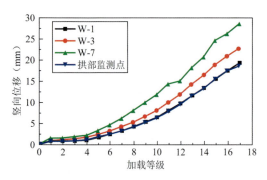

图 3-112 隧道拱顶及上方围岩竖向位移加载时程曲线

在加载前期，各监测点竖向位移增长缓慢且变化基本一致。在第 4 级荷载时拱顶监测点 W-1、W-3 和 W-7 的竖向位移分别为 1.05mm、1.08mm、1.46mm、2.03mm；随着加载等级增加，竖向位移逐渐开始迅速增加，并且接近地表位置的监测点 W-7 和 W-3 竖向位移，大于接近隧道硐室拱顶处的 W-1 及隧道硐室拱顶监测点竖向位移；加载至第 17 级荷载时，停止继续加载，拱顶监测点、W-1、W-3 和 W-7 的最终竖向位移为 18.36mm、19.13mm、22.56mm 和 28.43mm。取监测点 W-1、W-3 在加载期间的位移变化率，并统计其位移增长率，详见表 3-44。

加载阶段围岩竖向位移变化　　　　　　　表 3-44

	加载等级	4	8	10	12	14	16	17
W-1	位移值（mm）	1.08	3.99	6.30	9.56	13.32	17.36	19.13
	位移变化率（%）	5.65	20.86	32.93	49.97	69.63	90.75	100
	位移增长率（%）	5.65	15.21	12.08	17.04	19.65	21.12	9.25
W-3	位移值（mm）	1.46	5.02	7.83	11.72	16.20	20.69	22.56
	位移变化率（%）	6.47	22.25	34.71	51.95	71.81	91.71	100
	位移增长率（%）	6.47	15.78	12.46	17.24	19.86	19.90	8.29
	W-3 与 W-1 位移差（mm）	0.38	1.03	1.53	2.16	2.88	3.33	3.43

从表中可以看出，监测点 W-1 和 W-3 的竖向位移在加载至第 4 级荷载时，位移变化率分别为 5.65% 和 6.47%；在第 4 至第 8 级加载时，位移增长率分别达到 15.21% 和 15.78%，

即约为前4级加载位移增长的3倍；随后，在第8级至第10级加载，两个监测点围岩位移增长率约为12%，此时位移分别为6.30mm和7.83mm；当加载至第12级时，监测点W-1和W-3位移变化率分别为49.97%和51.95%，即约为最终位移的一半；继续加载，可见每两级加载引起的位移增长率均可达到20%左右。

（2）地层中围岩变形发展分析

为分析加载过程中硐室上方围岩竖向变形，分别绘制同一水平高度的监测点W-2~W-4的位移时程曲线对比图和地表附近的监测点W-5~W-9的位移时程曲线对比图，如图3-113和图3-114所示。

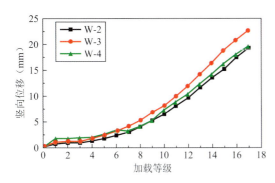 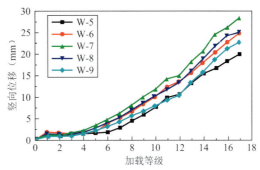

图3-113 地中围岩竖向位移加载时程曲线　　图3-114 地表围岩竖向位移加载时程曲线

从图中可以看出，硐室上方围岩中部位于同一水平高度的监测点W-2~W-4位移变化趋势基本相同，随加载等级的增加，位移增长逐渐加快；其中监测点W-2与W-4的大小更为接近，且硐室拱顶上方监测点W-3的竖向位移，在最终加载结束后监测点W-2与W-4的竖向位移分别为19.11mm和19.64mm，小于监测点W-3的竖向位移22.56mm。

对于地表附近的围岩位移变化可见监测点W-5~W-9的竖向位移时程曲线，在整个加载过程，各个监测点位移变化与地中监测点W-2~W-4一致，即随着加载增大，位移增长得越来越快；且从图3-114可以看出，在加载过程中，W-7曲线位置最高，即表明竖向位移最大；W-5和W-9曲线较为接近，W-6和W-8曲线较为接近，且距离硐室跨中越远，竖向位移越小；W-5和W-9、W-6和W-8及W-7监测点在加载结束后的最终竖向位移分别为19.93mm和22.73mm、24.77mm和25.05mm及28.43mm。

同时，由图3-113和图3-114分析可知，在加载阶段，硐室上方围岩竖向变形呈现关于硐室跨度中心近似对称分布；同一高度围岩，越接近跨中位置其竖向位移越大。

3）加载过程隧道硐室变形扩展规律分析

在加载过程中，通过在隧道硐室内部设置百分表，分别对拱顶、仰拱位置的位移进行监测，观察硐室竖向变形，以及在左右边墙中点设置监测点，分析加载引起的硐室结构的水平变形。绘制加载过程的结构监测点位移及硐室硐周变形时程曲线，详见图3-115～图3-117。

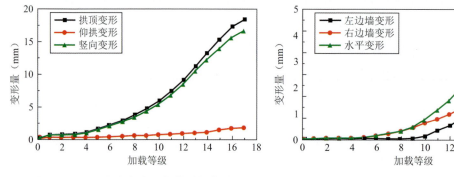

图3-115 硐周竖向变形加载时程曲线　　　图3-116 硐周水平变形加载时程曲线

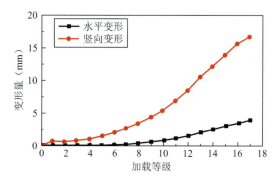

图3-117 隧道硐周变形加载时程曲线

由图3-115可知，在加载过程，硐室结构的竖向收敛主要是由于拱顶沉降位移引起；且隧道硐室有整体下沉变形沉降变形均匀且偏小，在第14级加载时仰拱沉降变形为1.04mm，而此时拱顶沉降变形达到13.14mm，即硐室结构竖向收敛达到12.10mm；在之后仰拱监测点的竖向位移增长略微加快，在第17级加载后，仰拱监测点竖向隆起达到1.69mm，拱顶沉降为18.36mm，即硐室结构竖向收敛达到16.67mm。

由图3-116可知：在前期加载过程，左侧边墙几乎没有发生水平变形；加载至第10级时，左侧边墙水平位移为0.12mm，右侧边墙水平位移为0.60mm；之后加载，左侧边墙水平变形则迅速增加，而右侧边墙水平位移则保持均匀增长；加载至第17级时，左侧边墙和右侧边墙水平位移均到达1.91mm。在整个加载过程，硐室结构在水平方向变形在不断扩展。

由图3-117可知：加载期间隧道硐室结构竖向收敛变形以及水平扩展变形均呈现增长现象，相比结构水平扩展，其竖向收敛变形增长明显；整个加载期间，竖向收敛变形速度由平缓增长，到迅速增加，直至最后收敛变形速度减小。加载至12级和14级时结构的裂纹分别如图3-118和图3-119所示。

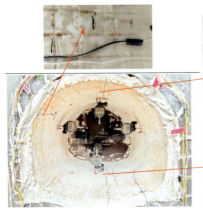

图 3-118　加载至 12 级硐室结构开裂

图 3-119　加载至 14 级硐室裂缝扩展

加载至第 12 级时，在二次衬砌结构仰拱偏右，隧道硐室内侧出现纵向裂纹；在隧道硐室中部仰拱右侧偏于拱脚处，纵向裂纹基本贯通；在靠近隧道硐口处，与隧道硐室内侧的纵向裂缝基本保持同一直线位置，透过清漆可以看到有微弱的裂纹，但与内部裂纹未贯通；此时，在二次衬砌结构左侧拱肩位置出现了 2 处因钢筋网崩裂引起的鼓包现象；在二次衬砌拱顶偏右，位于硐口附近也出现 1 条纵向裂纹，纹路清晰但仅延伸至隧道硐室中部附近。

加载至第 14 级时，二次衬结构在仰拱右侧偏向于右拱脚，位于隧道硐室中部出现了一条新的裂纹，长度约为隧道硐室纵向的 1/2；并且在隧道硐室中部偏向硐口一侧，与该条裂纹相交的钢筋网出现崩裂，引起了衬砌结构出现 2 处鼓包。

取在加载期间硐室结构竖向和水平的变形变化量，并统计其变形增长率，详见表 3-45。

加载阶段硐室结构变形　　　　　　　　表 3-45

加载等级		4	8	10	12	14	16	17
水平扩展	变形值（mm）	0.01	0.29	0.72	1.48	2.44	3.43	3.82
	扩展变化率（%）	0.26	7.59	18.85	38.74	63.87	89.79	100.00
	扩展增长率（%）	0.26	7.33	11.26	19.90	25.13	25.92	10.21

续上表

	加载等级	4	8	10	12	14	16	17
竖向收敛	变形值（mm）	0.88	3.31m	5.20	8.35	12.10	15.61	16.67
	收敛变化率（%）	5.28	19.86	31.67	50.09	72.59	93.64	100.00
	收敛增长率（%）	5.28	14.58	11.82	18.42	22.50	21.06	6.36

由表 3-45 可知：在加载前期，结构变形较小；在第 10 级加载后，结构水平扩展和竖向收敛变形分别达到 0.72mm 和 5.28mm，分别占加载结束后变形量的 18.85%和 31.67%，结构相对比较稳定；加载至 12 级时，可见在两个等级加载下，硐室结构的水平和竖向变形增长率分别达到 19.90%和 18.42%；继续加载至 14 级时，水平变形增长率达 25%以上，竖向和水平的累积变形率分别达到 72.59%和 63.87%，随后水平扩展变形增长率继续增大而竖向收敛变形增长率开始减小。

3.5 城市深部地下空间施工远程无线监控系统

隧道硐室是处于地下的隐蔽工程，面临着复杂的地质环境，施工过程中的土体开挖、打孔、架设拱架等操作都有可能导致意外的发生，此外地下水的存在也会对施工安全产生不利影响。根据近些年来的隧道硐室施工事故伤亡统计，因隧道硐室塌方、落石造成的伤亡占 51%，机械吊装占 25%，说明隧道硐室施工过程中存在着高风险，如果不加以预防和控制，很容易造成生命和财产的损失。为了规避这些风险、规范隧道硐室施工，不仅要及时预报隧道硐室险情，加固和维护隧道硐室，对隧道硐室施工进行智能化监测和评估也是很有必要的。

本部分依托城市深部空间大断面隧道硐室工程——重庆轨道交通 18 号线歇台子地铁车站，利用隧道硐室智能化监测系统对隧道硐室施工过程进行实时监测，对隧道硐室施工过程中的围岩变形、钢拱架应力等数据进行自动采集，最后通过对数据的分析与预测，实现隧道硐室施工的安全预警。

3.5.1 监控量测技术

1）监控量测的主要步骤

施工现场监控量测任务主要通过打孔、焊接等方式安装压力盒、钢筋计、位移计等仪器，然后定期对监测点的监测项目进行读数和数据处理，分析施工响应，反馈施工安全风险，预防工程事故。

监控量测传感器通过塞入锚固剂、表面喷射混凝土等方式使仪器稳固地附着在初期支护内部，如图 3-120～图 3-123 所示。由于现场监控量测仪器易被隧道硐室施工作业干扰，因此监测方需要与施工方紧密配合，协调好工作，并确保量测计划的顺利实施。

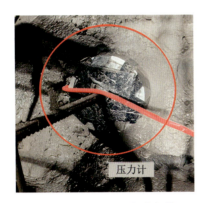

图 3-120　现场压力计安装

图 3-121　现场钢筋计安装

图 3-122　现场锚杆测力计安装

图 3-123　现场位移计安装

施工现场成立专门的监控量测小组，使用手动数据采集仪，每个监测点每天至少测量一次，距离开挖面近的监测点每天则需测量 2 次。量测组除了负责每日的测试工作外，还需要及时向有关单位反馈项目量测结果。

2）手动采集数据存在的主要缺陷

在监控量测数据采集环节，采用人工手动采集数据时，主要存在如下不足：

（1）测量会受到施工作业的影响。测量人员每天至少进硐内测量一次，每次测量大概需要持续 3h，测量过程中隧道硐室施工作业车辆与人员来往多，直接干扰测量工作。同时在测量时，隧道硐室的施工作业也会受到影响，从而影响施工进度。

（2）测量数据精度不够。手动测量仪的精度只有小数点后两位，且由于采取手动测量，测量人员的主观因素对测量数据的准确度有很大影响。硐内烟尘大、噪声大，都会对测量人员的判断造成影响，从而导致测量过程中产生人为误差。

（3）无法实时掌握数据情况。人工监控量测的间隔时间通常为 24h，最短也需要 12h，无法实时掌握隧道硐室发生迅速变化的情况，导致测量数据不完全。同时由于不能掌握施工的实时变化情况，并会给施工安全带来一定的隐患。

（4）量测人员轮换频繁。硐内环境差，人员不能长期在施工现场进行量测工作；另外量测小组基本是由本团队内的在读博士生、硕士生组成的，作为在读生还有学习和其他科研任务。故量测人员需要经常进行轮换。量测人员的频繁轮换会导致技术水平降低、测量误差增大。

3）自动采集监测数据技术的发展

针对人工手动采集监测数据的不足，近些年来，许多新兴技术被用于解决隧道的施工安全与监测问题。王飞等分析了隧道施工影响因素，并结合超宽带（Ultra Wide Band，UWB）定位技术、树莓派以及全球定位系统（GPS）技术成功研发了隧道施工监测与安全管理系统。田海燕等结合现代信息化技术手段设计并应用有关系统，通过蓝牙技术采集测量数据，实现自动计算和超限预警。张俊儒等提出了研发一种"隧道健康监测与智能信息管理评估系统"的构想。ES Systems 公司在希腊 Olympia Odos 高速公路隧道上完成了首个设备状态监测系统——智慧隧道（Smart Tunnel）系统的安装。由此可见，监控量测自动化、信息化、智能化技术将会持续发展，具有进一步的研究和应用推广价值。

3.5.2 智能化监测系统功能及应用

1）智能化监测系统功能特点

（1）先进性。监测系统采用高度智能化、模块化集成设计，具有多种通信接口：RS485、通用分组无线业务（GPRS）、无线网络通信技术（WI-FI）、蓝牙、Lora/NB-IOT 等可选，组网方式灵活。采用 μA 级别低功耗设计，内置高容量聚合物锂电池，外部电源故障、阴雨天等恶劣环境模块可连续工作。

（2）可靠性。性能稳定，采用高性能高可靠性电子元器件，使用寿命长。具有隔离功能，抗干扰能力强。电源避雷器、通信避雷器、过载过压保护开关等一应俱全。

（3）通用性。所有通道兼容性良好，允许不同品牌和不同信号输出类型的仪器同时混合接入同一个模块，如差阻式、振弦式、电压式、电流式等模拟信号传感器，以及数字式智能型与开关量计数式传感器均可同时接入。

（4）冗余性。系统采用多核 32 位微处理器，24 位工业级 A/D 转换器和冗余的继电器多路复用技术，自带超过 4000 条数据存储功能，保证了数据安全和完整。

（5）可维护性。监测系统具有现场实时查看数据、远程自检、诊断及人工比测等功能，支持远程升级和维护。

2）智能化监测系统技术与组成

智能化监测系统采用了超低功耗无线通信技术、函数换算间接测量法以及快速装拆连接法，保证了系统测量精度高、功耗低、装拆便捷。

测量系统由仪器箱、无线终端设备（Data Transfer Unit，DTU）、数据光端机、底板、光纤、电源避雷器等组成，如图 3-124 所示。其无线采集系统、无线传输系统以及无线网络远程监控系统构成如图 3-125～图 3-127 所示。

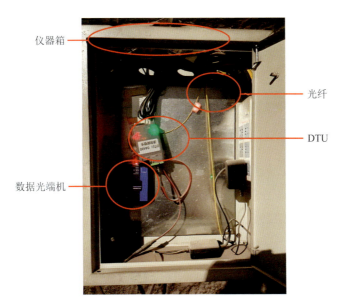

图 3-124 测量系统实物照片

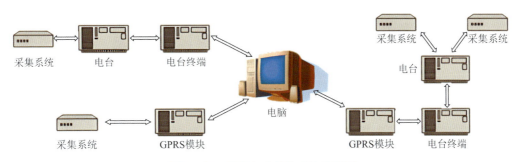

图 3-125 无线自动采集系统示意图

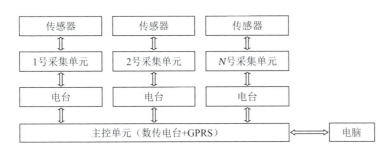

图 3-126 数传电台＋GPRS 远距离无线传输系统构成

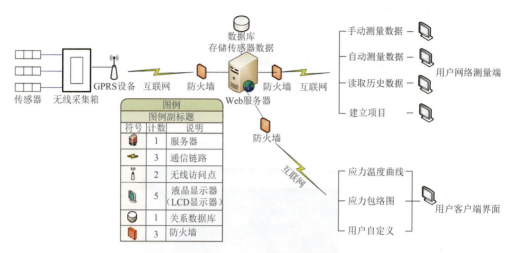

图 3-127　网络无线远程框架图

3）智能监测系统界面

本系统界面简洁,包含数据、曲线、分析、传感器和采集仪 5 个模块。其功能模块明确,便于技术人员操作;并且系统为技术人员设置了个人账号,保证了工程数据的安全。系统界面如图 3-128、图 3-129 所示。

图 3-128　登录界面

图 3-129　工程设备总览界面

在设备管理模块中,技术人员可以根据传感器类别、监测点编号以及监测通道,清晰直观地观察监测点的围岩或结构状态,并能迅速识别其监测通道或传感器工作状态,避免了因设备损坏导致监测工作长时间停止不前,给技术人员核查工作带来方便。同时在曲线模块实现了监测数据自动绘图、自动更新等功能,可实时更新,利于技术人员及专家对工程安全状态进行跟踪。工程设备及数据管理界面如图 3-130 所示,实时绘图界面如图 3-131 所示。

图 3-130　工程设备及数据管理界面

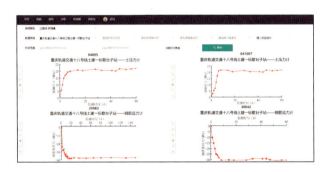

图 3-131　实时绘图界面

本节通过总结人工监控量测方法的步骤,分析出人工监控量测存在的精度不足、误差较大等一系列问题,得出智能化监控量测的必要性结论。智能化监控系统采用超低功耗无线通信技术、函数换算间接测量法以及快速装拆连接法,有着先进、可靠、通用和可维护等性能特点,相较于人工监控量测具有很大的优势。

3.6　本章小结

本章从硐室开挖后围岩的动态发展和支护理论出发,对比分析了硐室开挖后的围岩力学行为数值解和理论解之间的不同;并以塑性区面积为评价指标,采用灰关联分析围岩稳定性的地质参数敏感性。依托重庆轨道交通 18 号线歇台子地铁工程背景,采用有限差分软件进行数值模拟计算分析,探讨了城市深部空间大断面硐室初期支护拱盖法施工技术,开展了室内大比尺三维地质模型试验,并采用智能化监控系统对现场施工进行了实时监控量测，分析了城市深部初期支护拱盖法大硐室施工围岩变形规律并验证了围岩稳定和工程结构的安全。得出主要结论如下：

（1）深埋硐室开挖后，在远离硐室位置围岩应力状态理论解均趋近于围岩应力原始状态；然而对于城市深埋地下空间修建大断面硐室，不同地质条件其硐室开挖后围岩应力数值解不同，其中围岩应力状态差异最大值位于硐室上方。

（2）大断面硐室开挖施工围岩稳定对围岩主要物理力学参数重度、弹性模量、泊松比、黏聚力和内摩擦角的灰关联度大小顺序为 $c > \varphi > \gamma > \nu > E$，即表明影响硐室开挖后围岩稳定性受黏聚力和内摩擦角的影响最为敏感，重度次之，受围岩泊松比的影响较小，而对弹性模量的敏感性最弱。

（3）采用未设置临时支护工法时，增加开挖层数会增大围岩塑性区体积，不利于围岩维持稳定性；增加临时支护后有利于各开挖分部支护结构尽快封闭，且开挖层数增多会降低各开挖分部尺寸效应对围岩稳定性产生的影响，更利于围岩维持稳定。因此采用临时支护更有利于控制围岩塑性区体积发展，并可有效降低围岩最终塑性区体积。

（4）城市深部地下空间围岩变形具有一定的时间效应。当掌子面开挖至目标监测断面，掌子面前方一定范围内的围岩受到扰动发生变形，距离掌子面越近变形量越大；掌子面后方围岩变形较前方更大，且后方距离掌子面越远变形越大。掌子面后方一定里程处直至目标断面里程围岩变形速率随里程增加呈先增加后减小的趋势。

（5）基于围岩变形控制原则，对城市深部超大跨度地下空间支护方案进行优化设计，采取设置加固层厚度为 0.2m 的超前小导管注浆加固围岩 + 临时支护距中部下导洞开挖断面 10m 整体拆除方案 + 二次衬砌距初期支护闭合端 40m 施作的二次衬砌相结合的支护优化方案、验证围岩变形控制效果。优化后围岩变形量大幅下降，说明上述支护优化方案对城市深部超大跨度地下空间围岩变形控制效果十分显著。

（6）采用本书改进公式进行预测，与萨道夫斯基公式相比 SSE 值（The Sum of Squares Due to Error，和方差）下降了 88.7%，RMSE 值（Root Mean Squared Error，标准差）下降了 65.3%，R-square 值（Coefficient of Determination，确定系数）与 Adjusted R-square 值（Degree-of-freedom Adjusted Coefficient of Determination，调整确定系数）分别上升为 0.95 与 0.94，拟合精度有显著的提升，说明本书改进公式同样适用于特大跨度隧道硐室爆破地表振速衰减规律预测。

（7）通过对各工况特大跨岩层地铁隧道硐室爆破施工数值计算的围岩质点振动速度和质点振动位移进行监测，发现两者变化趋势基本相同。如果围岩的振动位移值大于 0.51cm，那么就可确定围岩损伤程度为中度损伤；如果围岩振动位移峰值处于 0.36～0.51cm 范围内，则可以确定围岩的损伤状态为轻度损伤；如果围岩位移峰值不超过 0.36cm，则表明围岩并未发生损伤。因此，在评价特大跨岩层地铁隧道硐室围岩爆破损伤程度时，可把围岩振动位移作为评价围岩损伤程度的判据之一。

（8）在爆破荷载作用下，设计工况地表振速峰值最大值大小排序为工况一 > 工况二 >

工况三＞工况四，且仅工况四爆破振速峰值未超过 1.5cm/s，满足爆破安全标准。各工况围岩损伤范围大小排序为工况一＞工况二＞工况三＝工况四，可知工况四可作为本书依托工程的爆破施工推荐方法。

（9）通过配制围岩及支护结构的相似材料、开展室内土工试验测试相似材料物理力学参数，并证实该相似材料与原型材料的力学性质具有很好的相似性，满足试验要求。模型试验采用的监测系统能对硐室开挖过程中围岩位移进行实时监测，实现了开挖支护与监测记录同步进行，验证了初期支护拱盖法的可行性和施工顺序的合理性。同时模型试验采用加载系统模拟了不同埋置深度工况，验证了硐室支护结构的安全稳定。

（10）智能化监控系统采用超低功耗无线通信技术、函数换算间接测量法以及快速装拆连接法，有着先进、可靠、通用和可维护等性能特点，相较于人工监控量测有着巨大的优势，可用于城市深部空间硐室施工监控量测。

第 4 章
城市深部地下空间施工环境控制技术

目前，城市深部地下空间大多采用矿山法施工，普遍应用钻爆法开挖。然而，隧道硐室施工过程中，爆破作业不仅会产生炮烟和粉尘，还会不可避免地释放有害气体，这对施工质量构成极大影响，甚至危害作业人员的生命健康。为保持良好的施工环境，必须实施地下空间施工环境控制技术，如对开挖作业面进行通风，通过向作业面送入新鲜风流，稀释和排出污浊空气，确保施工安全及工程顺利进展。在城市深部地下空间复杂施工过程中，随着掘进距离的不断增加，断面情况愈发复杂，开挖、出渣等施工作业过程中产生的大量有害气体和粉尘难以排出，严重威胁洞内施工安全。城市深部地下空间施工的环境问题是制约施工进度及安全的重要因素之一，如何解决好城市深部地下空间施工环境问题是摆在我们面前的一个亟待解决的课题，需求迫切、意义重大。

本章以重庆轨道交通十八号线歇台子站主体硐室工程为依托，通过对施工环境进行实地测试，针对性构建了城市深部地下空间施工环境优化方案以及评价方法，可供相关单位参考，以促进施工环境的治理与持续改善，确保项目高效、安全推进。

4.1 隧道硐室施工环境现场测试

2021年6月7—10日、2021年7月12—15日、2022年5月9日，分别对歇台子站车站主体结构的施工现场环境开展测试。

本次测试的主要内容包括以下三个部分：

（1）对施工通风时的隧道硐室环境进行测试，测试范围覆盖车站主体结构、施工主通道及横通道，测试项目包括干球温度、湿球温度、相对湿度、断面风速、噪声。

（2）对现场布设的风管进行风速测试，以计算风管实际漏风率。

（3）在各类工况下，对隧道硐室内的粉尘浓度进行测试。

4.1.1 测试内容与仪器

1）测试内容

（1）隧道硐室环境测试

①干球温度

干球温度是指在不受太阳直接照射时，将温度计直接暴露于被测空气中而测得的温度数值，反映的是普通环境下空气的温度状态，即天气预报提及的气温。不同于湿球温度，干球温度与所测空气中的湿度无关。

②湿球温度

湿球温度（绝热饱和温度）是指在绝热条件下，大量的水与有限的湿空气接触，水蒸发所需的潜热完全来自于湿空气温度降低所放出的显热，当系统中空气达饱和状态且系统达到热平衡时系统的温度。通俗来讲，湿球温度就是当前环境仅通过蒸发水分所能达到的最低温度。

③相对湿度

相对湿度是指空气中水汽压与饱和水汽压的百分比，也可以说是湿空气的绝对湿度与相同温度、气压情况下的饱和湿度之比。即相对湿度＝（绝对湿度/饱和湿度）×100％。

其中，绝对湿度是指单位体积的湿空气中含有水蒸气重量的实际数值。饱和湿度是指在一定的气压和一定的温度的条件下，单位体积的空气中能够含有水蒸气的极限数值。

④断面风速

断面风速是指隧道硐室测试断面的平均风速。

⑤噪声

噪声是指施工设备或工序发出的高于一般环境分贝的声音。

（2）风管风速测试

①风管风速

风管风速是指风管测试断面的平均风速，用于计算该断面的实际风量。

②风管漏风率

风管漏风率是指风管内某段漏风量与进风量的比值，其中平均百米漏风率是漏风率的一种特殊情况，指的是平均100m管段内漏风量与进风量的比值，计算公式为：

$$\beta = \frac{Q_f - Q_0}{Q_f \times L\%} \times 100\% \tag{4-1}$$

式中：β——风管平均百米漏风率（％）；

Q_0——风管末端风量（m³/min）；

Q_f——风机供风量（m³/min）；

L——风管长度（m）。

（3）粉尘浓度测试

粉尘浓度是单位体积空气中的粉尘质量，单位为 mg/m³。测试时，按照性质划分为全尘浓度和呼尘浓度两类。

①全尘浓度

全尘浓度即总粉尘浓度，是指单位体积悬浮于空气中粉尘的质量。

②呼尘浓度

呼尘浓度即呼吸性粉尘浓度，是指单位体积空气内粒径在 5μm 以下、能进入人体肺泡区的粉尘质量。

2）测试仪器

主要测试仪器如图 4-1 所示，仪器参数见表 4-1。

a) 风速仪　　b) 温湿度测量仪　　c) 噪声计　　d) 粉尘检测仪

图 4-1　主要监测设备仪器

仪器参数表　　　　　　　　　　　　　　　　　　　　　表 4-1

测试参数	测试仪器	测试范围	测试精度	分辨率
风速	鑫思特热敏式风速仪	0.1～25m/s	（5% + 1d）读数或（1% + 1d）满量程	0.01m/s
干球温度	衡欣 8706N 可携式温湿度测量仪	−20～+50℃	±0.6℃	0.1℃
相对湿度	衡欣 8706N 可携式温湿度测量仪	0～100%	±3%	0.10%
噪声	深达威 SW-523 数字噪声计	30～130dB	±1.5dB	0.1dB
粉尘浓度	CCZ-1000 全自动粉尘检测仪	0～1000mg/m³	±2.5%	0.01mg/m³

4.1.2　测点布置及现场测试

第一次测试与第二次测试时，根据风管布设的实际情况，在不干扰施工的情况下，选取合适的断面位置和风管位置进行测试。如图 4-2 所示，主要对主通道、横通道、左线、右线以及风管 a、b、c 的相关数据进行测试。

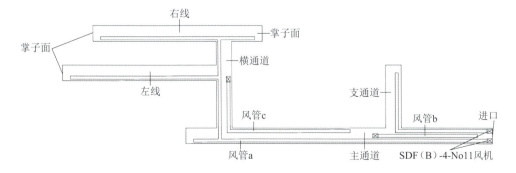

图 4-2　现场测试位置示意图

第三次测试时，车站主体结构往大里程方向的开挖已经完成，小里程方向正在开挖中台阶。隧道硐室内粉尘浓度的测点布置如图4-3所示，隧道硐室断面风速、温湿度和噪声的测点布置如图4-4所示。

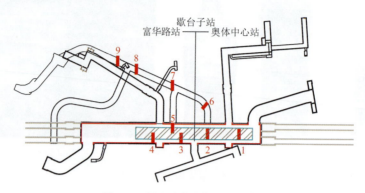

图4-3　粉尘浓度的测点布置图

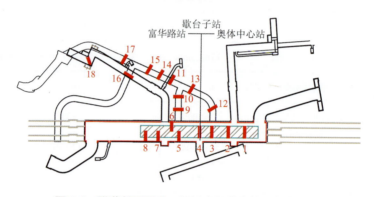

图4-4　隧道断面风速、温湿度及噪声的测点布设图

（1）隧道硐室环境测试

隧道硐室环境包括干球温度、相对湿度、湿球温度、噪声和断面风速几个数据。其测试方法是在一个断面内选取3个测点，分别为左测点、中测点和右测点，如图4-5所示，背向出口段方向确定左右测点。所有测点均布置在距路基1.6m处，且左、右测点距中测点3m。

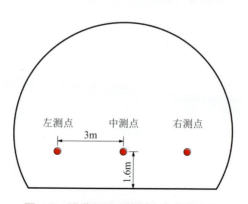

图4-5　隧道断面环境测点布置示意图

（2）风管风速测试

风管风速测试时，将仪器探头伸入到风管内，分 3 个测点完成，如图 4-6 所示。整个风管将分为 3 个等面积区域，每个测点布置在各区域的中间位置，每个测点测得的风速代表这个区域的风速平均值，最后，将这 3 个数的平均值作为整个断面的风速。

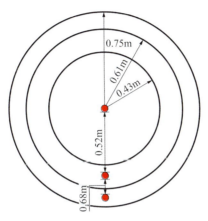

图 4-6　风管风速测点布置示意图（风管直径为 1.5m）

（3）粉尘浓度测试

粉尘浓度的测点布置在隧道硐室断面的中轴线上，距离路基 1.3m 处，如图 4-7 所示。

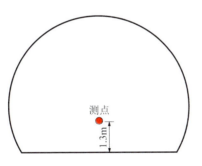

图 4-7　粉尘浓度测点布置示意图

4.1.3　测试合规性检查

1）隧道硐室环境

（1）规范要求

①隧道硐室内温度一般不宜高于 28℃。

②全断面（包括斜井）开挖时，最小风速应不小于 0.15m/s。

（2）测试结果

隧道硐室内断面环境的测试分三次进行：第一次的测试工况为左上导洞喷射混凝土，右上导洞出渣；第二次的测试工况为右上导洞向大里程方向出渣，向小里程方向开挖，左中导洞开挖。第三次的测试工况为向大里程方向基本开挖完成，向小里程方向中台阶左右导洞开挖。

①第一次测试

现场环境第一次测试结果见表4-2，各断面环境第一次测试结果如图4-8所示。

现场环境第一次测试结果　　　　　　　　　表4-2

测试断面	断面里程	隧道硐室左侧壁风速（m/s）	隧道硐室纵轴线风速（m/s）	隧道硐室右侧壁风速（m/s）	干球温度均值（℃）
Y1	ZDK12+754	0.21	0.58	0.27	31.10
Y2	ZDK12+734	0.63	0.72	0.57	31.10
Y3	ZDK12+714	0.55	0.67	0.35	31.57
Y4	DK12+704	0.08	0.13	0.03	33.80
Y5	DK12+686	0.35	0.04	0.42	33.30
Y6	DK12+660	0.04	0.49	1.71	33.17
Y7	DK12+672	0.09	0.27	0.97	32.97
Y8	K0+220	0.05	0	0.74	32.17
Y9	K0+200	0.08	0.24	0.07	32.17
Y10	K0+180	0.86	1.56	0.72	33.33
Y11	K0+170	0.87	2.48	0.68	33.93
Y12	QK0+015	0.44	0.67	0.65	33.03
Y13	QK0+035	0.56	0.06	0	31.93
Y14	K0+155	2.39	1.62	0.44	33.60
Y15	K0+20	0.42	0.18	0.58	32.00

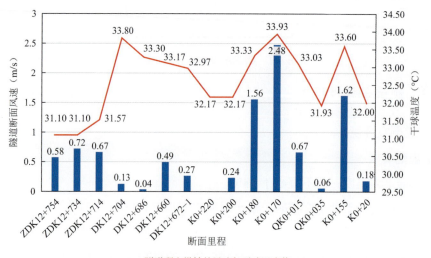

a) 隧道硐室纵轴的风速与干球温度值

图　4-8

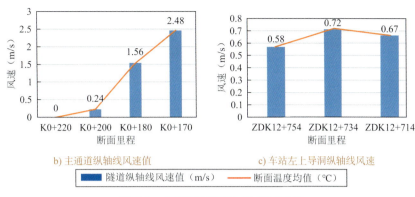

b) 主通道纵轴线风速值　　　　c) 车站左上导洞纵轴线风速

图 4-8　各断面环境第一次测试结果

② 第二次测试

现场环境第二次测试结果见表 4-3，各断面环境第二次测试结果如图 4-9 所示。

现场环境第二次测试结果　　表 4-3

测试断面	断面里程	隧道硐室左侧壁风速（m/s）	隧道硐室中轴线风速（m/s）	隧道硐室右侧壁风速（m/s）	相对湿度（%）	干球温度（℃）	湿球温度（℃）
Y1	DK12+734	0.16～0.75	0.20～0.83	0.15～0.71	62.7	38.1	31.4
Y2	DK12+704	0.10～0.76	0.15～0.61	0.11～0.48	60.9	40.0	32.7
Y3	YDK12+679	0.11～0.58	0.19～0.41	0.09～0.57	58.6	39.7	32.6
Y4	DK12+682	0.11～0.84	0.10～0.76	0.11～0.48	57.8	38.6	30.8
Y5	DK12+672	0.12～0.69	0.08～1.62	0.07～0.51	64.6	37.9	31.5
Y6	ZDK12+704	0.06～0.06	0.07～0.15	0.11～0.74	77.1	35.6	31.9
Y7	SK0+220	0.73～2.73	0.12～0.22	0.30～0.37	73.3	36.1	31.7
Y8	SK0+180	0.30～2.15	1.46～2.81	0.59～1.09	69.8	35.1	30.1
Y9	K0+40	0.11～0.28	0.45～0.92	0.77～1.95	71.9	34.3	29.7

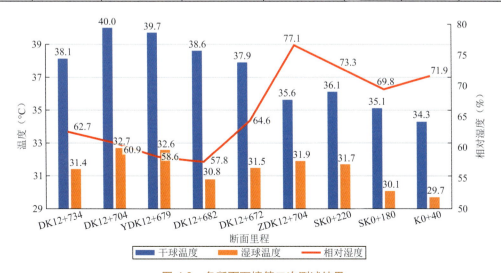

图 4-9　各断面环境第二次测试结果

③第三次测试

现场环境第三次测试结果见表4-4,各断面环境第三次测试结果如图4-10所示。

现场环境第三次测试结果　　　　　　　　表4-4

测试断面	断面里程	隧道硐室左侧壁风速（m/s）	隧道硐室中轴线风速（m/s）	隧道硐室右侧壁风速（m/s）
Y1	DK12+779	0.17～0.39	0.03～0.45	0.22～0.32
Y2	DK12+764	0.29～0.42	0.05～0.82	0.39～2.25
Y3	DK12+749	0.21～0.40	0～0.05	0.30～0.59
Y4	DK12+734	0.36～0.68	0.58～0.74	0.06～0.55
Y5	DK12+719	0.51～0.56	0.54～0.75	0.46～0.77
Y6	YDK12+710	0.71～0.74	0.69～0.76	0.58～0.66
Y7	ZDK12+690	0.40～0.48	0～0.06	0.15～0.28
Y8	ZDK12+670	0～0.15	0.68～1.06	0.37～0.89
Y9	DK12+672	0.14～0.23	0.10～0.58	0.16～0.85
Y10	DK12+657	0.10～0.45	0.04～0.25	0.04～0.26
Y11	K0+230	0.61～0.66	0.22～0.45	0.15～0.39
Y12	K0+275	0.33～0.45	0.05～0.55	0.47～0.51
Y13	K0+250	—	—	0.45～0.55
Y14	K0+210	0～0.50	0.10～0.52	0～0.19
Y15	K0+190	0.10～2.43	0.55～0.80	0.71～2.71
Y16	QK+15	0.77～2.11	0.51～0.73	0.33～0.55
Y17	K0+140	0.67～0.82	0.82～1.51	0.64～0.80
Y18	K0+20	—	1.60～2.01	—
测试断面	断面里程	干球温度（℃）	湿球温度（℃）	相对湿度（%）	
Y1	DK12+779	33.8	29.5	73.3	96.1
Y2	DK12+764	33.9	29.1	70.6	83.5
Y3	DK12+749	33.5	29.5	74.4	87.1
Y4	DK12+734	33.0	29.2	75.5	88.1
Y5	DK12+719	34.5	29.5	69.8	93.2
Y6	YDK12+710	35.1	30.0	68.6	103.1
Y7	ZDK12+690	34.4	29.5	70.3	94.1
Y8	ZDK12+670	36.4	30.5	65.7	103.2
Y9	DK12+672	37.0	30.5	62.8	99.1
Y10	DK12+657	36.7	30.4	63.6	97.4
Y11	K0+230	32.8	28.1	70.0	85.7
Y12	K0+275	32.2	27.9	72.1	84.9
Y13	K0+250	33.0	28.2	69.6	85.8
Y14	K0+210	32.4	28.1	72.4	90.9
Y15	K0+190	32.7	28.4	72.8	89.9

续上表

测试断面	断面里程	干球温度（℃）	湿球温度（℃）	相对湿度（%）	
Y16	QK+15	27.4	24.7	80.3	85.8
Y17	K0+140	30.8	27.1	75.8	93.9
Y18	K0+20	29.6	26.5	78.5	96.8

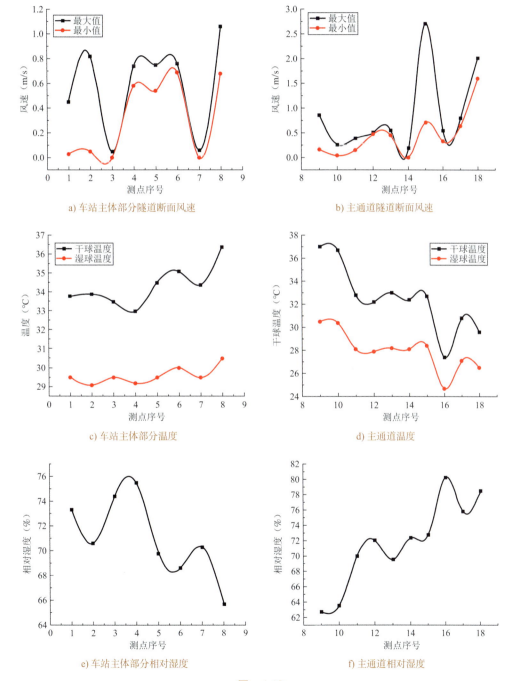

a) 车站主体部分隧道断面风速　　b) 主通道隧道断面风速

c) 车站主体部分温度　　d) 主通道温度

e) 车站主体部分相对湿度　　f) 主通道相对湿度

图 4-10

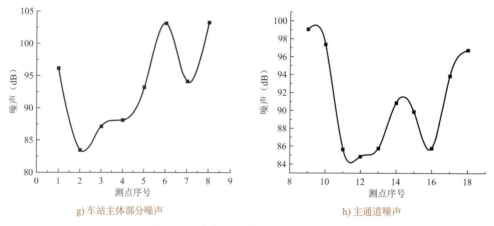

g) 车站主体部分噪声　　　　　　　h) 主通道噪声

图 4-10　各断面环境第三次测试结果

三次测试结果显示，大部分测试断面的温度大于控制温度 28℃，小部分断面风速低于 0.15m/s。

2）风管风速

①第一次测试

风管风速第一次测试结果见表 4-5。

风管风速第一次测试结果（单位：m/s）　　　　　　表 4-5

测试断面	断面里程	风管内各测点风速（未填部分为测量有困难的点）			平均风速
		外测点	中测点	内测点	
aa	K0＋117.5	18.78	18.80	16.53	18.04
ab	K0＋125	—	—	17.31	17.31
ac	ZDK12＋679	—	19.01	18.26	18.64
ba	K0＋170	16.92	16.51	14.37	15.93
ca	K0＋190	18.75	17.88	19.75	18.79
cb	DK12＋672	12.18	12.14	12.27	12.20

注：测试的 3 条风管的直径均为 1.5m。对风管 c 进行漏风率计算。

风管 c 的供风量计算结果见表 4-6。

风管 c 的供风量　　　　　　表 4-6

测试断面	断面间距（m）	断面平均风速（m/s）	断面计算面积（m²）	风管供风量（m³/s）
ca	0	18.79	1.767	33.20
cb	55	12.20	1.767	21.56

风管 c 的漏风率计算结果见表 4-7。

风管 c 的漏风率 表 4-7

风管段	风管段长度（m）	风管漏风量（m³/s）	百米漏风率（%）
ca-cb	55	11.64	35.65

②第二次测试

风管风速第二次测试结果见表 4-8。

风管风速第二次测试结果（单位：m/s） 表 4-8

测试断面	断面里程	风管内各测点风速			平均风速
		外测点	中测点	内测点	
aa	K0+117.5	20.78	20.29	23.36	21.48
ba	K0+170	16.18	16.22	16.64	16.35
ca	K0+190	17.44	19.45	19.31	18.73
cb	DK12+672	13.20	11.76	15.38	13.45

注：测试的 3 条风管的直径均为 1.5m。对风管 c 进行漏风率计算。

风管 c 的供风量计算结果见表 4-9。

风管 c 的供风量 表 4-9

测试断面	断面间距（m）	断面平均风速（m/s）	断面计算面积（m²）	风管供风量（m³/s）
ca	0	18.73	1.767	33.10
cb	55	13.45	1.767	23.77

风管 c 的漏风率计算结果见表 4-10。

风管 c 的漏风率 表 4-10

风管段	风管段长度（m）	风管漏风量（m³/s）	百米漏风率（%）
ca-cb	55	9.33	28.66

结果显示，风量损失比较严重，风管漏风率不满足规范要求。

3）粉尘浓度

（1）规范要求

粉尘浓度规范值见表 4-11。

粉尘浓度规范值 表 4-11

规范名称	粉尘容许浓度
《铁路隧道工程施工技术指南》（TZ 204—2008）	每立方米空气中含有 10% 以上的游离二氧化硅的粉尘不得大于 2mg；每立方米空气中含有 10% 以下的游离二氧化硅的粉尘不得大于 4mg

续上表

规范名称	粉尘容许浓度
《铁路隧道施工规范》（TB 10204—2002）	每立方米空气中含有10%以上的游离二氧化硅的粉尘不得大于2mg
《公路隧道施工技术规范》（JTG/T 3660—2020）	每立方米空气中含有10%以上的游离二氧化硅的粉尘不得大于2mg
《隧道施工安全九条规定》（安监总管二〔2014〕104号）	每立方米空气中含有10%以上的游离二氧化硅的粉尘不得大于2mg

（2）测试结果

①第一次测试

粉尘浓度第一次测试结果见表4-12，如图4-11所示。

粉尘浓度第一次测试结果　　　　　　　　　表4-12

测试断面	断面里程	全尘浓度（mg/m³）	呼尘浓度（mg/m³）	呼尘占比（%）
A	ZDK12+760	30.09	23.58	78
B	ZDK12+744	68.80	27.44	40
C	ZDK12+721	83.08		
D	ZDK12+679	35.03	34.52	99
E	DK12+686	58.41	9.62	12
F	K0+180	105.20	101.60	97
G	K0+145	161.10	122.50	76

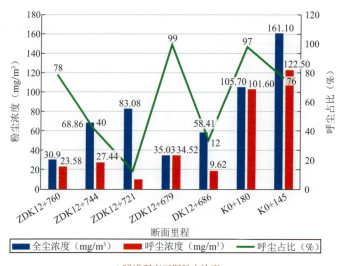

a) 隧道硐室正洞粉尘浓度

图 4-11

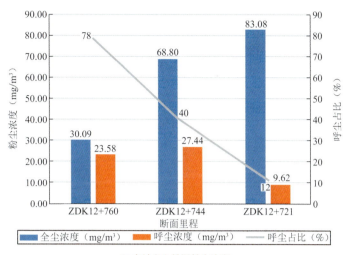

b）车站左上导洞粉尘浓度

图 4-11　粉尘浓度第一次测试结果

② 第二次测试

粉尘浓度第二次测试结果见表 4-13，如图 4-12 所示。

粉尘浓度第二次测试结果　　　　表 4-13

测试断面	断面里程	全尘浓度（mg/m³）	呼尘浓度（mg/m³）	呼尘占比（%）
A	DK12+734	100.40	80.04	80
B	DK12+704	147.30	139.70	95
C	DK12+679	213.30	145.80	68

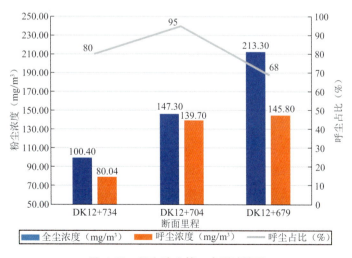

图 4-12　粉尘浓度第二次测试结果

③ 第三次测试

粉尘浓度第三次测试结果见表 4-14，如图 4-13 所示。

粉尘浓度第三次测试结果　　　　　　　表 4-14

测试断面	断面里程	全尘浓度（mg/m³）	呼尘浓度（mg/m³）	呼尘占比（%）
1	DK12+779	88.36	80.52	91
2	DK12+749	73.85	65.17	88
3	DK12+719	26.52	17.38	66
4	ZDK12+670	113.87	77.65	68
5	YDK12+710	143.25	100.90	70
6	K0+275	81.17	65.49	81
7	K0+235	65.72	55.41	84
8	K0+190	89.64	70.04	78
9	K0+140	42.19	22.13	52

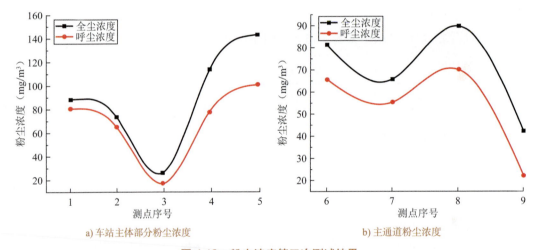

a) 车站主体部分粉尘浓度　　　　　　　b) 主通道粉尘浓度

图 4-13　粉尘浓度第三次测试结果

结果显示，第一次测试和第二次测试时，隧道硐室内粉尘浓度都比较大，第三次测试时，由于暴雨天气，粉尘浓度较前两次有所降低，但仍超过了规范限值，施工环境不满足规范要求。

4.2　隧道硐室施工环境数值模拟

根据现场测试结果可知，隧道硐室施工环境主要存在以下几个问题：

（1）施工期间，隧道硐室内的通风系统并非在额定功率下工作，风机的实际供风量远远小于正常供风量。

（2）掌子面供风严重不足，缺少新鲜空气，导致施工效率和施工安全系数大大降低。

（3）施工产生的粉尘未得到合理处置，粉尘浓度超过规范要求数倍，如图 4-14 所示，严重危害施工人员的健康。

图 4-14　隧道内的粉尘

（4）隧道硐室内风管布置不合理，存在大量直角弯，且风管漏洞较多，风量损失严重，如图 4-15 所示。

图 4-15　隧道内的风管

经分析可知，现阶段问题产生的原因如下：

（1）风机的功率不足，供风量没有达到掌子面需风量的要求。

（2）风管路径布置不合理，影响掌子面供风。

（3）风管破损严重，增加了漏风率。

（4）风管末端位置设置不当，影响到达掌子面的风量。

综上，应聚焦于上述四个方面，通过数值模拟对通风系统进行精细化调整与优化。

4.2.1 风管风机选配及其布设

1）风管风机选配

考虑施工现场实际情况，风管选用拉链式软风管，型号为PVCϕ1500mm，摩阻系数为0.02，每节长度为20m。

在施工过程中，需要对大里程和小里程方向的上台阶、中台阶和下台阶进行挖掘，导致多个作业面将同时进行作业，至少需要4根风管对全部作业面送风。计划在横通道与左右线交汇处安装两台风机，专门为掌子面提供通风。根据计算，掌子面的通风需求量为8631立方米/分钟。同时，我们还需考虑从横通道与左右线交汇处到掌子面之间的风量损耗。计划在横通道与左、右线相交处布设两台风机，专门对掌子面进行送风。根据计算，掌子面通风需求量为8631m³/min，考虑横通道与左、右线相交处到掌子面之间的风量损失：假定4根风管送风量相等，风管的百米漏风率取2%，风管长度取103m，根据百米漏风率的计算公式，有：

$$0.02 = \frac{Q_f/4 - 8631/4}{Q_f/4 - 1.03}$$

计算得到设置在横通道与左、右线相交处的风机需满足的最小供风量为：

$$Q = \frac{Q_f}{2} = 4691 \text{m}^3/\text{min}$$

送风风管内的最小风速为：

$$v = \frac{4691}{60 \times \pi \times 0.75^2} = 44 \text{m/s}$$

再进行风压计算：

供风风机应有足够的风压以克服管道系统阻力，即$h > h_{阻}$，$h_{阻}$按式(4-2)计算：

$$h_{阻} = \sum h_{动} + \sum h_{局} + \sum h_{沿} \tag{4-2}$$

式中：$h_{动}$——管口动压，一般可考虑为50Pa；

$h_{局}$——管道局部阻力，此段风管可忽略不计；

$h_{沿}$——管道沿程阻力，计算公式为$h_{沿} = \alpha l U p Q_{max}^2 g/s^3$；

α——风管摩擦阻力系数，取$3 \times 10^{-4} \text{kg} \cdot \text{s}^2/\text{m}^3$；

l——风管长度，取103m；

U——风管周边长，$U = \pi d = 3.14 \times 1.5 = 4.71$m；

p——漏风系数，有$p = \frac{1}{(1-\beta)(l/100)} = \frac{1}{(1-0.02)(103/100)} = 0.99$；

β——百米漏风率，取2%；

Q_{max}——进风量，为$\frac{9381}{4} = 2345 \text{m}^3/\text{min}$，即39m³/s；

g——重力加速度，取9.8m/s²；

s——风管截面积，有$s = \frac{\pi d^2}{4} = \frac{3.14 \times 1.5^2}{4} = 1.767$m²。

最终有：

$$h_{沿} = 3 \times 10^{-4} \times 103 \times 4.71 \times 0.99 \times 39^2 \times \frac{9.8}{1.767^3} = 389 \text{Pa}$$

$$h_{阻} = 4 \times (50 + 389) = 1756\text{Pa}$$

据此进行风机的选配：所选用风机的型号为 SDF(B)-6-No19，风量为 4629～7965m³/min，风压为 1737～7091Pa，高效风量为 6372m³/min，转速为 980r/min，配用电机功率为 400W × 2。

计划在送风管的尽头再设置两台风机。考虑送风风管尽头到横通道与左、右线相交处之间的风量损失：风管的百米漏风率取 2%，间距取 210m，根据百米漏风率的计算公式，有：

$$0.02 = \frac{Q_f - 4691}{Q_f - 2.1}$$

计算得到设置在送风风管尽头的风机需满足的最小供风量为 $Q_f = 4787\text{m}^3/\text{min}$，再进行风压的计算（此时风管长度为 210m，局部阻力取 200Pa）：

$$h_{沿} = 3 \times 10^{-4} \times 210 \times 4.71 \times \frac{1}{(1-0.02)(210/100)} \times 80^2 \times \frac{9.8}{1.767^3} = 1609\text{Pa}$$

$$h_{阻} = 50 + 200 + 1609 = 1859\text{Pa}$$

据此进行风机的选配：所选用风机的型号为 SDF(B)-6-No19，风量为 4629～7965m³/min，风压为 1737～7091Pa，高效风量为 6372m³/min，转速为 980r/min，配用电机功率为 400W × 2。

2）风管布设

施工现场在里程 K0+170 处和里程 K0+190 处均布设了风管口，加之隧道硐室区间的影响，造成此处存在空气对流的情况。因此，需将两段风管合为一段，并将风管排风口延伸至隧道硐室外。

在横通道与左、右线的相交处，风管存在大量直角弯，造成了严重的风能损失，因此需在此处设置风仓。改善后的施工通风方案如图 4-16 所示。

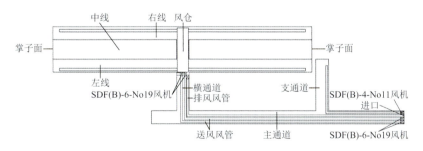

图 4-16 改善后的施工通风方案

其余风管布设要求如下：

（1）平直

风管布置应尽量做到平直，少弯折，从而降低风管的局部阻力系数，降低局部阻力。

（2）无扭曲和褶皱

尽量避免风管出现扭曲和褶皱的情况，保证风管壁面的平顺度，减少风流风压损失。

（3）改进连接方式

风管接头使用高强树脂拉链接口，从而减少接头漏风量和接头阻力。

（4）悬挂于拱腰部位

风管悬挂在隧道硐室拱腰部位，距地面高度 3m 以上，充分考虑机械出渣对风管的影响。风管悬挂较高，风流从中上部吹向掌子面，可以使掌子面产生的粉尘向下扩散，将其限制在近地面处。更为重要的是，悬挂风管可以避免风管因施工机械无意划破而导致的严重漏风等现象发生。

（5）保证附壁程度

风管附壁程度，即风管靠近隧道硐室壁面的程度。Fluent 软件分析得出，风管附壁程度越高，射流速度变化的梯度越大，通风效果越好。

4.2.2 风仓设置

为对横通道与左、右线相交处的风管进行优化处理，需在相交处设置风仓。考虑到施工现场横通道的实际情况，拟定风仓长度为 20m，宽度为 6m。为了与隧道硐室顶部更好地贴合，将风仓形状设置为月牙状，高度为 4.5m，出风口对称布置，间距为 12m，进风口对称布置，间距为 3m，进出风口距离风仓底部 2m。

针对该工程多作业面共同作业的情况，风仓内需要布置多根出风管。为了有效管理风流和提高通风效率，风仓内部将设置隔板，如图 4-17 所示。隔板采用厚度小于 4mm 的薄钢板制成，并在转角处设计半径为 0.75m 的圆角，以减少风流的湍流和噪音。现使用数值模拟的方法对进行评估风仓的通风效果。采用 ANSYS ICEM CFD 软件建立模型并网格划分。为便于划分网格，建模时隔板厚度设为 60mm。风仓模型如图 4-18 所示。

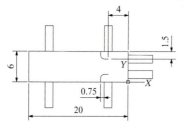

图 4-17　隔板设置简图（尺寸单位：m）

划分网格时采用非结构化网格，网格的精度按由高到低的顺序分别为隔板、进出风口、风仓主体和风管，对应的最小网格尺寸分别为 200mm、400mm、600mm，网格划分结果如图 4-19 所示。

图 4-18　风仓模型图

图 4-19　风仓模型网格划分图

在完成网格划分后，将网格模型导入到 ANSYS Fluent 软件中进行风速模拟。计算模型选择 k-epsilon 模型。设定边界条件时，将 4 个出风口设置为压力出口，将进风口设置为速度入口，依据掌子面需风量计算此处的最小风速为 44m/s，为确保计算效果，实际设置风速为 50m/s。风仓高 2m 处和进出风口处的速度云图分别如图 4-20、图 4-21 所示。

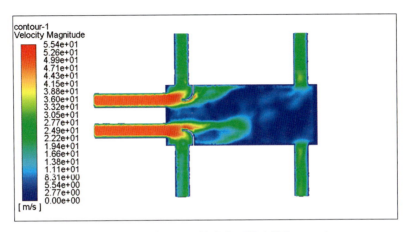

图 4-20　风仓高 2m 处的速度云图（单位：m/s）

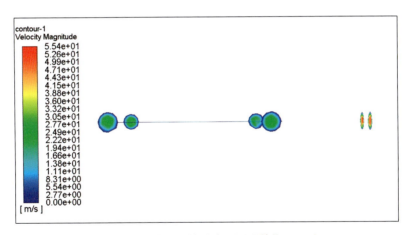

图 4-21　进出风口的速度云图（单位：m/s）

可见，风仓出风管中的风速分布较为均匀，出风口处风速约为 30m/s，风管漏风率取 0.02，根据公式

$$0.02 = \frac{60 \times 4 \times 30 \times \pi \times 0.75^2 - Q}{60 \times 4 \times 30 \times \pi \times 0.75^2 - 1.03}$$

可得掌子面供风量为 $Q = 12469 \text{m}^3/\text{min}$，完全可以满足掌子面需风量的要求。

再进行风压的模拟计算。计算模型选择 k-epsilon 模型。设定边界条件时，将 4 个出风口设置为压力出口，将进风口设置为压力入口，依据所用风机参数，入口压力值设置为 5500Pa。计算完成后的风仓高 2m 处和进出风口处的压力云图分别如图 4-22、图 4-23 所示。

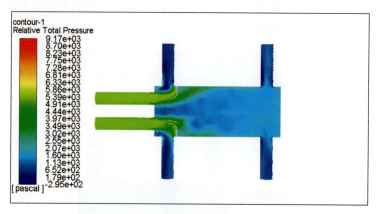

图 4-22 风仓高 2m 处的压力云图（单位：Pa）

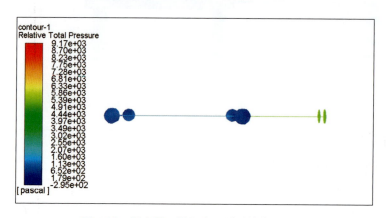

图 4-23 进出风口的压力云图（单位：Pa）

可见出风口处风压值约为 1130Pa，有：

$$1130\text{Pa} > 50 + 3 \times 10^{-4} \times 10^3 \times 4.71 \times 0.99 \times (30 \times \pi \times 0.75 \times 0.75)^2 \times \frac{9.8}{1.767^3} = 719\text{Pa},$$

风压满足使用要求。

4.2.3 风管管理

为保证通风系统的正常运行，应安排专人，配备专用车辆、设备等对风管进行管理。由专人负责风管的安装续接、日常检查维修及保养等工作。尽量选择崭新干净的风管，原则上，距离洞口越近的部位优先使用高强、低阻、质量好、无漏洞的风管，以减少后部风管的风量损耗。

4.2.4 末端风管布置

当掌子面向前推进时，应及时加长风管长度，以保证风管末端与掌子面的距离小于有效射程，从而增大风流对掌子面的冲击力，有效改善作业面的空气质量。同时，在调整风管位置时，还需兼顾施工实际需求，避免风管过于接近掌子面，以免影响掌子面上设备的正常安装和施工。

风流有效射程：

$$L = 5 \cdot \sqrt{A} = 5 \cdot \sqrt{97.5} = 49m$$

式中：L——风流有效射程（m）；

A——工作断面面积（m^2），取 97.5m^2。

故风管末端至掌子面距离建议小于 49m。

4.3 隧道硐室施工环境优化可行性研究

鉴于歇台子站主体结构开挖断面大，且施工资源受限，项目现场采用多作业面同时开挖的施工方法。若进行全断面通风方案优化，则会造成较大的风力损耗和经济压力。因此，需要结合现场实际情况和经济因素，开展隧道硐室施工环境优化可行性研究。

4.3.1 风管出风口最优风速

影响歇台子站需风量的主要因素为最低风速，即隧道硐室内最低断面平均风速应大于 0.15m/s。现只考虑掌子面附近的隧道硐室段满足最低断面平均风速大于 0.15m/s 的要求，以达到既满足施工人员作业环境的舒适度需求，又不会造成过大的风力损耗和经济压力。

使用 ICEM CFD 软件建立歇台子站主体结构的模型并进行网格划分，再使用 Fluent 软件进行数值计算。在设置边界条件时，采用控制变量的方法，将风管出风口设置为速度入口，速度依次设置为 5m/s、7m/s、9m/s、11m/s 和 13m/s，通过风速大于 0.15m/s 的隧道硐室段长度来评判风管的最优风速。

计算完成后，采用 CFD-POST 软件进行后处理，如图 4-24 所示，向风仓两侧分别每隔 5m 设定一个平面，并提取每个平面的断面平均风速，以及大里程方向和小里程方向的断面平均风速差，结果如图 4-25～图 4-29 所示。

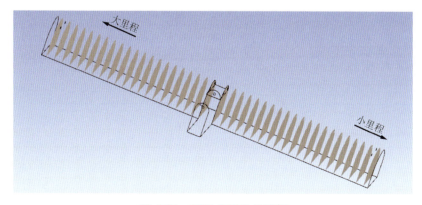

图 4-24 CFD-POST 处理图

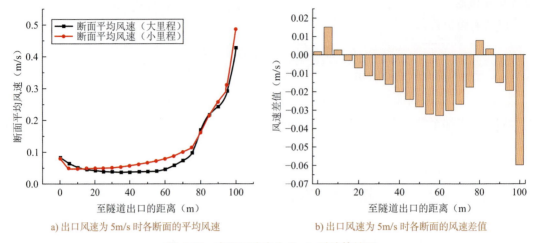

图 4-25 出风口速度为 5m/s 时计算结果

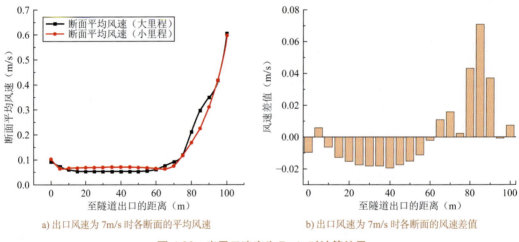

图 4-26 出风口速度为 7m/s 时计算结果

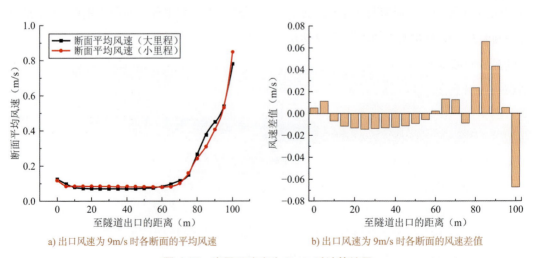

图 4-27 出风口速度为 9m/s 时计算结果

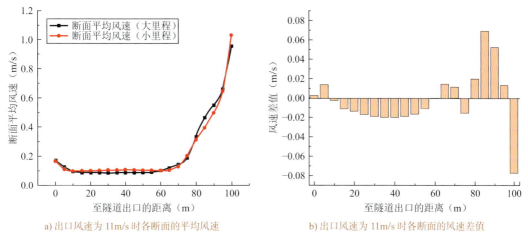

图 4-28 出风口速度为 11m/s 时计算结果

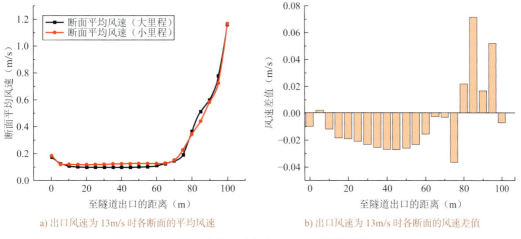

图 4-29 出风口速度为 13m/s 时计算结果

由风速差值图可知，出风口速度的改变，对断面平均风速差值影响不大，差值最大值在 0.08m/s 左右，可以忽略不计。由不同出风口速度下的断面平均风速图可知，出风口风速的改变对断面平均风速的变化规律没有影响，其变化规律为：从隧道硐室入口至掌子面，断面平均风速先减小，然后保持稳定，在靠近掌子面时增大直到风速最大值。这意味着在掌子面附近，风速增大的过程中，在至掌子面某一距离时，断面平均风速等于 0.15m/s，这一位置至掌子面之间的隧道硐室区段，其断面平均风速都将大于 0.15m/s，将这一区段称为工作区段。

将 5 种工况进行汇总，如图 4-30 所示，可见随着出风口风速的增大，工作区段的长度也会相应发生变化。

如图 4-31 所示，当断面平均风速为 0.15m/s，可以得到对应的横坐标值，用隧道硐室总长度减去横坐标值即为工作区段长度值，计算结果见表 4-15。

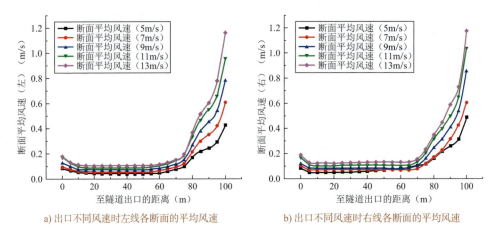

a) 出口不同风速时左线各断面的平均风速　　b) 出口不同风速时右线各断面的平均风速

图 4-30　计算结果汇总

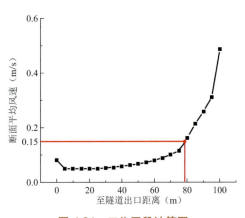

图 4-31　工作区段计算图

工作区段长度计算结果　　表 4-15

	出风口风速（m/s）	5	7	9	11	13
大里程方向	工作区段长度（m）	24.3	25.6	28.1	32.2	33.0
	断面平均风速（m/s）	0.150212	0.149277	0.150002	0.149978	0.150130
小里程方向	工作区段长度（m）	23.8	24.9	28.8	31.9	33.4
	断面平均风速（m/s）	0.149851	0.149672	0.150370	0.149784	0.149966

由表 4-15 可知，随着出风口风速的不断加大，工作区段长度也在不断增加，而出风口风速由 11m/s 增加到 13m/s 时，工作区段长度增加很小，因此最优的风管出风口风速应为 11m/s。

4.3.2　通风方案优化

由于歇台子站的特殊性，常规通风方案存在风量损失大、经济压力大的弊端。现从经济性的角度对通风方案提出如下优化方案。

（1）优化方案一

在洞外布设两台 SDF(B)-4-No11 风机，分别向区间隧道硐室和车站主体部分供风。计划在主通道与车站主体结构站台层部分相交处布设风仓。风仓设 3 个出风口，其中 2 个出风口外布设 SSF-No11.2 风机，风机连接 PVC ϕ1500mm 拉链式软风管，向小里程方向供风。另一个出风口不设风机，通过 PVC ϕ1500mm 拉链式软风管向大里程方向正在施工的盾构区间供风。风仓设有一个进风口，通过 PVC ϕ1500mm 拉链式软风管与洞外风机连接。优化方案一如图 4-32 所示。

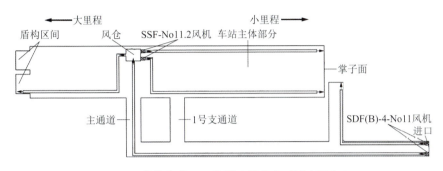

图 4-32　优化方案一示意图（箭头表示风流风向）

风仓选用 Q235B 碳素钢制作。风仓为长方体，高 4m、长 6m、宽 3m，如图 4-33 所示。进出风口高度均为 1.5m，半径均为 0.75m，进风口与大里程方向的出风口居中布置，小里程方向出风口对称布置。

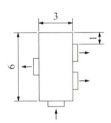

图 4-33　优化方案一风仓平面图（箭头表示风流方向）（尺寸单位：m）

（2）优化方案二

优化方案二如图 4-34 所示，在优化方案一的基础上，在向大里程方向供风的出风口外布设一台 SSF-No11.2 风机；风仓平面如图 4-33 所示。

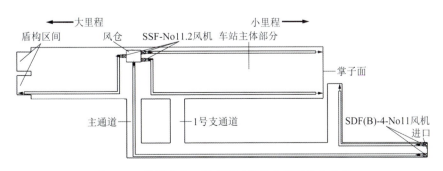

图 4-34　优化方案二示意图（箭头表示风流方向）

（3）优化方案三

优化方案三如图 4-35 所示，是在优化方案一的基础上，向大里程方向增设一个进风口，使用已贯通盾构区间的风机向风仓供风。大里程方向的进出风口布设方法与小里程方向的出风口布设原则一致。风仓平面如图 4-36 所示。

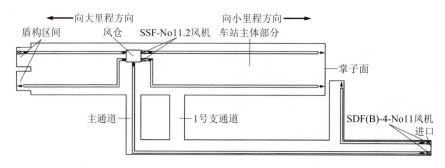

图 4-35　优化方案三示意图（箭头表示风流方向）

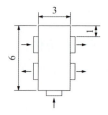

图 4-36　优化方案三风仓平面图（箭头表示风流方向）（尺寸单位：m）

（4）优化方案四

优化方案四如图 4-37 所示，是在优化方案三的基础上，在向大里程方向供风的出风口外布设 SSF-No11.2 风机；风仓平面如图 4-36 所示。

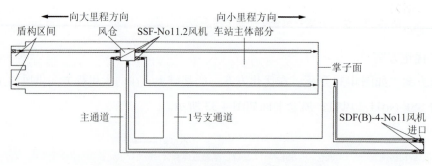

图 4-37　优化方案四示意图（箭头表示风流方向）

4.3.3　施工环境优化数值计算

（1）风仓最优尺寸

研究显示，风仓长度 L 与风仓高度 H 对风仓供风效率有较显著的影响。采用 ANSYS

ICEM 软件建立风仓模型并绘制网格。风仓宽度取 3m，风仓进风口与出风口的网格尺寸设置为 0.01m，风仓壁面的网格尺寸设置为 0.05m。风仓模型如图 4-38 所示。

将模型导入 ANSYS Fluent 软件，将风仓进风口设置为风速入口，结合现场测试的结果，将风速设为 15m/s；将风仓出风口设置为风速入口，结合现场测试的结果，将风速设为 -12m/s。采用控制变量法对风仓进行优化设计：风仓高度 H = 3 时，风仓长度 L 依次设置为 3m、4m、5m、6m 和 7m；风仓长度 L = 3m 时，风仓高度依次设置为 3m、4m 和 5m。进出风口高度均为 1.5m。

图 4-38 风仓模型图

风机通风效率是风机运行性能的重要参数，表征了能量利用和转换程度，是评价不同隧道硐室通风方式优劣性的关键指标，对风机的评价和设计具有重要意义。在风仓接力式通风中，风机通风效率主要与风速、风压和风仓的几何特征有关。风机的通风效率计算公式为：

$$\eta = \frac{HQ}{W} \times 100\% \tag{4-3}$$

$$Q = vA \tag{4-4}$$

式中：η——风机的通风效率；

H——风机的有效风压，此处取风仓进出风口的风压差值（Pa）；

Q——风机的有效输出风量（m³/s）；

W——风机输入功率（kW）；

v——风机进口平均轴向风速（m/s）；

A——风机断面面积（m²）。

由于风机与进出风口的面积没有发生变化，故 Q 与 W 保持不变，所以选取最优风仓尺寸的主要依据为进出风口的风压差值。

通过 ANSYS Fluent 软件进行计算分析，提取高度 1.5m 处平面的压力、风速以及风速矢量，其结果如图 4-39～图 4-45 所示，并计算进出风口的风压差值，结果见表 4-16、表 4-17。

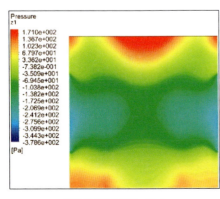
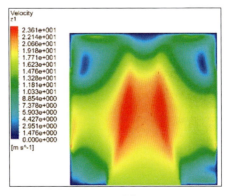

a) 压力云图（单位：Pa）　　　　　b) 风速云图（单位：m/s）

图 4-39

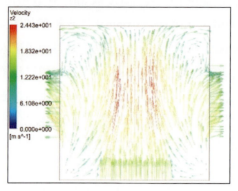

c) 风速矢量图（单位：m/s）

图 4-39　风仓 $L = 3m$，$H = 3m$ 计算结果

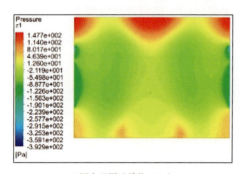

a) 压力云图（单位：Pa）　　　　　　　　b) 风速云图（单位：m/s）

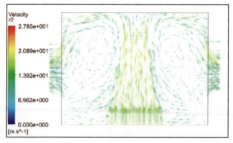

c) 风速矢量图（单位：m/s）

图 4-40　风仓 $L = 4m$，$H = 3m$ 计算结果

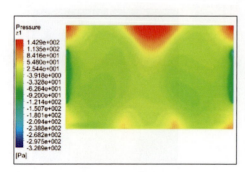

a) 压力云图（单位：Pa）　　　　　　　　b) 风速云图（单位：m/s）

图 4-41

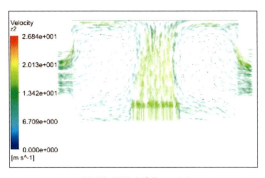

c) 风速矢量图（单位：m/s）

图 4-41　风仓 $L = 5\mathrm{m}$，$H = 3\mathrm{m}$ 计算结果

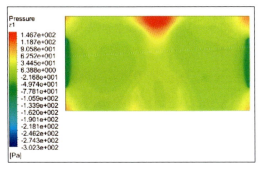
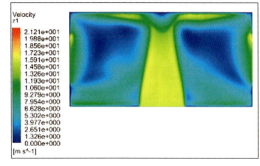

a) 压力云图（单位：Pa）　　　　　　　　　　　b) 风速云图（单位：m/s）

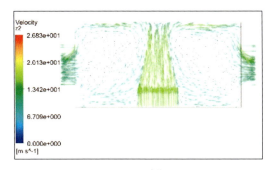

c) 风速矢量图（单位：m/s）

图 4-42　风仓 $L = 6\mathrm{m}$，$H = 3\mathrm{m}$ 计算结果

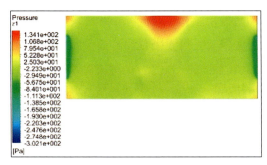

a) 压力云图（单位：Pa）　　　　　　　　　　　b) 风速云图（单位：m/s）

图 4-43

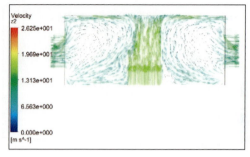

c) 风速矢量图（单位：m/s）

图 4-43　风仓 $L = 7m$，$H = 3m$ 计算结果

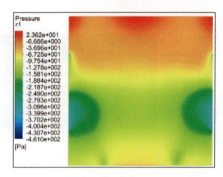

a) 压力云图（单位：Pa）

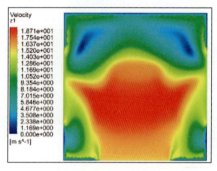

b) 风速云图（单位：m/s）

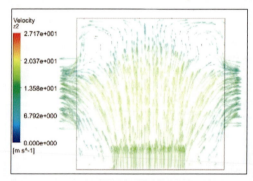

c) 风速矢量图（单位：m/s）

图 4-44　风仓 $L = 3m$，$H = 4m$ 计算结果

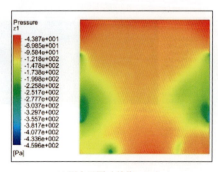

a) 压力云图（单位：Pa）

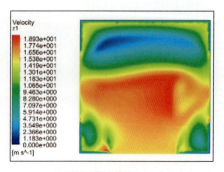

b) 风速云图（单位：m/s）

图 4-45

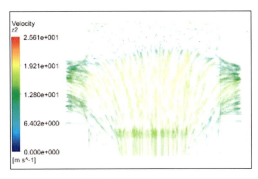

c) 风速矢量图（单位：m/s）

图 4-45　风仓 $L = 3$m，$H = 5$m 计算结果

风仓高度 $H = 3$m 时进出风口的风压差值计算结果　　表 4-16

风仓长度L（m）	3	4	5	6	7
进风口风压（Pa）	49.7606	23.0367	21.9981	18.1512	6.7605
出风口风压（Pa）	−284.5435	−167.6615	−134.5300	−124.2790	−135.9060
风压差值（Pa）	334.3041	190.6982	156.5281	142.4302	142.6665

风仓长度 $L = 3$m 时进出风口的风压差值计算结果　　表 4-17

风仓高度H（m）	3	4	5
进风口风压（Pa）	49.7606	−34.7052	−50.2549
出风口风压（Pa）	−284.5434	−240.9580	−247.8335
风压差值（Pa）	334.3041	206.2528	197.5789

首先确定风仓的最优长度。由表 4-16 可知，在风仓高度 H 不变时，随着风仓长度 L 增大，风仓进出风口的风压差值减小，最终趋于稳定，在风仓长度 $L = 3$m 时，风压差值为最大值，风仓的供风效率最大。由压力云图及风速云图可知，风仓长度 L 越小，风仓内流场越稳定。由风速矢量图可知，风仓长度 L 越大，风仓内存在的涡流规模越大。从经济性的角度考虑，风仓长度越小，越经济实用。综上，风仓最优长度应取 3m。

再确定风仓的最优高度。由表 4-17 可知，在风仓长度 L 不变时，随着风仓高度 H 增大，风仓进出风口的风压差值减小，且变化程度逐渐减小，在风仓高度 $H = 3$m 时，风压差值为最大值，风仓的供风效率最大。由压力云图及风速云图可知，风仓高度 H 越小，风仓内流场越稳定。由风速矢量图可知，风仓高度 H 增大，风仓内涡流规模越小甚至消失。综上，风仓最优高度应取 4m，在保证较大供风效率的同时，又减小了风仓内的涡流现象，较为经济实用。

可得结论：风仓最优尺寸长度为 3m，高度为 4m。

（2）优化方案比选

对于前文中提出的 4 种优化方案，分别进行数值模拟。采用 ICEM CFD 软件建立风仓模型并绘制网格。风仓进风口与出风口的网格尺寸设置为 0.01m，风仓壁面的网格尺寸设置为0.05m。风仓模型如图4-46所示。

a) 优化方案一、二风仓模型图

b) 优化方案三、四风仓模型图

图4-46 风仓模型图

将模型导入 ANSYS Fluent 软件，将风仓进风口设置为风速入口，结合现场测试的结果，将风速设为 15m/s；将向小里程方向供风的出风口设置为风速入口，结合现场测试的结果，将风速设为 –12m/s。对于优化方案一，将向大里程方向供风的出风口设置为压力出口；对于优化方案二，将向大里程方向供风的出风口设置为风速入口，风速设置为 –12m/s；对于优化方案三，将向大里程方向的进风口设置为风速入口，考虑沿程的风量损失，风速设置为 10m/s，将向大里程方向的出风口设置为压力出口；对于方案四，将向大里程方向的进风口设置为风速入口，考虑沿程的风量损失，风速设置为 10m/s，将向大里程方向的出风口设置为风速出口，风速设置为 –12m/s。

计算完成后，通过 CFD-POST 软件进行分析，提取 1.5m 高度处平面的压力、风速以及风速矢量，结果如图4-47～图4-50所示，并计算各个出风口的压力平均值（向大里程方向的出风口编号为1；向小里程方向的出风口中，靠近主通道的编号为2，远离主通道的编号为3），结果见表4-18。

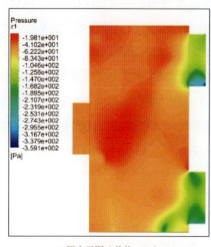
a) 压力云图（单位：Pa）

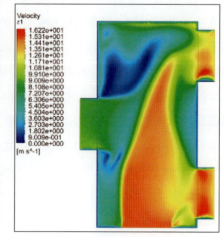
b) 风速云图（单位：m/s）

图 4-47

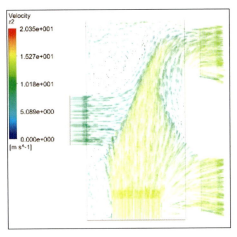

c) 风速矢量图（单位：m/s）

图 4-47　优化方案一计算结果

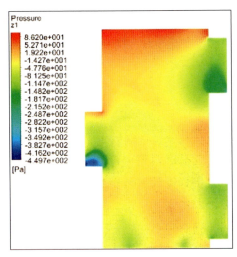

a) 压力云图（单位：Pa）　　　　　　　　　b) 风速云图（单位：m/s）

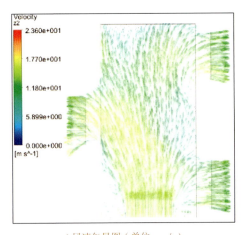

c) 风速矢量图（单位：m/s）

图 4-48　优化方案二计算结果

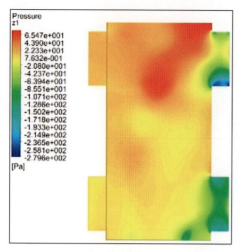

a) 压力云图（单位：Pa）　　　　b) 风速云图（单位：m/s）

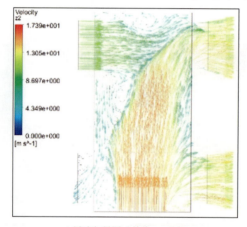

c) 风速矢量图（单位：m/s）

图 4-49　优化方案三计算结果

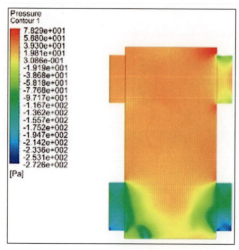
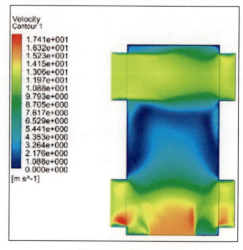

a) 压力云图（单位：Pa）　　　　b) 风速云图（单位：m/s）

图 4-50

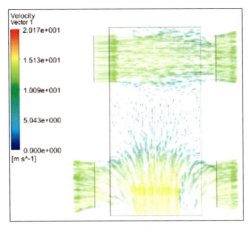

c）风速矢量图（单位：m/s）

图 4-50　优化方案四计算结果

各个出风口压力均值　　　　　　　　　　　表 4-18

优化方案	出风口 1 风压（Pa）	出风口 2 风压（Pa）	出风口 3 风压（Pa）
一	−49.6292	−202.0510	−175.5110
二	−128.2330	−131.1050	−141.1800
三	−0.0917	−141.1530	−85.1886
四	−169.892	−169.679	−150.202

由图 4-47c）可知，出风口 2 和出风口 3 的风压大于进风口的风压，导致本该向外供风的出风口 1 向风仓内吸风，致使大里程方向的污浊空气通过风仓进入小里程方向的施工段，造成二次污染，故排除优化方案一。

由优化方案一的计算结果可知，出风口 2 和出风口 3 的风压大于风仓进风口的风压，在此基础上，再在出风口 1 布置一台风机，将导致风仓内处于负压状态，从图 4-48a）中也可以看出这一现象。送风管使用的并不是负压风管，易导致送风管与风仓连接处出现问题，故排除优化方案二。

由表 4-18 可知，优化方案三中出风口 1 的风压过小，提取出风口 1 的风速，其值为 1.6892m/s，不满足需风量的要求。结合图 4-49c），可知由大里程方向增设的进风口引入的新风，绝大部分都先与由主通道引入的新风发生交汇，损失部分能量后再由出风口 3 排出，导致出风口 3 的风压低于出风口 2，且风仓内存在涡流。基于以上原因，排除优化方案三。

由表 4-18 可知，优化方案四各个出风口风压接近，且数值均较大，表明该方案有较大的供风效率。由图 4-50a）和图 4-50b），可知优化方案四风仓内流场相对更加稳定。综上，最优方案应为优化方案四。

4.4 隧道硐室施工环境评价

地下空间工程的施工环境评价尤为重要，且整体性的评价相比于单因素、单指标的评价更具科学性、合理性。

目前，国内外不少学者对施工环境评价逐渐从单一要素向主、客观综合评价方向深入，如传统的层次分析法、模糊综合评价、灰色理论分析、神经网络预测等。

鉴于此，本书提出一种基于熵权优化法的地下空间工程施工环境最优解距离评价模型。该模型对同一项目不同环境控制要素的监测数据进行了正向化和标准化处理，通过计算不同要素的熵值和熵冗余度确定权值，并结合规范化后的数据指标运用熵权优化的最优解距离法（Technique for Order Preference by Similarity to an Ideal Solution，TOPSIS）确定不同断面的综合环境质量并进行评价。

相较于其他评价方法，该模型的主要优势在于：①不同因素指标权重是基于该项目施工时实际监测环境样本确定的，更具有客观性；②参考各规范规定要求，选取各指标合理或限值区间，更具有科学性和合理性；③基于监测样本的评价直观反映不同区域实际施工环境质量，便于有关单位进行治理和改善。

4.4.1 基于熵权优化法的地下空间工程施工环境评价模型构建

（1）TOPSIS 模型评价流程

TOPSIS 能充分利用原始数据的信息，精确反映各评价对象之间的联系和差距。其评价流程主要分为以下五步：①将不同类型的指标数据形成的原始判断矩阵正向化处理，得到正向化后的判断矩阵；②为消除各指标不同量纲的影响，对正向化后的判断矩阵进行标准化处理；③找到有限方案（或样本）中的最优、最劣方案（或样本）；④计算各个指标的熵值，确定不同指标的权重，根据确定的权重优化计算样本中各评价对象和最优、最劣方案（或样本）间的距离；⑤获得各评价方案（或样本）与最优方案（或样本）的相对接近程度，并对不同评价方案（或样本）进行优劣排名。

（2）数据处理

假设一个地下施工空间工程环境样本有 n 个待评价的监测断面，每一个断面对象有 m 个环境评价指标，则原始环境监测判断矩阵构造为 $\boldsymbol{X}$：

$$\boldsymbol{X} = \begin{pmatrix} x_{11} & x_{12} & \cdots & x_{1m} \\ x_{21} & x_{22} & \cdots & x_{2m} \\ \vdots & \vdots & \ddots & \vdots \\ x_{n1} & x_{n2} & \cdots & x_{nm} \end{pmatrix} \tag{4-5}$$

由于不同环境评价指标的属性不同，其大致可以分为四类：①极大型（效益型）指标，期望指标值越大越好。②极小型（成本型）指标，期望指标值越小越好，如粉尘浓度、噪声、有害气体浓度等。③中间型指标，期望指标值不过大或过小，而是取中间值，如水质pH。④区间型指标，指标期望取值宜处于特定区间内，如温度、湿度、照度、风速等。评价第一步需将所有的监测指标数据正向化，转化为极大型指标。

对于极小型（成本型）指标，本书采用最大值减最小值：

$$x' = \max(x) - x \tag{4-6}$$

对于区间型指标，本书采用公式：

$$x' = \begin{cases} 1 - \dfrac{a-x}{M} & (x < a) \\ 1 & (a \leqslant x \leqslant b) \\ 1 - \dfrac{x-b}{M} & (x > b) \end{cases} \tag{4-7}$$

其中，区间$[a, b]$为指定的最优合理区间；

$$M = \max\{a - \min\{x\}, \max\{x\} - b\} \tag{4-8}$$

正向化后形成新的矩阵$\boldsymbol{X'}$需要进行标准化处理，以消除不同指标量纲的影响，将数据转化至$[0,1]$的区间内，采用公式：

$$y_i = \dfrac{x_i}{\sum\limits_{i=1}^{n} x_i} \tag{4-9}$$

其中，$y_i \in [0,1], (i = 1,2,\cdots,n)$；

为避免熵权法取对数时出现 0 的影响，可将y_i修正至$[0.002, 0.998]$的范围内。

$$y_i = (0.998 - 0.002)\dfrac{x_i - \min(x)}{\max(x) - \min(x)} + 0.002 \tag{4-10}$$

（3）熵值及权重的确定

熵e_j的本质是反映一个监测评价指标本身的混乱程度，熵权d_j表示该指标竞争的激烈程度，熵和熵权的关系及信息效用见表4-19。

熵和熵权的关系及信息效用　　表4-19

熵e_j	熵权d_j	信息效用
越大	越小	越不重要
越小	越大	越重要

各指标的熵值e_j：

$$e_j = -\dfrac{1}{\ln(n)}\sum_{i=1}^{n}\ln(y_{ij}) \quad (j = 1,2,\cdots,m) \tag{4-11}$$

熵权d_j：

$$d_j = 1 - e_j \tag{4-12}$$

确定各指标熵权后,采用熵权法对 TOPSIS 模型进行优化时需确定各指标的权重,因此需计算各指标的权系数 W_j,W_j 越大,表示信息量越大,其对综合评价的作用也越大。

$$W_j = \frac{d_j}{\sum_{j=1}^{n} d_j} \tag{4-13}$$

(4) TOPSIS 评价模型

TOPSIS 评价模型是一种综合评价法,其评价标准为不同样本与最优、最劣方案(或样本)之间的距离或靠近或偏离的程度。最优方案(或样本)由每个指标不同样本中的最大值构成,最劣方案(或样本)由每个指标不同样本中的最小值构成,其计算公式如下:

$$\begin{aligned} Z^+ &= (\max\{z_{11}, z_{21}, \cdots, z_{n1}\}, \max\{z_{12}, z_{22}, \cdots, z_{n2}\}, \cdots, \max\{z_{1n}, z_{2n}, \cdots, z_{nm}\}) \\ &= (Z_1^+, Z_2^+, \cdots, Z_m^+) \end{aligned} \tag{4-14}$$

$$\begin{aligned} Z^- &= (\max\{z_{11}, z_{21}, \cdots, z_{n1}\}, \max\{z_{12}, z_{22}, \cdots, z_{n2}\}, \cdots, \max\{z_{1n}, z_{2n}, \cdots, z_{nm}\}) \\ &= (Z_1^-, Z_2^-, \cdots, Z_m^-) \end{aligned} \tag{4-15}$$

最后,利用熵权法得出的权重 W_j 优化计算各评价方案(或样本)与最优、最劣方案(或样本)的接近程度,与最优方案(或样本)之间的距离为:

$$D_i^+ = \sqrt{\sum_{j=1}^{m} W_j (Z_j^+ - z_{ij})^2} \tag{4-16}$$

与最劣方案(或样本)之间的距离:

$$D_i^- = \sqrt{\sum_{j=1}^{m} W_j (Z_j^- - z_{ij})^2} \tag{4-17}$$

各评价方案(或样本)与最优方案的贴近程度 S_i 趋近于 1,表明评价方案(或样本)越优,其施工环境质量越好。

$$S_i = \frac{D_i^-}{D_i^+ + D_i^-} \tag{4-18}$$

其中,$S_i \in [0,1], (i = 1, 2, \cdots, n)$。

4.4.2 施工环境评价模型

通过对现场复杂施工环境要素进行监测,提炼出以下 10 个施工断面的环境要素,作为主要分析对象,在每个监测断面布置 3 个测点进行数据监测,测点布置在同一断面距左、右边墙 0.1m ± 0.05m 处和断面纵轴线处,测点高度为距地面 1.6m ± 0.05m,有效监测值取 3 个测点的平均值或区间中值(测量一定时间内的最大、最小风速后取平均值),具体监测结果见表 4-20。

歇台子站 10 个施工断面环境要素监测结果   表 4-20

断面里程	相对湿度C_1 (%)	干球温度C_2 (°C)	风速C_3 (m/s)	噪声C_4 (dB)	全尘浓度C_5 (mg/m³)	呼尘浓度C_6 (mg/m³)
DK12+734	62.7	38.1	0.45	97.4	100.4	80.0
DK12+704	60.9	40.0	0.38	93.9	147.3	139.7
YDK12+679	58.6	39.7	0.30	99.4	213.3	145.8
DK12+682	57.8	38.6	0.43	91.3	58.4	19.1
DK12+672	64.6	37.9	0.85	91.0	78.9	30.1
ZDK12+704	77.1	35.6	0.11	83.7	68.9	27.1
SK0+220	73.3	36.1	0.17	94.0	123.1	109.6
SK0+180	69.8	35.1	2.13	95.1	119.6	105.2
K0+155	70.2	34.8	1.62	92.3	109.6	103.7
K0+40	71.9	34.3	0.69	85.5	161.1	122.5

相关规范和标准中，对部分施工环境控制指标提出了最低要求，如温度C_1在标准规范中一般不应高于 28°C；风速C_3在全断面开挖时不应小于 0.15m/s，不应大于 6m/s；噪声C_4不应大于 90dB；游离 SiO_2 含量小于 10% 的全尘浓度C_5不应大于 4mg/m³；呼尘浓度C_6不应大于 2mg/m³。

这里引入舒适度的概念，参考相关文献和标准将C_1、C_2、C_3定义为区间型指标，将C_4、C_5、C_6定义为极小型指标，其指标类型和最优合理区间见表 4-21。

歇台子站施工环境各指标类型及最优区间   表 4-21

评价指标	指标类型	最优值
C_1	区间型指标	[16,28]
C_2		[30,60]
C_3		[0.15,6]
C_4	极小型指标	—
C_5		—
C_6		—

将所有监测数据的原始判断矩阵进行正向化和标准化处理，处理后的数据见表 4-22。

原始判断矩阵正向化和标准化处理后的数据   表 4-22

样本	C_1	C_2	C_3	C_4	C_5	C_6
n_1	0.143	0.064	0.111	0.028	0.119	0.114
n_2	0.161	0.002	0.111	0.078	0.069	0.011
n_3	0.170	0.010	0.111	0.002	0.002	0.002
n_4	0.170	0.047	0.111	0.115	0.163	0.220

续上表

样本	C_1	C_2	C_3	C_4	C_5	C_6
n_5	0.124	0.070	0.111	0.119	0.141	0.201
n_6	0.002	0.148	0.002	0.223	0.152	0.206
n_7	0.038	0.131	0.111	0.077	0.095	0.063
n_8	0.073	0.164	0.111	0.061	0.098	0.071
n_9	0.069	0.174	0.111	0.101	0.109	0.073
n_{10}	0.052	0.191	0.111	0.197	0.055	0.041

在对原始监测数据正向化和标准化处理的基础上，计算6个环境指标的熵e_j和熵权d_j，计算方式参考式(4-11)、式(4-12)，具体结果见表4-23。由此可见，呼尘浓度C_6、相对湿度C_1、噪声C_4、干球温度C_2的熵e_j较小、熵权d_j较大，表明这4个指标的混乱程度较小、激烈程度较大；而风速C_3、全尘浓度C_5的熵e_j较大、熵权d_j较小，表明这2个指标的混乱程度较大、激烈程度较小。通过式(4-13)计算6个指标的权重，具体结果见表4-23。由此可见，呼尘浓度C_6、相对湿度C_1、噪声C_4、干球温度C_2的权重W_j较大，表明其信息量较大，对综合评价的作用也较大；而风速C_3、全尘浓度C_5的权重W_j较小，表明其信息量较小，对综合评价的作用也较小。

歇台子站施工环境各评价指标的熵值、熵冗余度和权重 表4-23

指标	C_1	C_2	C_3	C_4	C_5	C_6
熵值e_j	0.905936	0.876766	0.954243	0.893268	0.93264	0.851317
熵冗余度d_j	0.094064	0.123234	0.045757	0.106732	0.06736	0.148683
权重W_j	0.160565	0.210358	0.078107	0.182189	0.114982	0.253798

由6个评价指标的熵值和权重可以发现，在该整体施工环境样本中起主要影响作用的环境要素分别为呼尘浓度C_6、相对湿度C_1、噪声C_4、干球温度C_2，而风速C_3、全尘浓度C_5的影响相对较小，前4项要素权重W_j占比高于80%，后两项要素权重W_j占比低于20%，其原因在于该环境样本中，各断面风速C_3普遍较低、全尘浓度C_5普遍较高且相对变化较小，其中内含信息的效用较低。

根据所有环境样本规范化后的数据确定最优、最劣对象，计算各断面样本的贴近程度，并根据贴近程度进行排名，具体见表4-24。

歇台子站施工环境最优、最劣对象以及贴近程度和排名 表4-24

断面样本	Z^+	Z^-	S_i	排名
n_1	0.074168	0.092383	0.084932	7
n_2	0.052315	0.157805	0.047485	9
n_3	0.043521	0.212851	0.032376	10

续上表

断面样本	Z^+	Z^-	S_i	排名
n_4	0.165052	0.045204	0.149717	2
n_5	0.135326	0.038501	0.148478	3
n_6	0.184165	0.046565	0.152231	1
n_7	0.057589	0.097019	0.071041	8
n_8	0.076180	0.085132	0.090068	6
n_9	0.091339	0.068642	0.108890	5
n_{10}	0.120344	0.079620	0.114781	4

通过监测数据及相关计算得到贴近程度S_i，进一步分析歇台子站施工环境质量的变化趋势，如图4-51所示。

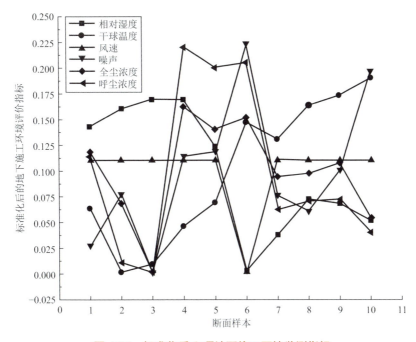

图4-51 标准化后6项地下施工环境监测指标

从监测数值和图4-51发现，施工环境整体的相对湿度相对平稳且较优；越接近作业面，干球温度越高，其热环境质量越差，但在最靠近作业面的地方（断面1：DK12+734）有所反弹，这是由于风管出风口接近作业面，且作业面本身环境温度较低；施工环境整体的风速相对较差，其监测值普遍较低，接近下限值要求，只有在断面6（ZDK12+704）处风速较大，通风质量较好，这是由于此处有出风口；噪声、全尘浓度、呼尘浓度在车站主体施工区域的环境质量均较差，这是由风机设置、多种复杂作业面施工耦合作用导致的；断面4、断面5、断面6区域施工环境质量相对较好，断面7、断面8、断面9、断面10区域环境质量较差，这是由横通道、施工主通道承担车站主体结构区域和隧道硐室区间的通风和出渣任务，粉尘及污染物堆积叠加导致的。

4.4.3 施工环境评价结论

结合熵权优化法得出的贴近程度可以看出，歇台子站地下施工环境的质量从作业面至横通道逐渐下降。横通道处附近存在一个开挖面，且两个出渣作业需通过横通道排出，不合理的出风口设置和风管破损导致的扬尘，提高了粉尘浓度和噪声水平。此外，由于歇台子站埋深较大，断面较宽，深部作业热量不易散发，使得作业区域处于高温高湿状态。断面4、断面5、断面6区域的施工环境质量总体较好，这主要是因为这些区域的主体结构右线作业进展较慢，施工作业区域较少，风管较为完整，漏风率较低，因此通风效果较好。施工主通道处，越趋近于地表，施工环境质量越好。这是因为随着接近地表，温度、湿度有所降低，并且城市施工对扬尘及噪声排放有严格的要求，在靠近出口处，安装有喷雾降尘的设备，有效降低了粉尘浓度。同时，存放风机处设有隔音厂房，降低了粉尘外溢和噪声排放，避免了对周围居民生活的不良影响。

根据上述评价分析，在6项环境监测指标中，应采取改善措施对粉尘浓度、干球温度和噪声进行控制。相关单位宜对车站主体施工区域的左线及横通道处、施工主通道与区间通道交叉口处的综合施工环境进行治理和改善，保障施工人员安全，提高施工效率。

4.5 本章小结

（1）本章依托歇台子站主体结构施工现场，深入探讨了深部空间硐室群施工环境的关键控制要素，这些要素包括温度、湿度、断面风速、风管风速、粉尘浓度和噪声，进行了测试。通过对现场测试的结果进行分析处理，并结合数值模拟，为歇台子站定制了一套城市深部地下空间施工环境控制方案。同时，考虑到现场实际情况与经济可行性，对方案进行了优化处理。除此之外，本章还构建了基于熵权优化法的地下空间工程施工环境评价模型，详细阐述了该模型的优越性、构建过程和使用方法，并使用此模型对歇台子站现场施工环境进行了评估，并得出了相关结论。分3次对歇台子站车站主体硐室结构的施工现场环境开展测试。测试线路包括车站主体硐室结构、施工主通道及横通道，测试项目包括干球温度、相对湿度、噪声、隧道硐室断面风速、风管风速、各类工况下的隧道硐室全尘浓度和呼尘浓度。根据测试结果可知，3次测试绝大部分测试断面的温度大于控制温度28℃，部分断面风速低于0.15m/s；风量损失比较严重，风管漏风率不满足规范要求；第一次测试和第二次测试时，隧道硐室内的粉尘浓度都比较大，第三次测试时，由于暴雨的天气原因，粉尘浓度较前两次有所降低，但仍超过了规范限值，表明施工环境不满足规范要求。

（2）为改善施工环境质量，可在横通道与左、右线相交处设置风仓。风仓长20m、宽6m，呈月牙状，高度为4.5m，出风口对称布置，间距为12m，进风口对称布置，间距为3m，进出风口高度为2m。在风仓内设置隔板。隔板为薄钢板（厚度＜4mm），转角处为半径0.75m的圆角。

（3）隧道硐室断面平均风速的变化规律为从隧道硐室入口至掌子面，先减小，然后保持稳定，在靠近掌子面时增至最大；随着出风口风速的不断加大，工作区段长度也在不断增加，而出风口速度由11m/s增加到13m/s时，工作区段长度增加很小；最优的风管的出风口风速应为11m/s。

（4）长方体风仓的最优尺寸为长3m、高4m；从经济性的角度，对通风方案进行优化：在洞外布设两台SDF(B)-4-No11风机，分别向区间隧道硐室和车站主体部分供风。在主通道与车站主体结构站台层部分相交处布设风仓。风仓设有3个出风口，2个进风口，出风口外布设SSF-No11.2风机，风机连接PVCϕ1500mm拉链式软风管，2个出风口向小里程方向供风，1个出风口向大里程方向供风。2个进风口中，一个进风口通过已经挖通的盾构区间内的风机向风仓供风，另一个进风口与洞外SDF(B)-4-No11风机通过PVCϕ1500mm拉链式软风管连接向风仓供风。

（5）根据6个评价指标的熵值和权重分析可知，在整体施工环境样本中，呼尘浓度、相对湿度、噪声、干球温度是主要的影响因素，而风速、全尘浓影响相对较小，前4项要素权重占比高于80%，后2项要素权重占比低于20%。基于上述评价分析，6项环境监测指标中应采取改善措施对粉尘浓度、干球温度和噪声进行控制；宜对车站主体施工区域的左线及横通道处、施工主通道与区间通道交叉口处的综合施工环境进行治理和改善，保障施工人员安全，提高施工效率。

第 5 章
城市深部大硐室施工应用案例

为了研究城市深部大硐室施工过程中围岩变形的时空机制，优化支护参数和开挖工法，并对理论研究、模型试验以及数值模拟的结果进行对照验证。因此，对依托工程（歇台子车站）进行工程示范。采用自主研发的风险评估系统，评估城市深部硐室支护参数和开挖工法的安全等级。在施工过程中，对围岩位移、围岩与初期支护接触压力、二次衬砌应力、钢拱架内力以及锚杆轴力等进行监控量测，验证数值计算模型的合理性、施工方法和支护参数的安全性。

5.1 工程施工方案

5.1.1 工程条件及断面

重庆轨道交通 18 号线歇台子站，位于虎歇路与渝州路交口处北侧，与轨道交通 1 号线（运营）、轨道交通 5 号线（在建）通道换乘。车站结构为单拱双层结构，采用复合式衬砌，隧道硐室最大开挖宽度为 26.02m，开挖高度为 22.26m，开挖面积为 492.84m²。拱顶埋深 19.65～40.38m，由小里程端向大里程方向，车站主体依次为浅埋、超浅埋、浅埋和深埋隧道硐室。其中上覆土层厚度为 0.33～10.73m，上覆岩层厚度约 9.08～37.36m，车站隧道硐室位于中风化砂质泥岩与中风化砂岩。

拟建歇台子站场地原始地貌属构造剥蚀浅丘地貌，通过对场地的地面地质进行调绘，结合工程地质钻探并综合分析已有区域的地质成果发现，出露地层主要有第四系全新统人工填土层、残坡积层，下伏基岩为侏罗系中统沙溪庙组岩层。现经人工改造后地表为建成区，纵、横坡平缓，地形较平坦，局部为边坡（挡墙），高度一般小于 5m，地形总体为南高北低，地面高程在 302～329m 之间，相对高差 10m 左右，地形坡度 5°左右。具备应用城市深部地下空间大断面硐室初期支护拱盖法构造技术的条件。

研究成果示范断面设置在歇台子车站 CK12+698.632～CK12+763.076 深埋段范围，在该段范围内隧道硐室拱顶埋深为 38.7～40.5m，为该站埋深最大区段。示范内容主要包含城市深部大断面硐室的支护结构参数设计以及初期支护拱盖法施工工法。

5.1.2 工程构建方案

基于地下空间平衡稳定支护理论，采用围岩自承载拱原理，依据围岩自承载拱原理，结合实际工程情况，优化设计完成的歇台子站深埋段地下空间的支护结构体系如图 5-1 所示，支护结构体系优化参数信息见表 5-1。

（1）基于工程结构设计需求，对本里程段隧道硐室结构进行初步的安全检算。

首先，利用有限元软件计算的结构内力（弯矩、剪力、轴力），得出本段隧道硐室结构内力计算结果如图 5-2 所示。

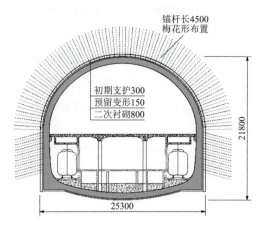

图 5-1 歇台子站深埋段支护结构体系示意图（尺寸单位：mm）

歇台子站深埋段支护结构体系优化参数一览表　　　　表 5-1

初期支护		二次衬砌
锚杆	喷射混凝土	
梅花形布置 拱顶 120° 采用 φ25mm 中空注浆锚杆，其余为 φ25mm 砂浆锚杆 锚杆长度 4.5m 1.2m（环向）×1.0m（纵向）	C25 早强喷射混凝土（P6） 喷射厚度 300mm 预留变形量 150mm	C40 混凝土（P12） 厚度 800mm

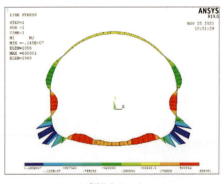

a) 弯矩（N·m）

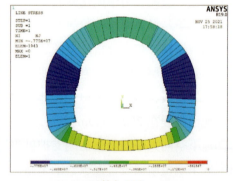

b) 轴力（N）

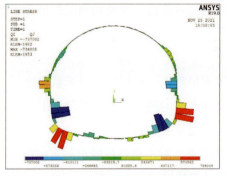

c) 剪力（N）

图 5-2 隧道硐室结构内力图

（2）根据结构内力验算衬砌安全系数，核实结构设计安全度。

依据《铁路隧道设计规范》（TB 10003—2016），隧道硐室结构截面抗压强度计算公式为：

$$KN \leqslant \phi \alpha R_a bh \tag{5-1}$$

式中：K——安全系数；

N——结构轴力；

R_a——混凝土的抗压极限强度；

b——截面宽度；

h——截面高度；

ϕ——构件纵向弯曲系数；

α——轴向力偏心系数。

从抗裂要求出发，混凝土矩形截面偏心受压构件的抗拉强度计算公式为：

$$KN \leqslant \phi \frac{1.75 R_1 bh}{\frac{6e_0}{h} - 1} \tag{5-2}$$

式中：R_1——混凝土抗拉极限强度；

e_0——偏心距；

其余变量同式(5-1)。

根据前期结构内力计算结果，按照相关规范进行配筋设计后，再一次验算二次衬砌结构各个截面的安全系数，将验算结果绘制成隧道硐室结构断面安全系数分布图，如图5-3所示。

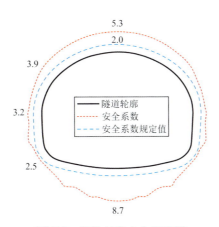

图5-3 结构衬砌安全系数图

由图5-3可知，隧道硐室拱顶、拱肩、拱腰、拱脚及仰拱处的安全系数分别为5.3、3.9、3.2、2.5、8.7。其中仰拱位置安全系数最大，为8.7，约为安全系数界限值2.0的4.35倍；最小安全系数位于隧道硐室拱脚处，其值为2.5，为安全系数界限值2.0的1.25倍，故衬砌整体满足安全性要求。

（3）基于前文分析，采用数值模拟分析，来推荐施工开挖工法。

在隧道硐室支护结构体系下，采取不同的开挖工法进行深部超大跨度地下空间施工，围岩变形规律不尽相同，各开挖工法对于围岩变形的控制效果也互有差异。因此，基于现设计的支护结构体系，采用有限差分数值计算软件对本工程施工过程进行模拟计算，并推荐最优开挖方案，如图 5-4 所示。

 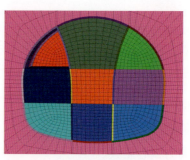

a) 开挖左上小断面①并施工初期支护及临时中隔壁

 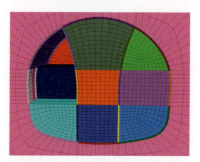

b) 开挖左中小断面②并施工初期支护及临时中隔壁

 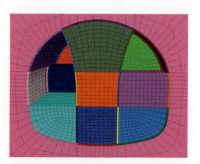

c) 开挖右上小断面③并施工初期支护及临时中隔壁

d) 开挖右中小断面④并施工初期支护及临时中隔壁

图 5-4

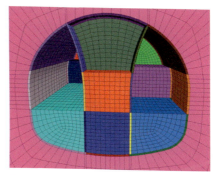

e) 开挖中上小断面⑤并施工初期支护

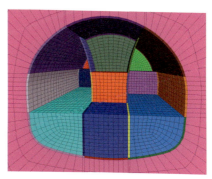

f) 开挖中部小断面⑥　　　　　　　g) 拆除中隔壁结构

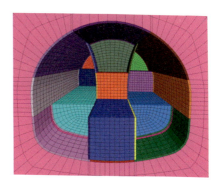

h) 开挖左下小断面⑦和右下小断面⑧并施工初期支护

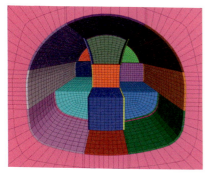
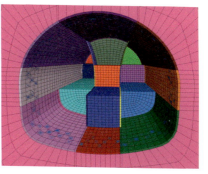

i) 开挖仰拱上方小断面⑨　　　　　j) 施工隧道二次衬砌结构

图 5-4　初期支护拱盖法施工步序

通过数值计算分析各工况围岩变形规律（详见 3.2 内容）可以得知，初期支护拱盖法吸收了双侧壁导坑法在隧道硐室施工初期有效控制围岩变形的优点，且施工步序更为明晰，竖直方向从上部到下部的开挖顺序降低了城市深部超大跨度地下空间暗挖施工的难度，后续断面下部在其初期支护拱盖保护下开挖施工，提供安全保障的同时有足够施工空间，保证了施工效率及工期。各分部每施工步开挖进尺为 2m，台阶长度为 6m，二次衬砌距离初期支护结构闭合端 50m 进行施作，临时支护随下导洞的开挖进行整体拆除，可作为城市深部超大跨度地下空间推荐工法。

5.1.3 施工方法及手段

（1）系统评估工程施工等级

通过计算机软件设计语言 Python 和 GUI 应用软件开发框架 PyQt，自主研发了风险评估系统（图 5-5），主要分为"风险概率评估"模块和"风险因素权重"模块。

图 5-5 施工风险评估系统

其中"风险概率评估"模块的设计算法，是基于概率神经网络（PNN）建立，样本集的采集是根据国内同时期开工建设的隧道硐室工程，结合相应工程的基本资料进行综合分值确定。网络训练完成后，将歇台子车站隧道硐室示范段施工的各项风险因素的综合评分值输入风险评估系统对应的输入框中，即可得到相应的风险概率等级。

"风险因素权重"模块通过层次分析法（AHP）可以计算施工的风险因素权重，得出各个因素的影响权重之后，便可根据不同因素的影响大小进行针对性的处理，采取风险控制措施，有效降低施工风险事件的概率。

（2）现场监控量测

施工过程中，通过现场量测可以迅速准确地获取第一手实际量测数据资料。在资料处理分析和对现场施工观测测试分析的基础上，能及时地向建设单位、设计单位、监理单位和施工单位提供资料分析结果，直接服务于隧道硐室的施工。

在隧道硐室施工期间，对隧道硐室结构及围岩的变形、受力特性进行实施监测，为施工单位提供及时、可靠的信息,以评定隧道硐室结构工程在施工期间的安全性及施工对周边环境的影响程度,并及时、准确地预报危及环境安全的隐患或事故,以便及时采取有效措施,避免事故的发生。因此,确保隧道硐室采用信息化手段施工,具有重大的经济意义和应用价值。

示范断面监控量测项目内容及其使用的仪器详见表 5-2,示范断面监控量测点及项目布置如图 5-6 所示。仪器安装应按照规范要求紧跟施工进行,根据施工阶段及时安装相应的仪器,以测得施工过程中各阶段支护结构内力变化的详细过程。

隧道硐室施工现场监控量测仪器一览表　　　　　　　　　　表 5-2

序号	监测内容	监测仪器	量测方法和目的
1	围岩压力	土压力盒	采用压力盒量测,判断围岩的稳定性及围岩的应力分布状态,指导安全施工
2	初期支护锚杆轴力	锚杆钢筋计	采用钢筋计作为锚杆测力计,判断锚杆工作状态和内部受力状态,分析锚杆受力规律,判断围岩塑性区发展情况
3	围岩内部位移	位移计	采用位移计针对围岩内部位移进行量测,分析其变化规律和稳定性,观察围岩内部位移是否趋同
4	钢拱架内力	应变计	采用 $\phi22mm$ 钢弦式钢筋应力计,量测初期支护钢拱内力和外力,分析其受力变化特征

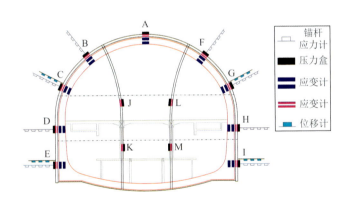

图 5-6　示范断面监测点布置图

监控量测读数的频率按照《公路隧道施工技术规范》(JTG/T 3660—2020)的要求进行,确保采集数据的可靠性、准确性和科学性。数据采集的频率详见表 5-3。

隧道硐室施工现场监控量测数据采集时间间隔(频率)　　　　表 5-3

序号	监测项目	量测间隔时间			
		1~15 日	16 日~1 月	1 月~3 月	3 月以后
1	围岩压力	1 次/日	1 次/2 日	1~2 次/1 周	1~3 次/月
2	钢拱架内力	1~2 次/日	1 次/2 日	1~2 次/1 周	1~3 次/月
3	锚杆轴力	1~2 次/日	1 次/2 日	1~2 次/1 周	1~3 次/月
4	围岩内部位移	1~2 次/日	1 次/2 日	1~2 次/1 周	1~3 次/月

为了保证监测质量及进度，施工现场成立专门的监控量测小组，负责日常测试工作，并及时向有关单位反馈项目量测结果。现场监控量测与隧道硐室施工作业容易相互干扰，因此，两者必须紧密配合，创造有利条件，提供必要的便利。根据量测计划，施工单位应认真配合量测单位实施。不应为了赶工程进度而忽视量测工作，以免危及施工安全，同时，要确保量测计划能够顺利实施。

5.2 施工效果分析

5.2.1 施工风险评估结果

对示范断面施工过程进行风险等级评估，对部分评估结果进行展示，如图 5-7～图 5-9 所示。

图 5-7 评估断面开挖施工

通过施工风险评估系统，对采用初期支护拱盖法施工示范工程深埋段隧道硐室的施工过程进行风险评估。限于篇幅，本部分仅展示对示范断面在左上和右上小导洞施工，以及隧道硐室下部小断面开挖施工过程的评估结果。其评估结果显示：示范工程地质围岩条件较好，施工队伍素质较高，施工环境温度及自然条件一般，但是设计及施工质量较高，支护结构及时，支护有效性较好，设计参数及施工顺序较为合理，最终施工风险等级为V级，即表示施工风险发生概率描述为：几乎不可能发生。证明示范工程的施工过程安全。

图 5-8 评估断面初期支护结构施工

图 5-9 评估断面二次衬砌结构施工

5.2.2 围岩变形规律

对示范断面右侧拱肩 G 点的围岩内部位移的监测数据进行处理分析,并绘制时程曲线如图 5-10 所示,该图反映了右拱肩处不同深度围岩位移的变化规律。其中测点 1、测点 2 和测点 3 分别表示岩体距隧道硐室开挖轮廓面 1m、3m、5m 深度处对应的位移值。由图 5-10 可知,右拱肩测点(1-2-3)依次对应的围岩位移为 8.54mm、5.53mm、4.35mm;从 3 个测点的时程曲线来看,围岩体内位移整体上都是随着时间的变化而逐渐增大的,前 7d 位移变化速率较大，以后逐渐趋于稳定。基本符合围岩距开挖轮廓面越远其体内位移越小的规律，但 3m 和 5m 深度围岩内部位移相差不大。总体上周边围岩的位移量都不大，说明右拱肩处围岩整体性较好，未出现围岩局部松动、整体下沉等不良现象。

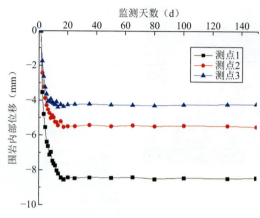

图 5-10　右拱肩 G 点位移内部位移时程曲线

5.2.3　围岩压力变化规律

右拱肩 F 点围岩接触应力时程曲线如图 5-11 所示。由图 5-11 可知，示范断面右拱肩 F 的初期支护与围岩接触压力为 0.24MPa 左右。隧道硐室围岩接触应力时程曲线在仪器安装完成后基本处于一个平稳的状态，接触压力值基本收敛。结合对现场围岩条件的观察，认为现场围岩条件良好，地下水少，具有较好的自稳能力，因此接触压力很快趋于稳定。且围岩接触应力监测值为正值，说明围岩与初期支护接

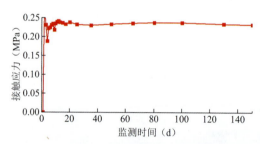

图 5-11　右拱肩 F 点围岩接触应力时程曲线

触良好，初期支护有效提供了支护阻力。但在最初的几天时间里，由于围岩应力的释放，初期支护受力变化较大，需要引起重视。由于人为安装及仪器自身的原因，破坏后的围岩接触面并不一定与压力盒的测试受力面完全吻合，故所测压力有一定程度的损失。

5.2.4　支护结构内力特征

图 5-12 给出了示范断面 F 点钢拱架所受应力的时程曲线图，钢拱内、外侧受力在刚开始的两天处于一个迅速增长的阶段，之后呈缓慢增长趋势直至稳定。这是由于隧道硐室开挖后围岩应力迅速释放，钢拱架承受了较大的应力，支护结构发生一定程度的向内位移，经过一周左

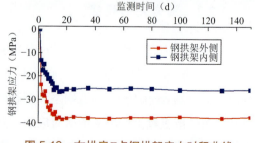

图 5-12　右拱肩 F 点钢拱架应力时程曲线

右的时间，钢拱架受力逐渐趋于稳定。从内力情况看，钢拱架内外侧均处于受压状态，最大压应力为38.3MPa，位于拱架外侧，小于钢拱架的抗压强度215MPa，结构处于安全状态。

右上导洞开挖后，在拱肩F点处打孔安装4点式锚杆轴力计，开展大断面隧道峒室锚杆轴力变化规律分析。根据图5-13可以看出，隧道峒室右拱肩处测点3和测点4的锚杆轴力均呈现出先增大后减小，最后逐渐增大并趋于收敛的趋势。而测点2处的轴力总体呈现出随时间增大并趋于收敛的趋势。测点1的轴力很小，分析原因可能是与围岩的接触不够密贴，右拱肩测点2和测点3的锚杆轴力最大值均在3.2kN左右，测点4锚杆轴力为1.1kN左右。

通过对比分析右拱肩锚杆轴力变化规律可知，歇台子隧道峒室锚杆轴力在两周左右趋于稳定，隧道峒室锚杆轴力最大值基本出现在锚杆中部，部分时程曲线出现波动的情况可能是由于数据读取误差所引起的。在隧道峒室施工过程中，应针对不同部位围岩扰动情况进行加固处治。

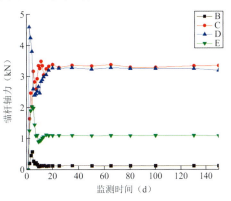

图5-13 右拱肩F点锚杆轴力时程曲线

5.3 本章小结

本章基于前文对城市深部初期支护拱盖法大峒室施工效果及围岩施工特性的研究和探讨，以重庆轨道交通18号线歇台子站深埋段作为示范工程，采用基于初期支护拱盖法开挖概念的初期支护拱盖法施工，验证了城市深部地下空间大断面峒室施工围岩力学变化及工程结构安全。其中歇台子车站深埋段结构拱顶埋深约为40m，隧道峒室主体结构位于中风化泥质砂岩和强风化砂岩地层，隧道峒室开挖断面宽25.3m、高21.8m。示范工程的结构埋深及断面尺寸满足要求，采用自主研发的施工风险评估系统和施工现场监控量测的方法，对施工效果进行了验证，主要结论如下：

（1）示范工程地质围岩条件较好，施工环境温度及自然条件一般，支护结构及时，支护有效性较好，设计参数及施工顺序较为合理，且施工队伍素质较高，最终施工风险等级为V级，即表示施工风险发生概率描述为：几乎不可能发生。

（2）示范工程现场监控量测数据合理且数值大小满足工程施工要求，测点G的围岩最大位移8.54mm；测点F的围岩压力约为240kPa，钢拱架处于受压弯状态，最大压应力为38.5MPa，围岩未出现松动现象，隧道峒室整体结构处于稳定状态，施工方案合理。

（3）示范工程施工风险等级为V级，通过实际监控量测数据，验证了城市深部地下空间采用初期支护拱盖法的施工方案合理，围岩变形小，结构受力合理，工程安全。

参 考 文 献

[1] 程光华, 王睿, 赵牧华, 等. 国内城市地下空间开发利用现状与发展趋势[J]. 地学前缘, 2019, 26(3): 39-47.

[2] 油新华, 何光尧, 王强勋, 等. 我国城市地下空间利用现状及发展趋势[J]. 隧道建设 (中英文), 2019, 39(2): 173-188.

[3] 辛韫潇, 李晓昭, 戴佳铃, 等. 城市地下空间开发分层体系的研究[J]. 地学前缘, 2019, 26(3): 104-112.

[4] 渡部与四郎, 江级辉, 朱作荣. 合理利用地下空间[J]. 地下空间, 1988(3): 84-89.

[5] 李春. 城市地下空间分层开发模式研究[D]. 上海: 同济大学, 2007.

[6] 陈珺. 北京城市地下空间总体规划编制研究[D]. 北京: 清华大学, 2015.

[7] 杜莉莉. 重庆市主城区地下空间开发利用研究[D]. 重庆: 重庆大学, 2013.

[8] 吴莎莎. 上海市地下空间资源利用及管理问题研究[D]. 上海: 华东理工大学, 2012.

[9] 张宇, 黄必斌. 大跨度岩洞跨度界定与跨度效应探讨[J]. 地下空间与工程学报, 2015, 11(1): 39-47.

[10] 张俊儒, 吴洁, 严丛文, 等. 中国四车道及以上超大断面公路隧道修建技术的发展[J]. 中国公路学报, 2020, 33(1): 14-31.

[11] 刘春. 深埋大断面隧道施工力学性态研究[D]. 重庆: 重庆大学, 2007.

[12] 王康. 超大断面小净距隧道施工围岩空间变形与荷载释放机制及工程应用[D]. 济南: 山东大学, 2017.

[13] 严宗雪. 大断面隧道施工的应力路径与空间效应研究[D]. 广州: 华南理工大学, 2011.

[14] 赵勇, 刘建友, 田四明. 深埋隧道软弱围岩支护体系受力特征的试验研究[J]. 岩石力学与工程学报, 2011, 30(8): 1663-1670.

[15] 陈雪峰, 姚晨晨, 赵杰. 深埋大断面公路隧道开挖方法数值模拟分析[J]. 公路工程, 2015, 40(3): 152-156.

[16] 赵启超. 高压富水区大断面公路隧道衬砌结构受力特征及防排水技术研究[D]. 成都: 西南交通大学, 2018.

[17] 任明洋. 深部隧洞施工开挖围岩-支护体系协同承载作用机理研究[D]. 济南: 山东大学, 2020.

[18] 叶万军, 魏伟, 陈明. 深埋大断面黄土隧道初期支护受力特征分析[J]. 隧道建设 (中英文), 2019, 39(10): 1585-1593.

[19] 杜立新, 谢卓吾. 深埋大断面土质隧道初期支护结构受力特征研究[J]. 铁道工程学报, 2018, 35(11): 55-60.

[20] 余伟健, 李可, 张靖, 等. 采动影响下深埋软岩巷道变形特征与控制因素分析[J]. 煤炭科学技术,

2020, 48(1): 125-135.

[21] 沙鹏, 伍法权, 李响, 等. 深埋隧道结构型围岩变形机理及控制研究[J]. 现代隧道技术, 2018, 55(3): 112-120.

[22] 崔光耀, 王雪来, 王明胜. 高地应力深埋隧道断裂破碎带段大变形控制现场试验研究[J]. 岩土工程学报, 2019, 41(7): 1354-1360.

[23] 关宝树. 隧道力学概论[M]. 成都: 西南交通大学出版社, 1993.

[24] 尚岳全, 王清, 蒋军, 等. 地质工程学[M]. 北京: 清华大学出版社, 2006.

[25] 刘佑荣, 唐辉明. 岩体力学[M]. 武汉: 中国地质大学出版社, 1999.

[26] 朱汉华, 朱雁飞, 黄燕庆, 等. 工程结构稳定平衡与变形协调控制方法及应用[M]. 北京: 人民交通出版社股份有限公司, 2015.

[27] 朱汉华, 吴志军, 王迎超, 等. 地下工程平衡稳定理论再研究[J]. 隧道建设 (中英文), 2019, 39(8): 1221-1231.

[28] 陈志波, 简文彬. 边坡稳定性影响因素敏感性灰色关联分析[J]. 防灾减灾工程学报, 2006(4): 473-477.

[29] 聂卫平, 徐卫亚, 周先齐. 基于三维弹塑性有限元的洞室稳定性参数敏感性灰关联分析[J]. 岩石力学与工程学报, 2009, 28(S2): 3885-3893.

[30] 郑建国. 土岩组合地层大跨度浅埋暗挖车站施工环境效应研究[D]. 青岛: 中国海洋大学, 2011.

[31] FUMAGALLI E. 静力学与地力学模型[M]. 蒋彭年, 彭光履, 赵欣, 译. 北京: 水利电力出版社, 1979.

[32] 沈泰. 地质力学模型试验技术的进展[J]. 长江科学院院报, 2001(5): 32-36.

[33] 陈安敏, 顾金才, 沈俊, 等. 地质力学模型试验技术应用研究[J]. 岩石力学与工程学报, 2004(22): 3785-3789.

[34] 王汉鹏, 李术才, 郑学芬, 等. 地质力学模型试验新技术研究进展及工程应用[J]. 岩石力学与工程学报, 2009, 28(S1): 2765-2771.

[35] 张强勇, 李术才, 焦玉勇. 岩体数值分析方法与地质力学模型试验原理及工程应用[M]. 北京: 中国水利水电出版社, 2005.

[36] 张俊儒, 吴洁, 王圣涛, 等. 钢架岩墙组合支撑工法动态施工力学特性及其应用[J]. 中国公路学报, 2019, 32(9): 132-142.

[37] 方勇, 符亚鹏, 周超月, 等. 公路隧道下穿双层采空区开挖过程模型试验[J]. 岩石力学与工程学报, 2014, 33(11): 2247-2257.

[38] 王飞, 王倩倩, 赵铁正, 等. 隧道施工智能化监测与安全管理系统分析[J]. 交通世界, 2021(13): 5-6.

[39] 田海燕, 邢宝亮. 公路隧道施工智能监测预警系统研发与应用[J]. 中国公路, 2022(2): 103-104.

[40] 张俊儒, 燕波, 龚彦峰, 等. 隧道工程智能监测及信息管理系统的研究现状与展望[J]. 地下空间与工程学报, 2021, 17(2): 567-579.

[41] 李洪旺, 吴小萍, 苏卿. 灰色关联法在铁路环境影响评价中的应用[J]. 灾害学, 2008, 23(3): 91-95.

[42] 刘敦文, 张聪, 颜勇, 等. 基于博弈论的隧道施工环境可拓评价模型研究[J]. 安全与环境学报, 2014, 14(1): 92-96.

[43] 李翔玉, 孙剑, 瞿启忠. 建设工程绿色施工环境影响因素评价研究[J]. 环境工程, 2015, 118-211, 140.

[44] 唐欢, 鲍学英, 王起才, 等. 西北寒旱地区铁路桥梁绿色施工环境影响的区间分析[J]. 铁道标准设计, 2018, 62(9): 72-78.

[45] LEE P C, ZHAO Y, LO T P, et al. A multi-period comprehensive evaluation method of construction safety risk based on cloud model[J]. Journal of Intelligent & Fuzzy Systems, 2019, 37(4): 5203-5215.

[46] LI X F. TOPSIS model with entropy weight for ecogeological environmental carrying capacity assessment[J]. Microprocessors and Microsystems, 2021, 82: 103805.

[47] 万炳彤, 鲍学英, 李爱春. 隧道施工引起的地下水环境负效应评价体系研究[J]. 水资源与水工程学报, 2019, 30(5): 58-63, 71.

[48] ZHU G, HU K, LONG L, et al. Feasibility study of highway project in the environment sensitive area of Western China-based on the magic cube model of construction necessity and ecological friendliness[C]// AGNES H, SOLANGE G. 2020 2nd international conference on Civil Architecture and Energy Science (CAES 2020). Paris: EDP Sciences, 2020: 2023-2029.

[49] ZHANG D, YANG S K, WANG Z Z, et al. Assessment of ecological environment impact in highway construction activities with improved group AHP-FCE approach in China[J]. Environmental Monitoring and Assessment, 2020, 192(7): 1-18.

[50] 曹敏, 方前程. 基于组合赋权-属性识别的装配式建筑绿色度评估模型研究[J]. 安全与环境学报, 2022, 22(4): 2166-2175.

[51] 许锐, 张文勇, 隋国晨, 等. 基于 IFS-TOPSIS 的矿山地质环境评价[J]. 安全与环境学报, 2023, 23(1): 230-239.

[52] 李舸. 浅谈工程爆破对环境的污染与治理[J]. 广东科技, 2014, 10(20): 113-114.